ÉLÉMENTS

DE

STATISTIQUE.

AUTRES OUVRAGES DE L'AUTEUR.

Statistique des Colonies Françaises; ouvrage couronné par l'Académie royale des Sciences de l'Institut. Inédit.

Statistique de l'Espagne. 1 vol. in-8. Ouvrage présenté aux Cortès, par leur président, comte d'Almodovar et par D. Agostino Arguelles. Traduit en espagnol par Pascal Madoz.

Prospérité des Colonies; ouvrage couronné par l'Académie royale des Sciences et Belles-Lettres de Lyon. Inédit.

Le Commerce au XIXᵉ siècle; 2 vol. in-8. Ouvrage couronné par l'Académie des Sciences de Marseille. Épuisé.

Effet de la destruction des forêts sur l'état physique des contrées. 1 vol. in-4. Ouvrage couronné par l'Académie des Sciences de Bruxelles. Épuisé.

Statistique de la Grande Bretagne et de l'Irlande; 2 vol. in-8. Ouvrage présenté par lord John Russell à la Chambre des communes et à la Société royale de Londres, par S. A. R. le duc de Sussex.

Recherches statistiques sur l'Esclavage colonial et sur les moyens de le supprimer, 1 vol. in-8. Ouvrage couronné par la Société de Statistique de Marseille.

Histoire physique des Antilles comprenant la Géologie de l'Archipel américain, la Minéralogie et la Monographie de son climat. 1 vol. in-8, etc.

Imprimerie de BEAU, à Saint-Germain-en-Laye.

ÉLÉMENTS

DE

STATISTIQUE,

COMPRENANT

LES PRINCIPES GÉNÉRAUX DE CETTE SCIENCE,

ET

UN APERÇU HISTORIQUE DE SES PROGRÈS;

PAR ALEX. MOREAU DE JONNÈS,

Chef des travaux de la Statistique générale de France au Ministère du commerce,
Membre correspondant de l'Académie royale des sciences de l'Institut de France,
des Sociétés de Statistique de Londres, de Manchester et de Marseille,
des Académies de Bruxelles, Carlsruhe, Liége, Lisbonne, Madrid,
Munich, Naples, New-York, Rome, Turin, Stockholm, Viterbe,
de l'Institut des États-Unis, Lyon, Rouen, Dijon, Marseille,
Orléans, Bordeaux, Nancy, Nantes, Brest, etc.
Officier supérieur d'état-major.

PARIS,

GUILLAUMIN ET Cⁱᵉ, LIBRAIRES,

Éditeurs du Journal des Économistes, de la Collection des principaux Économistes,
DU DICTIONNAIRE DU COMMERCE ET DES MARCHANDISES, ETC.
Rue Richelieu, 14.

1847

ÉLÉMENTS

DE

STATISTIQUE.

CHAPITRE PREMIER.

Définition et objet de la Statistique. — Origine et diffusion de cette Science.

La Statistique est la Science des Faits sociaux, exprimés par des termes numériques.

Elle a pour objet la connaissance approfondie de la Société, considérée dans ses éléments, son économie, sa situation et ses mouvements.

Elle a pour langage celui des chiffres, qui ne lui est pas moins essentiel que les figures à la géométrie et les signes à l'algèbre.

Elle procède constamment par des nombres, ce qui lui donne le caractère de précision et de certitude des sciences exactes.

Les travaux, qui se parent de son nom sans avoir son objet et son langage, ne lui appartiennent point puisqu'ils sont en dehors des conditions de son existence. Ainsi, des Statistiques sans chiffres ou dont les chiffres n'énumèrent point des Faits sociaux ne méritent pas le titre qu'elles empruntent. Il en est pareillement des Statistiques morales et intellectuelles; car, c'est une vaine tentative que de vouloir soumettre au calcul l'esprit ou les passions, et de supputer, comme des unités définies et comparables, les mouvements de l'âme et les phénomènes de l'intelligence humaine.

La Statistique constitue une science de Faits, comme l'histoire, la géographie et les sciences naturelles. Elle est, comme l'astronomie et la géodésie, une science de Faits numériques.

Elle ressemble à l'histoire, en ce qu'elle recueille, comme elle, les faits présents et passés; mais elle en diffère essentiellement, car, au lieu de s'arrêter aux événements extérieurs de la vie des peuples, elle s'efforce de pénétrer dans leur vie civile et intime, et de découvrir les éléments mystérieux de l'Économie des sociétés. Au contraire de l'histoire, qui concentre presque toujours l'intérêt de ses récits sur les batailles et les conquêtes, la Statistique s'occupe surtout des bienfaits de la paix.

La géographie n'a de rapports avec la Statistique que par les travaux qu'elle lui emprunte, et qu'elle s'approprie. La première décrit les contrées, la seconde analyse les sociétés; l'une raconte ou disserte; l'autre calcule et analyse; il n'est guère possible de moins se ressembler.

De toutes les sciences, l'Économie politique est

celle qui est liée à la Statistique le plus intimement. Toutes deux ont pour but d'améliorer l'état social, en guidant, par les lumières d'une haute raison, les pouvoirs administratifs et politiques. Mais la première est une science transcendante, qui plane avec audace dans la région la plus élevée des systèmes spéculatifs, tandis que la seconde est seulement une science de Faits, qui énumère, par des chiffres rapides, les besoins des populations, leurs progrès de chaque jour, et chacune des particularités heureuses ou fatales de leurs destinées. Elles ont l'une comme l'autre le désavantage d'être peu populaires, alors même qu'elles dévouent tous leurs efforts aux intérêts des peuples. C'est un malheur irrémédiable, car il tient aux formes scientifiques et obligées de leur langage; l'Économie politique procédant par abstraction, comme les sciences philosophiques, et la Statistique ne parlant que par des signes numériques, comme les sciences exactes.

Néanmoins, parmi les connaissances humaines, il en est bien peu qui n'aient recours aux services de la Statistique et qui ne la prennent pour auxiliaire. L'histoire reçoit d'elle des chiffres lumineux, qui montrent la réalité des choses ou leur imposture, et les calculs qu'elle lui emprunte, prouvent, après vingt-cinq à trente siècles, la véracité d'Hérodote, l'exactitude de Thucydide et les erreurs de Diodore. La géographie lui doit ses meilleurs matériaux, ceux qui, formés de termes définis rigoureusement, échappent à la versatilité des jugements des hommes, et ne sont altérés ni par l'influence des temps, ni par celle des lieux. Enfin, l'Économie politique s'enrichit de ses travaux, et lui demande continuellement les Faits numériques et les supputations qui servent de bases à ses théories ou qui en justifient les déductions.

La Statistique s'applique sans cesse à toutes les transactions sociales, soit explicitement par de grandes opérations, soit par des opérations de détail presque imperceptibles.

Dans la vie privée, elle prend l'homme à son premier jour; elle le considère comme une unité, qu'elle ajoute d'abord au nombre général des naissances, et qu'elle reproduira, peut-être, pendant un demi-siècle, dans les cadres des recensements de la population. Elle le compte à vingt ans, dans les rangs de l'armée, ou bien elle l'enregistre parmi les mariages. Elle le fait figurer dans la classification des professions si multipliées et si diverses; elle lui assigne une place parmi les capacités politiques et jusqu'au faîte des illustrations du pays; puis elle le range enfin dans une colonne fatale, celle où chacun figure pour la dernière fois, et où viennent aboutir les vanités humaines. Mais, combien de fois, avant la catastrophe du drame de son existence, le fait-elle reparaître dans ses chiffres? Au jury, aux élections, à la chambre, c'est un suffrage, un vote, une voix qui le représente, et qui parfois fait pencher la balance de la justice ou celle des destinées de l'État. Possède-t-il des terres, des manufactures? alors,

il dispose d'une grande quantité de travail et de richesses, et il devient la racine des nombres, qui
expriment la production agricole ou industrielle
et tous les intérêts qui accompagnent la fortune.
N'est-il qu'un pauvre prolétaire? la Statistique
recherche utilement si les objets de consommation
nécessaires à ses besoins, ont un prix qui soit en
équilibre avec le prix de ses salaires. Elle lui indique l'avantage d'accumuler ses épargnes au lieu de
les dissiper; elle jette des lumières sur les établissements de bienfaisance, qui doivent le secourir dans
sa détresse. Sans doute elle n'a pas le pouvoir d'agir;
mais elle a celui de révéler, et heureusement de nos
jours, c'est presque la même chose. Jadis, le cri du
peuple était : Si le roi savait! Maintenant l'autorité
sait tout; il suffit de quelques chiffres pour lui faire
connaître les abus. Il y a quinze ans, la mortalité
des enfants trouvés était dans quelques hospices de
vingt-cinq sur cent. La Statistique dénonça ce méfait
et cette mortalité est aujourd'hui réduite de plus de
moitié. Sans elle, on eût continué d'ignorer que,
depuis cent ans peut-être, il y avait des hôpitaux
où la mort emportait le quart des malheureuses
créatures confiées à leur meurtrière charité.

La Statistique n'est pas moins nécessaire à la vie
publique des peuples qu'à leur vie privée; c'est par
ses travaux, ses investigations que les grands intérêts de l'État sont élucidés, approfondis et connus;
ses chiffres fournissent les meilleurs arguments,
les témoignages les plus péremptoires que l'on pro-

duise chaque jour au conseil du Prince, au Parlement et à l'Académie. L'absence de ce moyen de gouvernement caractérise l'ignorance et la barbarie d'une époque, d'un pays ou d'une administration. En France, il n'y avait point de Statistique sous Louis XIII et Louis XV, sous le Directoire et sous la Restauration. Mais sous les règnes de Louis XIV et de Napoléon, la Statistique fut cultivée, honorée, et placée au rang de science officielle, administrative et politique. La révolution de 1830 lui a rendu le droit de servir l'État.

Les mêmes phases de bonne et de mauvaise fortune se retrouvent dans toute son histoire, qui embrasse une période de 40 siècles. Les Égyptiens, les Grecs, les Romains, l'employèrent pour seconder leur merveilleuse civilisation dans ses développements, et, au contraire, le moyen âge détruisit ses institutions. C'est bien longtemps après la renaissance des sciences et des arts, que quelques peuples de l'Europe, à commencer par les Suédois, reconnurent les avantages qu'on en pouvait tirer; mais elle fit bien peu de progrès, car elle demeura une science de savants, purement spéculative et sans application aux affaires publiques, ou bien elle fut repoussée par les peuples, qui la prenaient pour une invention du fisc, et par les souverains, qui la redoutaient comme une divulgation des secrets de leur cabinet. L'exemple de la France, de l'Angleterre et de la Prusse, commence à dissiper ces vaines craintes; et désormais ses progrès sont assurés dans les pays où l'amour du bien public n'est pas une déception.

Tous les bons esprits reconnaissent que la Statistique est absolument nécessaire aux hommes d'État, aux publicistes, aux économistes, aux historiens :

1° Pour constater, dans tous ses éléments, la population du pays, source de sa puissance, de sa richesse et de sa gloire;

2° Pour améliorer le territoire, après l'avoir exploré par des opérations qui font connaître sa fertilité, ses communications, ses moyens de défense, la salubrité et la sécurité de ses campagnes et de ses cités ;

3° Pour régler, d'après des bases assurées, l'exercice des droits civils et politiques, acquis au prix de tant de sacrifices, par la génération qui bientôt ne sera plus;

4° Pour fixer et répartir les levées militaires, qui entretiennent les armées et garantissent l'indépendance du pays;

5° Pour établir, avec équité, les impôts, qui pourvoient aux nécessités de l'État;

6° Pour déterminer en quantités et en valeurs la production de l'Agriculture et celle de l'Industrie, qui renouvellent sans cesse la fortune publique;

7° Pour apprécier les développements du Commerce, et rechercher les conditions difficiles de sa prospérité;

8° Pour étendre ou restreindre l'action répressive de la Justice, gardienne vigilante de l'ordre social;

9° Pour tracer les progrès de l'Instruction publique, qui doit rendre les hommes meilleurs en les éclairant;

10° Pour guider l'Administration dans les mesures sans nombre, qui, pour l'intérêt des classes inférieures, régissent les Établissements de bienfaisance et de répression;

Enfin pour éclairer, par des vérités nouvelles ou plus exactes, une foule d'autres objets, qui surgissent chaque jour, agitent l'opinion publique, remplissent les discussions parlementaires et forment des problèmes dont la solution ne peut être donnée que par la Statistique.

Ces intérêts nombreux et puissants ne sont point départis exclusivement à notre siècle; ils appartiennent à tous les temps et à tous les pays; et pour satisfaire à ce qu'ils exigent, tous les peuples civilisés ont dû recourir depuis la plus haute antiquité aux opérations de la Statistique. Et, en effet, l'histoire des premières sociétés du globe nous montre ses opérations en pratique aux deux extrémités de l'Asie, et jusqu'au delà des mers dans les régions du nouveau Monde. Malgré d'innombrables témoignages de cette origine reculée, on s'est opiniâtré à considérer la Statistique comme une science nouvelle; on a même prétendu qu'elle avait pris naissance en Allemagne, au milieu du siècle dernier, et que ce fut un savant professeur de Gottingue, Godefried Achenwall, qui en fit la découverte en 1748. La preuve sur laquelle on se fonde est qu'il lui imposa le nom qu'elle porte aujourd'hui dans toute l'Europe.

C'est une étrange confusion que de dater l'origine des sciences de l'époque à laquelle un nom leur fut donné. L'Économie politique n'est ainsi appelée que depuis Quesnay et ses disciples. Est-ce à dire qu'elle n'existe que depuis 60 à 80 ans, et qu'une foule de philosophes et d'hommes d'État de la Grèce et de Rome n'étaient pas des Économistes éminents? La Technologie existait avant le Déluge *; et le nom spécial qu'elle a reçu, de nos jours, ne nous autorise point à nous en approprier l'invention. La Géologie était jadis une cosmogonie mythique, enveloppée de symboles et de ténèbres. Pendant le xviiie siècle, les savants, qui la cultivaient, effrayés du sort de Galilée, lui donnèrent le titre circonspect de Théorie de la terre. Celui qu'elle porte aujourd'hui annonce hardiment qu'elle prétend, comme Prométhée, dérober le secret de l'origine des choses. Quoi qu'il en soit, son objet n'a point changé, et c'est toujours la même science sous un nom nouveau.

Il en est ainsi de la Statistique; elle apparaît dès les premiers âges du monde, et prend place dans le plus ancien de tous les livres: le Pentateuque, sous l'appellation expressive d'*Arithmi.*—Les nombres. —Pendant trois à quatre mille ans, on exécute dans les différentes régions du globe ses utiles opérations, sans chercher à leur donner un nom col-

* Genèse iv, 22.

lectif, qui en indique le but commun. Enfin, en Angleterre, en 1669, on reproduit sans en savoir, ou du moins sans en reconnaître l'antériorité mémorable, la dénomination que lui avaient imposée les Hébreux, ou plutôt celle qu'ils avaient empruntée aux Égyptiens ainsi que leurs autres connaissances. Dès lors, l'Europe adopta, pour l'exprimer, le nom d'Arithmétique politique, et commença à la cultiver. Mais, il faut l'avouer, ce n'était encore qu'une science de professeur, mal recommandée au pouvoir. Le savant Bushing, emporté par son zèle pour la Statistique, ayant demandé à Frédéric II quelques chiffres pour ses travaux, le roi lui répondit qu'il ne l'empêchait pas de publier ceux qu'il s'était procurés, mais qu'il ne lui en donnerait point. Il fallut, pour faire pénétrer la science dans les régions du Pouvoir, et pour la populariser, l'influence de la France, qui, entraînée vers les études économiques par sa révolution, imprima un mouvement général aux esprits, dans la direction des mathématiques appliquées. Ce fut elle qui tira de l'oubli ce nom de Statistique, vieux seulement d'un siècle et déjà ignoré *. On venait de reconstruire la société sur d'autres bases, avec d'autres matériaux, il fallait bien soumettre au calcul les effets de cette audacieuse expérience, ainsi que les forces nouvelles qu'on en avait obtenues. La Statistique rendit cet

---

* Formé du latin : *Status*, état, situation, condition des choses.

important service, et devint une science politique, associée au gouvernement de l'État. Ce fut, pour elle, comme une renaissance ; mais, en examinant ce qui se faisait auparavant, et ce que nous faisons aujourd'hui, il est impossible de ne pas reconnaître, à son but et à ses moyens d'exécution, la même œuvre, exécutée par les principales nations du globe depuis la plus haute antiquité.

N'était-ce donc pas une Statistique générale, et même, quant à son objet, la plus vaste qu'on ait jamais entreprise, que ce registre, qui, après la mort de l'empereur Auguste, il y a 1830 ans, fut apporté dans le Sénat romain par son successeur, et dont il fut fait une lecture publique ? « C'était, dit Tacite, un état des richesses de l'Empire, du nombre des citoyens et des alliés portant les armes, des flottes, des tributs et autres parties du revenu public, des dépenses ordinaires et des gratifications au peuple. Auguste, ajoute l'illustre historien, avait écrit le tout de sa propre main [*]. »

Il ne saurait échapper à personne, qu'ici ce n'était point l'un de ces royaumes de l'Europe moderne, renfermés dans d'étroites limites et peuplés de quelques millions d'habitants seulement. L'Empire romain avait alors une étendue de 412 millions d'hectares ou 208,000 lieues carrées moyennes ; ce qui fait huit fois la surface de la France actuelle.

---

[*] Tacite, *Ann.* lib. 2, 11.—« *Quæ cuncta suâ manu præscripserat Augustus.* » Suétone, *in Tib.* c. 21.

Quant à sa population, des recherches spéciales nous permettent de l'élever à 83 millions d'habitants libres ou esclaves, nombre à peu près égal à la population recensée de l'Empire français et de ses dépendances en 1810.

On est étonné d'apprendre qu'un homme qui était le maître du monde connu, eût assez d'application et de talent pour exécuter la Statistique de son immense domination, et, ce qui est peut-être plus merveilleux, qu'il en eût compris, avec une perspicacité profonde, l'éminente utilité pour le gouvernement de son Empire. Dans la longue suite des rois qui ont régné sur la France pendant 1400 ans, deux seulement, sur 78, ont eu la même idée qu'Auguste ; ce sont : Louis XIV et Napoléon. L'Angleterre n'en a eu aucun.

Presque dans le même temps, l'an 2,042 avant notre ère, un prince qui régnait à l'autre extrémité de l'ancien monde, l'Empereur de la Chine, Yu, faisait dresser la Statistique de ses vastes États. D'après le témoignage du premier livre sacré de ce pays, le Chouking, qu'on a gravé tout entier sur des monuments publics, afin de prévenir l'altération de son texte, ce souverain divisa le territoire de la Chine par provinces, et en fit exécuter la Statistique, déterminant l'ordre que leur donnaient entr'elles la perfection du labourage, la supériorité des produits et la quotité de l'impôt *.

* Gaubil. De Guignes. *Le Chouking.*

Il n'y a pas, dans notre Europe, si fière de sa civilisation, un seul État dont les provinces puissent être rangées ainsi, d'après des données statistiques qui fassent connaître la prééminence de leur production ; ce qui montre que nos connaissances des choses les plus essentielles n'ont pas fait des progrès aussi rapides qu'on l'imagine communément. La France seule sait positivement quelle est, par départements, en quantité et en valeur, sa production agricole ordinaire ; elle apprendra, cette année, quelle est sa production industrielle dans un quart de son territoire ; mais elle est encore loin de l'achèvement de cette dernière entreprise, qui est exposée à bien des chances.

Un autre peuple asiatique, qui a failli prendre place parmi nos aïeux, cultivait la Statistique, avec un grand succès, il y a plus de mille ans. Les Arabes, lorsqu'ils se furent emparés de l'Espagne, chargèrent leurs savants de dresser la Statistique de cette belle conquête. En 721, El Samah, qui était Vali ou vice-roi de la Péninsule, envoya au Calife un tableau détaillé du pays, de ses côtes, de ses rivières, de ses villes, de sa population et de ses revenus *. On trouve dans les auteurs arabes une multitude de données numériques, qui prouvent que les Maures savaient parfaitement le nombre des habitants de chaque ville, la quantité des fabriques de chaque sorte, le chiffre des ouvriers

---

* Conde, *Histoire de la domination*, etc.

qui y travaillaient, le nombre des livres des biblio-thèques, et d'autres notions qu'on s'estimerait heu-reux d'obtenir sur nos sociétés modernes.

On conçoit qu'un peuple qui avait le génie du calcul, et à qui nous devons nos caractères numé-riques, ait fait, au VIIIe siècle, la Statistique de l'Espagne, lorsque le plus grand monarque de l'Europe chrétienne, Charlemagne, ne savait pas écrire. On comprend encore que les Chinois, qui étaient géomètres, astronomes, chimistes, et qui possédaient, il y a trois à quatre mille ans, des sciences et des industries que nous n'avons que de-puis quelques générations *, eussent déjà fait la Statistique de leur vaste Empire, quand l'Europe n'était encore qu'une région sauvage. Mais voici une race d'hommes, qui, depuis l'origine des cho-ses, était séparée de l'ancien Monde, et qui surgit tout à coup avec ses arts libéraux, son agriculture perfectionnée, ses industries surprenantes, ses in-ventions qui ne doivent rien à notre hémisphère. Les deux premiers peuples de cette race nouvelle, les Mexicains et les Péruviens, possédaient des no-tions étendues et variées sur la Statistique, et en

---

* Les Chinois avaient, longtemps avant notre ère, la bous-sole, la poudre à canon, les feux d'artifice, les aérostats, l'hy-draulique, la tachygraphie, la poterie émaillée, la porcelaine, la fabrication du verre, la filature et le tissage du lin et de la soie, la culture de cinq espèces de blé, six espèces d'animaux domestiques, et par-dessus tout : le travail libre, l'égalité ci-vile et l'admission des capacités aux emplois politiques.

faisaient des applications usuelles aux besoins de leur pays et à la politique de leur gouvernement « L'Empereur du Mexique, Montezuma, dit l'historien Herrera, avait cent grandes villes, capitales d'autant de provinces dont il recevait les tributs et où il avait des gouverneurs et des garnisons. » — « Il connaissait parfaitement, ajoute Cortès dans la première de ses lettres à Charles-Quint, l'état des finances de son Empire, et il l'avait tracé, avec beaucoup d'autres choses, en caractères distincts et intelligibles dans des registres peints [*]. »

A l'autre extrémité de ce vaste continent de l'Amérique, qui occupe l'un des deux hémisphères du globe et s'étend pour ainsi dire d'un pôle à l'autre, étaient les Péruviens, qui, confinés entre la haute chaîne des Andes et le grand Océan, n'avaient encore communiqué avec aucun peuple civilisé, lorsque Pizarre découvrit leur Empire et le subjugua. Ce pays nouveau, qui ne tenait ses traditions d'aucun autre, possédait une Statistique aussi complexe que la meilleure que nous ayons aujourd'hui. Et cependant, ce peuple n'avait pour moyens d'écrire et de calculer que des cordons de différentes couleurs, noués et combinés diversement. Garcilasso de la Véga et les autres historiens de la conquête rapportent que les Péruviens se servaient de ces cordons, nommés *Quipos* dans leur langue, pour faire et con-

---

[*] Herrera. l. 7, c. 7. Hern. Cortès. *Lett.* Iᵃ. p. 33. Joseph Acosta, l. 6, c. 8.

server les comptes les plus compliqués et les plus
étendus. Ils en faisaient usage pour connaître la
population par localités, par sexes, par âges et même suivant les conditions civiles; — pour constater
le nombre des naissances et des décès ; — pour énumérer les gens de guerre de chaque province, les
munitions, les approvisionnements et les autres
éléments de l'administration civile et militaire; détails numériques qui n'ont encore été recueillis que
dans une partie des États de l'Europe du XIX° siècle*.

Ces exemples et beaucoup d'autres que nous ex-
poserons ailleurs, prouvent incontestablement que
la Statistique existe de temps immémorial, quoiqu'elle soit restée une science sans nom, de même
que l'Économie politique, la Zoologie, la Géologie
et tant d'autres connaissances humaines du premier
ordre. C'est parce qu'elle est une nécessité publique
de tous les siècles et de tous les pays que ses opérations principales sont pratiquées depuis trois à
quatre mille ans par les principaux peuples civilisés du globe.

Cependant, il faut le reconnaître, on s'est presque toujours servi de cette science empiriquement,
l'appliquant selon le besoin des occurrences, sans la
définir, sans limiter ses attributions, sans classer,
selon leurs affinités, les objets qu'elle embrasse, et
sans rechercher quelle méthode elle doit suivre ;—
quelles opérations composent ses investigations ; —
quels moyens lui sont départis pour constater par

* Garcilasso, lib. 6, c. 8.

des chiffres, chaque fait social, qui importe aux intérêts du pays ; — quelle disposition et quel enchaînement de termes numériques rendent plus évidente dans ses tableaux, la certitude des choses ; — quelles épreuves peuvent faire distinguer dans ses matériaux les chiffres vrais des chiffres défectueux ou trompeurs ; — quels avantages lui sont donnés par l'usage du langage des chiffres et celui des analyses numériques introduits dans les transactions civiles, administratives et politiques ; —quelles erreurs sont mêlées à ses vérités, et comment on peut se défendre d'être trompé par cette alliance ; — quels obstacles sont suscités à ses travaux par l'ignorance, qui lui nuit encore moins quand elle la décrie que lorsqu'elle prétend la seconder ; — par l'incurie dont ses exigences troublent le repos ; — par les intérêts qui s'alarment de ses lumières ; — par l'esprit de système, qui mesure à faux poids ses appréciations ; — et par mille circonstances fortuites qui s'opposent au succès de ses opérations, ou qui, tout au moins, les rendent laborieuses et pénibles.

Ces questions devant donner par leur solution les éléments constitutifs de la science, il est vraisemblable de croire qu'elles ont été examinées, approfondies et résolues dès longtemps, et que si l'antiquité ne s'en est pas occupée, du moins notre siècle investigateur en a fait l'objet de ses recherches. Ce serait une grande erreur que d'imaginer qu'il en est ainsi. Ces questions n'ont pas même été posées ; et jusqu'à présent on a presque toujours considéré la Statistique comme une science qui se révèle intuitivement à des adeptes, au lieu de la reconnaître pour une science qui, comme les autres connaissances humaines, ne s'acquiert que par l'étude, la pratique et l'enseignement. On s'est trompé sur son origine; on l'a définie incomplétement; on n'a point décrit le système de ses opérations; on n'a jamais soumis ses méthodes à une critique éclairée; enfin, ses éléments épars n'ont pas encore été rassemblés, énumérés et groupés rationnellement comme l'exigent les lois de la logique.

Un devoir officiel nous a prescrit de remplir, autant du moins qu'il est en notre pouvoir, ces lacunes nuisibles aux progrès et aux applications de la science. C'est pour y satisfaire que nous avons tracé les pages suivantes, en nous prévalant de l'expérience que nous ont donnée quarante ans de travaux statistiques, exécutés par les ordres de l'autorité publique, pour le service du pays. *.

Nous nous sommes proposé personnellement, dans ce travail :

D'éviter aux jeunes statisticiens l'incertitude de la route qu'ils doivent choisir dans leurs premières entreprises;

De stimuler le zèle de ceux qui, habitant quelque ville du dernier ordre, ou même des communes rurales, croient n'y pouvoir produire aucun travail statistique, tandis qu'ils ont à leur disposition les archives du lieu, les registres de l'état civil, les mercuriales des marchés et autres documents dont les chiffres sont dignes d'intérêt;

* Voir la note à la fin du volume.

D'appeler à concourir, dans les départements, aux recherches statistiques qu'on y fait ou qu'on y projette, les dépositaires d'anciens manuscrits contenant des termes numériques sur une multitude de sujets importants et curieux, notamment : des observations météorologiques, des tables de salaires à des époques reculées, les dépenses de l'éducation dans les colléges, les assurances, les arrangements pour les fermages, les prix des transports d'autrefois et la durée des voyages, les gages des laboureurs et des artisans à diverses époques, et beaucoup d'autres explorations statistiques particulières, qui ne peuvent être faites par l'autorité ;

De tenir en garde les publicistes contre les chiffres d'une origine inconnue, contre ceux faits par le besoin des circonstances, et contre les compilations statistiques, publiées en vue d'un lucre mercantile, et qui outragent à la fois la science et la vérité ;

De montrer avec quelle unanimité les gouvernements les plus éclairés de l'Europe protégent aujourd'hui la Statistique, et se servent usuellement de ses travaux, pour diriger les opérations administratives et politiques ;

Et, enfin, d'entretenir l'espoir qu'elle méritera de plus en plus ses succès, et l'honneur de participer aux affaires de l'État, non-seulement par la plus grande rectitude de ses chiffres, mais encore par l'élévation du caractère de ses œuvres, qui doivent être inspirées par l'amour du bien public, et contribuer efficacement à l'amélioration du sort de l'humanité.

CHAPITRE II.

Classification de la Statistique.

Les grands États de l'Europe ont un territoire si vaste, une population si nombreuse, une civilisation qui rend leur société si complexe, que leur Statistique est d'une exécution très-difficile.

Il n'en est nullement ainsi de celle des États secondaires, tels que la Belgique ou les États-Sardes, qui égalent seulement cinq ou six de nos départements; car, dans les explorations de cette nature, les obstacles grandissent, comme les nombres qu'il faut rechercher et constater. C'est donc une idée fausse que celle de comparer, ainsi qu'on l'a fait récemment, la petite statistique de ces pays, à celle de la France, qui comprend une surface de 53 millions d'hectares et une population de 35 millions d'habitants.

On ne peut se flatter de parcourir cette immense carrière qu'en prenant pour guide une méthode puissante, telle que l'analyse, et une classification rationnelle, telle que la division systématique des matières. L'industrie est restée sans progrès, tant qu'elle a voulu tout faire en masse; et ses prospérités ne datent que de la division du travail et de la spécialisation de chacune des branches qui en sont les objets. Il en est pareillement de la Statistique ; elle a failli dans son exécution, tant qu'elle a tenté d'y réussir d'un seul jet. A un siècle de distance, les intendants de Louis XIV et les préfets de Napoléon échouèrent dans la même entreprise, et ne parvinrent à faire que des Statistiques partielles, disparates, sans aucune corrélation entre elles, et conséquemment incapables de donner des résultats généraux, embrassant toute la France, ce qui était pourtant le but proposé.

Ces deux expériences sans succès doivent profiter à notre temps, et lui enseigner qu'il faut tracer d'abord le plus simplement possible le plan d'une Statistique ; et puis l'exécuter par parties successives, appelant, de tous côtés, pour faire chacune d'elles, les matériaux nécessaires à sa composition. Cette méthode convient également à la Statistique d'un empire et à celle d'un département ou d'une province. C'est en l'employant avec persévérance, que nous sommes parvenus à exécuter la Statistique de la France, qui avait été si longtemps impossible. Ce système de travail est naturel et logique à un tel point que personne n'en a remarqué l'usage ; il a semblé à chacun qu'on ne pouvait en adopter un autre. C'était pourtant la première fois qu'il était mis en œuvre ; et il est tout le contraire de celui qu'on suit en Angleterre, ainsi que de tout ce qu'on avait entrepris, en France, depuis Louis XIV.

Dans ce système, les différentes parties de la Statistique se suivent selon l'ordre qu'établit la liaison qui existe logiquement entre leurs divers sujets. Chacune d'elles forme un tout, et traite complétement une matière quelconque, divisée et subdivisée suivant ce qu'exige son étendue, sa composition élémentaire et sa lucidité.

Nous esquisserons rapidement le tableau de la division de la Statistique, coordonnée d'après cette méthode. Ses principales parties sont énumérées ci-après :

1° Territoire ; 2° population ; 3° agriculture ; 4° industrie ; 5° et 6° commerces, intérieur et extérieur ; 7° navigation ; 8° colonies ; 9° administration publique ; 10° finances ; 11° forces militaires ; 12° justice ; et 13° instruction publique.

I. — LE TERRITOIRE, c'est le sol natal avec ses souvenirs, la patrie avec ses affections, la propriété avec ses puissants intérêts, le domaine agricole avec le travail qui est la fortune du peuple.

Et pourtant, ce premier élément du pays, aucune nation de l'Europe n'en a une connaissance approfondie et complète. On sait à peine quelle est l'étendue de la surface du territoire de la France. Pour en fixer le terme exact, il nous faut attendre l'achèvement du cadastre. Sous Louis XIV, on l'exagérait de vingt-cinq pour cent, et sous Charles IX, de moitié. L'incertitude est encore de quelques centaines de lieues ; en Angleterre, elle est de plusieurs milles ; en Russie, on ferait un royaume avec les erreurs de l'évaluation de la grandeur de l'empire. C'est qu'il faut, pour déterminer l'étendue d'un pays, des opérations scientifiques très-délicates et très-multipliées , qui exigent des connaissances d'un ordre très-élevé, et qu'il faut, de plus, beaucoup d'hommes qui possèdent complétement ces connaissances. Il faut des astronomes pour tracer une méridienne et fixer le gisement des points de repère ; — des géomètres pour exécuter une grande triangulation et déterminer l'altitude des reliefs ; — une foule d'arpenteurs pour mesurer les surfaces des propriétés et remplir les intervalles du réseau des triangles ; — et, pour les seconder, une multitude d'agents , dessinateurs, vérificateurs, piqueurs, conservateurs, directeurs, qui forment une administration si dispendieuse , que beaucoup d'États de l'Europe n'auraient pas plus les moyens de payer que d'organiser cette grande entreprise.

Cependant, pour décrire l'état physique d'un pays, il y a encore bien d'autres opérations à exécuter que celles du cadastre. Il faut des nivellements pour les chemins de fer et les irrigations ; — des déterminations du volume et de la rapidité des cours d'eau, pour régler leur régime ; — une exploration du pays , pour en dresser la carte minéralogique ; — des sondages, pour obtenir, par des puits forés, des eaux jaillissantes pour les usages domestiques, l'arrosage, l'action des machines et bien d'autres besoins. Il faut encore des investigations météorologiques longues et nombreuses pour connaître la puissance des agents du climat, et leur action sur la production agricole et sur la santé publique.

La Statistique recueille soigneusement les données numériques que lui fournissent ces opérations; elle les classe et en forme des tableaux analytiques, qui font connaître :

1° L'état physique des contrées : leur gisement, leurs limites, leurs côtes, leurs montagnes, leurs fleuves, et la constitution géologique de leurs différentes sortes de terrains.

2° Leur climat : leurs températures moyenne et extrême, la quantité de pluie qui arrose leurs plaines et leurs montagnes; la pression atmosphérique, les vents et autres agents météorologiques.

3° Leur territoire divisé physiquement : l'étendue des régions montagneuses, des plaines, des vallées; celle des terres arables, des pâturages et des forêts.

4° Leur division politique et administrative, ancienne et actuelle.

De tous les États de l'Europe, la France est celui dont la Statistique territoriale est la plus avancée; on peut espérer que, dans quelques années, elle sera complète et satisfaisante. Parmi les progrès récents, il faut mentionner avec éloge la grande carte exécutée au dépôt de la guerre et la carte géologique due au savoir et à la persévérance de MM. Élie de Beaumont et Dufrenoy. On doit attacher d'autant plus de prix à ces magnifiques travaux qu'ils sont encore sans exemple; et que des royaumes, tenant une grande place dans l'histoire contemporaine, n'ont pu encore parvenir à faire aucune de ces investigations qui sont les bases nécessaires des améliorations qu'exige la prospérité publique.

II. — LA POPULATION est l'âme du pays. C'est sa force, sa puissance, sa richesse, sa gloire, s'il est bien et heureusement gouverné. Sans l'accomplissement de cette rare et difficile condition, la population, à mesure qu'elle s'agrandit, devient, de plus en plus, un fléau; l'Irlande en est un vivant témoignage.

Objet de tous les intérêts sociaux, la population est la base des opérations de la Statistique, et le terme qui sert de mesure à leurs résultats. Il faut avoir compté les habitants d'un pays pour connaître ce qu'ils doivent obtenir de la terre, afin de pourvoir à leur subsistance, et pour savoir les forces qu'ils opposeront à leurs ennemis. Aussi, faut-il dater de quarante siècles le premier dénombrement connu; et encore est-il évident qu'il n'était alors qu'une tradition égyptienne dont l'origine se perd dans la nuit des temps.

Il ne suffit pas aux nécessités de l'Économie publique d'apprendre uniquement le chiffre de la population; il importe encore de découvrir, dans cette masse, les parties distinctes qui la constituent, les rapports qu'elles ont ensemble, les mouvements qui les agitent, et particulièrement les conditions de leur renouvellement progressif, de leur agrandissement ou de leur déclin.

Pour arriver à la connaissance de ces objets, la Statistique étudie la population.

1° Dans son état actuel et ancien, la comparant à des époques diverses, et pendant des périodes plus ou moins éloignées ;

2° Dans ses mouvements intérieurs : ses naissances, ses décès, ses mariages, soit dans les villes ou les campagnes, soit dans tout le pays ;

3° Dans l'état civil des individus : célibataires, gens mariés, veufs et veuves, enfants légitimes et naturels ;

4° Dans la différence des sexes à la naissance, à la mort, pendant la vie, dans le veuvage, et suivant l'État civil de chacun ;

5° Dans la diversité des âges des vivants et des morts ;

6° Dans la mortalité ordinaire, par les maladies communes ou épidémiques, ou accidentelles ou violentes ;

7° Dans l'accroissement moyen et annuel du nombre des habitants ;

8° Dans la différence des races originelles, des cultes et des conditions sociales, à des époques anciennes ou récentes ;

9° Dans la capacité politique des individus conformément aux exigences imposées par la loi ;

10° Dans la nature et la valeur de la propriété,

distribuée par catégories de propriétaires, suivant l'espèce des biens fonciers.

Il s'en faut de beaucoup que, même aujourd'hui, on puisse recueillir toutes ces données statistiques, chez les peuples les plus avancés de l'Europe. Il y manque toujours quelque chose. En France, ce sont l'âge et la profession des individus ; en Angleterre, leur état civil ; ailleurs, le sexe même des habitants n'est pas indiqué. En Portugal, au lieu de compter les personnes, on énumère les feux. En Espagne, on a laissé passer un demi-siècle sans recenser la population. En France, avant la révolution, la constatation des naissances, des décès, des mariages appartenait à l'Église, et ce n'est que depuis cinquante-sept ans qu'elle est une attribution de l'administration municipale. Dans les autres pays catholiques les actes civils sont encore enfouis dans les sacristies. En Angleterre, c'est seulement depuis sept ans que ce service public, d'une si grande importance, a été retiré aux ministres de l'Église établie et des communions dissidentes, pour être confié à une administration spéciale, chargée du soin de dresser les actes, dans chaque localité, et de centraliser la connaissance des mouvements de la population.

Ces divergences ne doivent point surprendre. Jadis, sous la domination romaine, un édit impérial, qui prescrivait un dénombrement ou toute autre mesure d'utilité publique suffisait pour en étendre l'exécution à 50 provinces, grandes chacune comme nos royaumes modernes, et dont l'ensemble constituait alors le monde civilisé. Mais, au moyen âge, l'Europe fut fractionnée, par la puissance féodale, en une multitude de souverainetés, gouvernées, sous le nom de bon plaisir, par les caprices, les volontés arbitraires et violentes des seigneurs, maîtres à la fois de la terre et de ceux qui l'habitaient. Les monarchies, qui se sont formées de la conquête de tous ces petits États n'ont pu réussir à en effacer les innombrables diversités, et l'on pourrait en citer, qui se composent de 60 provinces dont aucune ne parle un langage intelligible aux autres. Ces monarchies, quoique les besoins de leurs peuples soient les mêmes, n'ont rien de semblable entre elles, sinon ce qui ne peut être autrement. Les rivalités, les guerres perpétuelles leur ont inspiré une profonde aversion pour tout ce qui se fait chez leurs voisins; elles mettent leur orgueil à repousser les améliorations les plus avantageuses : le système décimal, appliqué aux monnaies, l'unité des poids et mesures, la triangulation du territoire, sa division administrative en parties approximativement égales, le cadastre, le recensement, les opérations statistiques et géodésiques et beaucoup d'autres améliorations utiles à la société.

Cependant, une longue paix a permis à plusieurs gouvernements de mieux juger les intérêts des populations confiées à leurs soins; et depuis quelques années, il a été fait d'heureux progrès, surtout en Angleterre, en Prusse et dans plusieurs parties de l'Allemagne. Mais, il faut le dire avec regret, les

États du Midi de l'Europe sont demeurés stationnaires, aussi étrangers à ces applications de la science que s'ils en ignoraient les bienfaits.

III.—L'AGRICULTURE est le premier de tous les intérêts des peuples, et cependant, par une inconcevable fatalité, c'est le moins connu et le plus négligé. En France, l'inventaire de la richesse agricole a été vainement reclamé, depuis les états de Blois, pendant plus de deux siècles et demi. Le projet en a été conçu et préparé par Louis XIV et Napoléon; et trois fois, aux meilleures époques de l'administration du pays, l'exécution en a été commencée, mais toujours sans succès, à cause de la méthode d'évaluations en masses, qu'on suivait avec autant d'aveuglement que d'opiniâtreté. On s'imaginait qu'on pouvait déduire la quantité de la production totale du royaume, tantôt du produit brut d'une lieue carrée, tantôt par le nombre des charrues existantes, ou bien de la supposition que 6,521 communes étant cadastrées, les 30,730 autres ne devaient en différer aucunement. La premiere de ces méthodes d'induction appartient à Vauban, la seconde à Lavoisier et la troisième à M. Chaptal.

Ce n'est point par des conjectures semblables ou analogues qu'on est arrivé, dans la Statistique générale de France, à l'appréciation de la production agricole. C'est par une enquête officielle, exécutée dans chacune des 37,300 communes, qu'on a constaté la quantité des produits ruraux et leur valeur. Cette entreprise colossale, qui a exigé six années de travail, réclamait une classification dont la grande lucidité pût éclairer une masse de matériaux aussi considérable. Pour atteindre, s'il était possible, cet objet important, on a établi, par d'immenses collections de chiffres officiels, — quels étaient autrefois et quels sont aujourd'hui :

1° La surface de chaque sorte de culture;

2° Son ensemencement en quantité et en valeur;

3° Sa production annuelle, totale et par hectare;

4° La valeur et les prix de cette production, par départements et en masse;

5° La consommation des produits agricoles, par localité, par habitant et pour tout le royaume;

6° Le commerce de ces produits tant à l'intérieur qu'à l'étranger.

Et l'on a examiné successivement, sous ces différents rapports :

1° Les céréales en masses et par espèces;

2° La vigne et ses produits : les vins et les eaux-de-vie;

3° Les cultures diverses, alimentaires, industrielles, horticulturales;

4° Les pâturages, savoir : les prairies naturelles, les prairies artificielles, les jachères et les pâtis;

5° Les bois et forêts de la couronne, de l'État et des particuliers;

6° Et enfin le domaine agricole, en général, dans son état actuel et tel qu'il était à différentes époques mémorables de l'histoire du pays.

Une seconde partie traite des animaux domestiques, élevés par l'agriculture; on y trouve leur énumération par espèces, par sexes, par âges, par localités; leurs valeurs, leurs revenus, la quantité et le prix de ceux abattus pour la consommation, avec leur poids brut et net, et les quantités de chaque sorte de viande, consommées par chaque habitant, chaque arrondissement et chaque département du royaume.

On a terminé ce vaste travail par une récapitulation générale des différentes branches de la production et des revenus qu'elles rapportent, année moyenne. Le résultat final est le chiffre total de la richesse agricole du pays, objet capital, qu'ont recherché, depuis plusieurs générations, les Économistes et les Statisticiens, mais qu'il était impossible d'atteindre, sans avoir fait et achevé la longue et difficile investigation, à laquelle nous nous sommes dévoués.

La classification suivie, dans cette œuvre de persévérance, ne peut être appréciée par comparaison, car elle est encore la seule de son espèce en Europe. Son exécution a démontré la possibilité de déterminer, par des opérations rationnelles, la production agricole d'un pays de 53 millions d'hectares; et c'est un exemple dont on peut croire que l'utilité est reconnue et admise par les hommes d'État éminents des pays les mieux préparés à une pareille entreprise.

IV. — L'INDUSTRIE, cette reine de notre siècle, n'a point encore obtenu de la science l'honneur d'une histoire et d'une Statistique. Tout ce qu'on a dit jusqu'à présent de sa production, les nombres auxquels on en élève les quantités et les valeurs, en Angleterre et en France, sont des conjectures plus ou moins téméraires. C'est dire assez qu'il n'y a point encore de classification des matières dont se compose cet immense intérêt, ou du moins qu'il n'y en a point qui ait reçu le sceau confirmatif, imposé par l'exécution. On sait assez quelle distance sépare de la réalité les projets spéculatifs, qui ne sont ni limités ni comprimés par les innombrables obstacles que rencontre, dans la pratique, la recherche de la vérité.

Cependant, en poursuivant les grandes investigations de la Statistique de France, on est arrivé à celle de l'Industrie; et aujourd'hui qu'on a dépassé la moitié de ses opérations, on peut présenter, sous la sanction qu'ont obtenue leurs résultats, une classification qui en embrasse la vaste étendue; la voici :

L'Industrie est partagée en deux ordres d'établissements très-distincts par leur degré d'importance, mais analogues par leur objet, qui est la production de tout ce qui doit servir aux besoins réels ou fictifs de la société; ce sont :

1° Les Manufactures et Exploitations;

2° Les Arts et Métiers.

Les uns et les autres sont répartis par régions, par départements, par arrondissements, par communes. C'est, à vrai dire, la géographie industrielle du pays. Puis, ils sont groupés et énumérés suivant la nature des produits qu'ils donnent. Ainsi toutes les exploitations de houille d'un département forment une masse unique; toutes les fonderies de fer en forment une autre; toutes les filatures de lin, de coton, de laine sont réunies par sortes, etc. C'est véritablement la Statistique de l'Industrie. Elle est divisée dans toutes ses parties en trois sections, selon la nature des éléments mis en œuvre par les fabriques; savoir :

      1° Les produits minéraux;
      2°   —   végétaux ;
      3°   —   animaux.

Chaque série énumère les produits manufacturés ou exploités, dans l'ordre du simple au composé. Ainsi les terres et les fabrications qui résultent de leur emploi sont rangées les premières; ensuite les métaux sont énoncés suivant la quantité de travail qu'exigent leurs différentes transformations. Dans les séries des produits végétaux et animaux, les tissus sont classés les derniers.

Chaque article, dans chaque sorte d'industrie, comprend deux séries de recherches numériques :

      1° Les valeurs;
      2° Les quantités.

Les valeurs sont celles des patentes, des locations, des matières premières et des produits fabriqués.

Les quantités sont celles des matières premières, avec leurs prix partiel et total et les chiffres analogues pour les objets de fabrication.

En outre de ces indications spéciales à chaque établissement, et constituant la Statistique de sa production, il y a l'inventaire des forces dont il dispose : le nombre de ses ouvriers par sexe, par âge, avec le salaire journalier de chacun, et de plus : son mobilier industriel : ses moteurs, moulins à eau, à vent, à manége, machines à vapeur, animaux ; ses feux : fourneaux, forges, fours ; ses machines : métiers, broches, générateurs et autres.

Des récapitulations montrent la production industrielle, avec tous ses détails :

1° Par arrondissements, départements et régions;

2° Par produits exploités ou manufacturés;

3° Par séries de produits dont les éléments sont similaires ou les résultats analogues.

On conçoit que les produits de l'industrie n'étant point, comme ceux de l'agriculture, circonscrits dans le cercle des choses naturelles, et parcourant au contraire, à l'aide du génie inventif de notre siècle, les régions sans bornes de l'imagination humaine, rien n'est plus difficile que d'en tracer une classification logique qui puisse les embrasser étroitement et les enchaîner les uns aux autres, dans l'ordre de leur plus grande affinité, sans méconnaître, un seul instant, la nécessité de rester dans la possibilité de l'exécution administrative des investigations.

V. — Le commerce intérieur. C'est le plus grand mouvement de la richesse publique qui puisse exister dans un pays. Les banques, l'impôt, la valeur même du numéraire en circulation ne sont que peu de chose auprès de cette immense masse de capitaux en nature, diversifiés à l'infini par l'origine et la forme des objets qu'ils représentent.

Ce commerce a pour but de satisfaire à tous les besoins réels ou factices de la population, en commençant par la subsistance de chaque jour, pour finir par les splendides trophées du luxe et de la mode. Il a pour effet une circulation perpétuelle de marchandises de toutes sortes, dont l'abondance est proportionnée, dans chaque lieu, à la demande des consommateurs, et dont les prix se règlent sur les quantités disponibles.

Il est formé des ventes en gros et en détail, dans les marchés, les halles, les boutiques, les magasins :

1° Des produits de l'agriculture du pays ;

2° Des produits de l'industrie manufacturière et des arts et métiers ;

— Moins ceux exportés directement à l'étranger ;

— Plus ceux de l'étranger, importés pour consommation.

Les moyens nécessaires de ce commerce sont :

1° Les entrepôts, les foires, les bourses, les banques, les bazars, les marchés de toute espèce ;

2° Les transports par le cabotage et la navigation des canaux, fleuves et rivières ; et ceux par les grandes routes, les chemins vicinaux et les chemins de fer.

Autrefois, on aurait pu déterminer la nature et la valeur des objets du commerce intérieur, puisqu'à chaque pas un péage était exigé ; mais, maintenant que la circulation des marchandises et leur vente sont libres, on ne saurait arriver à en connaître entièrement les quantités et à en apprécier totalement la richesse. Les difficultés qui s'y opposent sont insurmontables.

Pour explorer cet important objet, si l'on veut établir sur les transports la base des supputations, un immense mécompte est causé par la masse des produits de toute nature vendus sur place, dans l'endroit de leur origine, et qui, par conséquent, ne donnent lieu à aucun transport qui permette de constater leurs quantités.

Si l'on prend pour base, la production agricole et industrielle, on est conduit à de faux calculs ; car une très-grande partie étant consommée par les producteurs eux-mêmes, n'est point mise en vente et n'entre pour rien dans le commerce intérieur.

En adoptant les consommations pour point de départ, la même cause a le même résultat. En sorte qu'on ne saurait atteindre à la connaissance du mouvement commercial dans l'intérieur d'un pays, ni par la Statistique des transports, ni par celle de la production, ni par celle des consommations, quoique tous ces travaux soient indispensables, pour en entreprendre l'étude.

Ce n'est pas tout : ces travaux essentiels n'ont encore été exécutés qu'en France ; et même ce pays manque d'une Statistique des arts et métiers, œuvre indispensable pour une investigation générale du commerce intérieur.

On voit que rien n'est prêt pour cette entreprise, et qu'il se passera beaucoup de temps avant qu'il soit possible de songer à l'exécuter. Il serait donc superflu de rechercher ici quelle doit être la classification des matières d'un sujet qu'on ne peut se flatter de pouvoir aborder d'ici bien longtemps.

VI. — LE COMMERCE EXTÉRIEUR ne rencontre pas les mêmes obstacles dans son exploration. C'est de toutes les parties de la Statistique, celle qui est la mieux connue ; les douanes qui environnent chaque État, et qui prélèvent des droits à l'entrée et même à la sortie de chaque marchandise, sont devenues des agents actifs d'investigation. Instituées pour le fisc, elles servent la science sans le vouloir, et même souvent sans l'imaginer. L'intérêt financier qui s'attache à leurs opérations, en garantit l'exactitude ; cependant, dans plusieurs pays, leur avidité leur suscite un dangereux adversaire : la contrebande, qui soustrait une partie des marchandises aux taxes du gouvernement, et, de plus, à toute constatation scientifique.

Le commerce extérieur se divise naturellement en deux grandes sections :

      1° L'importation ;

      2° L'exportation.

Chacune d'elles est partagée en deux divisions :

1° Les marchandises importées pour la consommation et celles exportées, provenant du sol ou de l'industrie du pays, constituent le commerce spécial à l'importation et à l'exportation ;

2° Les marchandises importées de l'étranger et déposées dans les entrepôts, jointes à celles exportées, mais n'appartenant point au sol ou à l'industrie du pays, composent, à l'importation et à l'exportation, le commerce général.

Sous le point de vue de l'origine et de la destination, le commerce spécial se divise ainsi qu'il suit :

1° A l'importation, les produits coloniaux et les marchandises étrangères ;

2° A l'exportation, les marchandises destinées aux colonies et celles pour l'étranger.

Une autre division importante, qui s'applique à tout le commerce, distingue selon la nature des transports :

1° Les marchandises importées ou exportées par terre ;

2° Celles importées ou exportées par mer.

Mais la classification la plus importante, la plus lumineuse, est celle qui offre le commerce extérieur à l'importation et à l'exportation, énuméré :

1° Par pays de provenance et de destination ;

2° Par marchandises selon la nature et l'objet de chacune d'elles.

Dans le premier cas, chaque contrée du globe a son tableau particulier, montrant par année, comparativement, les transactions en quantités et en valeurs, avec l'indication des droits perçus par la douane.

Dans le second cas, chaque marchandise, chaque produit agricole ou industriel a son histoire numérique, enseignant les variations de son importation ou de son exportation, sous les différents régimes de douane qu'il a subis.

Ce sont là certainement les tableaux statistiques les plus intéressants que puissent consulter les hommes d'État et les négociants; il est évident que les plus heureuses leçons peuvent en sortir facilement.

Les marchandises sont classées méthodiquement ainsi qu'il suit :

1° A l'importation :

Matières nécessaires à l'industrie ;

Principaux objets naturels de consommation ;

Principaux objets fabriqués de consommation.

2° A l'exportation :

Principaux produits naturels ;

Principaux produits fabriqués.

On distingue, dans ces énonciations, la part que prennent l'agriculture et l'industrie dans le commerce du pays avec les colonies et l'étranger.

Il est essentiel qu'en traitant sous tous ses rapports le commerce extérieur, on rassemble, pour les comparer, les chiffres d'une série d'années, car il ne résulterait qu'une faible instruction d'une Statistique qui ne rapprocherait pas les témoignages du passé de ceux du présent, afin d'éclairer et de corroborer les uns par les autres,

VII. — LA NAVIGATION. Cette partie de la Statistique ne peut trouver place que dans l'exploration des États de l'Europe occidentale et méridionale; mais là, elle offre une importance majeure. Il est facile d'en recueillir les données et de les coordonner régulièrement.

On entend par navigation celle de la marine du commerce, exclusivement à la marine militaire, qui se forme des flottes de bâtiments de guerre appartenant à l'État.

Trois objets principaux composent ce chapitre : le matériel, le personnel et les mouvements de la navigation.

1° Le matériel est l'ensemble de la marine marchande, dont la situation, à différentes époques, montre quelles sont ses pertes ou ses progrès. On y doit trouver le nombre des navires par âges, par ports, avec le chiffre de leurs équipages ordinaires, les nouvelles constructions, les extinctions, la division du nombre annuel des navires, par séries de tonnage, depuis 1000 tonneaux jusqu'à 30.

2° Le personnel, composé des marins du commerce, divisé par âges, par grades, par tour de service et par ports d'attache.

3° Les mouvements annuels, c'est-à-dire à l'entrée dans les ports et à la sortie : le nombre, le tonnage et l'équipage des navires venant des colonies ou de l'étranger, ou y allant ; — et les mêmes détails, sauf la provenance et la destination, pour la petite navigation, qui comprend le grand et le petit cabotage, la grande et la petite pêche. Ces mouvements doivent être généraux et embrasser la plus longue suite d'années possible. D'autres tableaux analogues doivent faire connaître les mutations de la navigation dans chaque port.

Il manque à toutes les puissances maritimes de l'Europe, même à l'Angleterre, une Statistique historique de leur navigation commerciale, remontant jusqu'aux xiiie et xive siècles. C'est un travail qu'il est possible de faire, et qui serait très-curieux.

VIII.—LES COLONIES étaient d'abord des apanages lointains des Puissances maritimes de l'Europe, destinés à leur assurer un commerce exclusif très-avantageux. Depuis un siècle, les événements ont détruit ce système, et changé la répartition de ces possessions d'outre-mer. L'Angleterre en a acquis un nombre énorme; la France en conserve encore quelques-unes; l'Espagne et la Hollande en ont beaucoup perdu, mais celles qu'elles gardent sont dignes d'envie; les autres États européens n'ont plus rien ou du moins n'ont que fort peu de choses.

Les colonies étant des provinces séparées de la métropole, et dont l'administration est difficile et importante, il serait essentiel qu'elles fussent explorées soigneusement, et qu'on en possédât de bonnes Statistiques. Si l'Angleterre et l'Espagne avaient mieux connu leurs possessions transatlantiques, elles auraient peut-être prévenu le divorce qui les leur a fait perdre à jamais; et si la France connaissait mieux ses colonies, elle en tirerait un meilleur parti. Ainsi, l'on doit ranger parmi les œuvres les plus utiles, les Statistiques coloniales, quand elles sont exécutées consciencieusement et avec habileté.

Chacune d'elles doit former un tout composé des mêmes parties que la Statistique générale de nos États d'Europe, sauf le commerce, qui exige dans sa classification quelques modifications, attendu la complexité que lui imposent les intérêts propres à la métropole et ceux qui se rattachent à l'Établissement, dans le degré d'extension qu'ils reçoivent de l'introduction des marchandises provenant de l'étranger.

IX. — L'ADMINISTRATION PUBLIQUE est l'une des parties de la Statistique, qui fournit le plus de lumières à la pratique journalière des devoirs de l'autorité. Elle comprend les institutions d'utilité publique, et elle les classe ainsi qu'il suit :

1° Établissements politiques : les électeurs, les élections, les jurés, la chambre élective, la chambre des pairs ;

2° Établissements financiers : la banque de France, les autres banques, les caisses d'Épargne, les caisses de retraite, les compagnies d'assurances sur la vie, les autres compagnies d'assurances ;

3° Établissements de bienfaisance : les crèches, les salles d'asile, les enfants trouvés, les hôpitaux et hospices, les aliénés, les bureaux de bienfaisance, les ouvroirs, les monts-de-piété ;

4° Établissements de répression : les prisons départementales, les maisons de correction, les colonies agricoles pour les jeunes détenus, les dépôts de mendicité, les maisons centrales de détention, les bagnes, les colonies de déportation.

Il n'existe point de corps d'ouvrage, qui embrasse tous ces sujets pour chacun des États de l'Europe, excepté la France, qui a publié recemment la Statistique de ses établissements de bienfaisance et de répression. On y trouve la situation et les mouvements de ces établissements, leur mortalité, leurs dépenses, la valeur des travaux qui y sont exécutés, et de curieux détails sur l'origine des condamnés, leurs âges, leurs professions anciennes et actuelles, les crimes qu'ils ont commis, leurs récidives, le degré de leur instruction, etc.

La publication de ces détails contribue efficacement à l'amélioration de la situation des Établissements publics ; et, par exemple, depuis que la mortalité des hôpitaux n'est plus un secret ténébreux, elle n'a pas cessé d'être diminuée par un concert de soins et d'efforts généreux.

X.—LES FINANCES sont pour ainsi dire le fil de la destinée des peuples modernes ; elles montrent, dans l'excès et la mauvaise distribution des impôts, une cause imminente de misère, de banqueroute et de révolutions. Leur Statistique prend les noms de Budget et de Compte rendu des dépenses, dans les actes parlementaires ; mais, elle s'y trouve surchargée de détails, qui ont besoin d'être élagués dans un ouvrage spécial. De plus, il devient nécessaire de rechercher, pour toute chose, les quantités, afin de les mettre en regard des valeurs, et de rassembler les chiffres d'époques antérieures, pour en former des tableaux comparatifs.

La Statistique des finances se divise naturellement en trois parties principales :

    1° Les revenus de l'État, ordinaires et extraordinaires;

    2° Les dépenses publiques;

    3° La dette nationale inscrite et flottante.

Dans le premier chapitre sont énumérés les impôts de toute sorte, leur montant annuel, leur répartition par localité et par habitant. Dans le second doivent être enregistrées les dépenses, suivant leurs destinations différentes, par départements ministériels. Enfin, le troisième est un résumé des mouvements de la dette, de son accroissement ou de sa diminution et de sa situation à diverses époques.

On doit trouver dans cette Statistique des recherches sur le numéraire en circulation, avec un tableau des émissions de monnaies nouvelles, de papier-monnaie et autres valeurs.

XI. — LES FORCES MILITAIRES, qui assurent l'indépendance du pays, forment deux sections très-distinctes :

        1° L'armée;

        2° La marine.

On considère chacun de ces grands objets, dans son personnel et son matériel, ses moyens de conservation et d'accroissement, ses dépenses pendant la paix et pendant la guerre. Toutes ces matières étant débattues perpétuellement, et recherchées dans leurs moindres éléments, il n'y a point d'obstacle à réunir des chiffres qui les fassent bien connaître, et c'est assurément la partie la moins difficile de la Statistique, du moins dans les pays où l'on n'en fait point un secret d'État.

XII. — LA JUSTICE présente dans son administration l'un des plus intéressants objets de la Statistique : la connaissance du nombre des crimes et des criminels, leur nature, leurs moyens de perpétration et les peines qui leur sont infligées. La France a donné l'exemple, depuis 1825, de cette curieuse investigation, qui permet de calculer les dangers que courent les personnes et les propriétés dans la guerre que leur font soutenir la perversité, le vice et la misère. Ce travail prolongé, amélioré progressivement, est digne de la plus haute estime, et nous ne pouvons mieux faire que de référer à la division systématique qu'il donne, chaque année, de cette matière très-complexe.

XIII. — L'INSTRUCTION PUBLIQUE, qui nous fait espérer une génération plus instruite et probablement meilleure que la nôtre, a droit de prendre place parmi les sujets d'investigation les plus curieux de la Statistique. Elle montre, par années, par sexes, par établissements, par nature d'institutions, les écoles du pays, puis ses colléges, ses académies, ses enseignements spéciaux, professionnels et autres. Elle se complète par les sociétés savantes, à commencer par les cinq classes de l'Institut; et elle se termine par les bibliothèques publiques, les musées, et enfin par la presse périodique, qui, lorsqu'elle remplit sa mission, est l'un des moyens les plus actifs d'instruction populaire.

XIV. — Les capitales sont, de nos jours, des centres de civilisation si puissants, des places de commerce si riches, des villes dont les populations sont si grandes et si condensées, qu'on doit les traiter à part, et en faire, dans la Statistique, un chapitre spécial. Dans ce cas, il convient de les considérer comme un État, et de parcourir, sans sortir de leur enceinte, les mêmes sujets qu'on éclaircrait par des chiffres, s'il s'agissait d'un Empire. On est bien plus certain de trouver des moyens d'investigation, pour ce qui les concerne, que si l'on entreprenait l'exploration d'une province.

Remarquons, en terminant ce chapitre, que la classification des matières est subordonnée à l'existence, à la découverte, à la réunion des matériaux. Par une interversion des opérations préparatoires, il advient fréquemment qu'au lieu de commencer une Statistique par la recherche longue et difficile de ces matériaux, on dissipe son temps, son zèle, son ardeur à construire péniblement une classification des matières, sans savoir si l'on aura le pouvoir de les traiter, et si l'on ne manquera pas des documents dont on dispose ainsi par anticipation. C'est qu'on suppose généralement, en entreprenant un ouvrage de cette nature, qu'on est parfaitement maître de son sujet et de son exécution; préoccupation dont on est pleinement désabusé quand on avance dans le travail. Il est plus prudent et plus sage d'attendre, pour ranger et diviser les matières, qu'on puisse juger, par un examen approfondi, quelles acquisitions on a faites, quels développements on peut leur donner, quelles subdivisions il est possible d'adopter, et dans quelles limites il faudra nécessairement se renfermer.

CHAPITRE III.

Méthode de la Statistique.

La recherche de la vérité est toujours difficile et parfois sans succès. Parcourez l'histoire : dans combien d'erreurs n'est-elle pas tombée? Examinez les sciences : combien, pour un vrai progrès, font-elles de faux systèmes? Ouvrez les annales de la justice : combien n'y trouverez-vous pas de funestes méprises? La Statistique est soumise, comme toutes les œuvres humaines, à cette fatalité. Aussi son premier mérite est-il l'exactitude, la sincérité, la certitude des faits que ses chiffres transmettent. Elle peut l'obtenir, ce mérite, quand ses travaux sont faits avec conscience, et réglés par un jugement droit. Mais elle est encore dominée par une autre nécessité rigoureuse. C'est la lucidité de l'exécution. Cette qualité, sans laquelle toutes les autres sont inutiles, on ne doit point l'espérer si l'on n'est aidé, secouru, protégé par la méthode; il faut que ce soit elle qui serve de guide à travers le dédale des chiffres, la complication des matières et l'énorme extension des matériaux.

Il serait superflu de le dissimuler : dans nos pays les plus éclairés de l'Europe occidentale, où la moitié de la population ne sait ni lire ni écrire, et où la plus grande partie de l'autre ne le sait qu'imparfaitement, un livre de chiffres ne trouve que peu de personnes qui le comprennent, quelque lucide qu'il puisse être. Il n'en trouve point s'il est confus, obscur, désordonné, et s'il faut y chercher longtemps le terme numérique qu'on lui demande. Les ouvrages de Statistique sont destinés aux Hommes d'État, aux hommes d'affaires dont la vie est trop occupée pour leur permettre d'éclairer eux-mêmes des calculs informes. Il faut donc, pour qu'elle remplisse son objet, qu'une Statistique soit, dans toutes ses parties, facile à concevoir; qu'elle puisse servir à tous ceux qui ont besoin de la consulter, et qu'elle ne soit pas faite exclusivement en vue des savants. Il faut qu'elle réponde promptement et catégoriquement aux questions qu'on lui adresse, et qu'elle le fasse de manière à satisfaire ceux qui ne veulent connaître qu'un simple fait, et puis encore ceux qui veulent le connaître environné de tous ses détails, et des témoignages par lesquels la preuve en est acquise.

On ne peut atteindre ce but que par l'adoption d'une méthode régulière, rationnelle, choisie, qui soit tour à tour synthétique et analytique, qui coordonne, agroupe et divise alternativement les faits numériques, et les expose lumineusement dans l'ordre naturel de la plus grande liaison existant entre les idées, les personnes et les choses. Cette participation importante de la logique, nous explique comment on peut être un calculateur habile, et n'être qu'un statisticien très-médiocre, puisqu'il faut, avant tout, pour s'élever jusqu'aux hauteurs de la science, la première de toutes les capacités intellectuelles : un esprit juste et pénétrant.

Il ne faut pas croire que la méthode borne son influence aux formes dont elle revêt un sujet. Quand la logique est introduite dans une science, elle en corrige les aberrations. C'est ce qui advient à la Statistique, et lui donne, de nos jours, une existence nouvelle. Autrefois, marchant au hasard, elle s'appuyait sur la méthode d'inductions, qui l'égarait dans le vaste champ des conjectures. Elle a renoncé maintenant à suivre ce guide infidèle; et ce ne sont plus que quelques esprits rétifs qui s'obstinent à s'en servir.

La méthode naturelle, qu'on pourrait nommer *Méthode d'Exposition*, est la seule qui soit digne de l'avenir promis à la Statistique. Elle est très-simple; et c'est pourquoi elle n'a prévalu qu'après les autres. On a fait de la Botanique pendant deux mille ans, avant d'arriver à la méthode que nous devons à Jussieu. Cette méthode consiste, pour la Statistique, à enregistrer, dans un ordre régulier, tous les faits numériques qui constituent les éléments d'un sujet quelconque. Ainsi, lorsqu'il s'agit des établissements de bienfaisance ou de ceux de répression, on prend pour unité les malades ou les détenus de chaque hôpital ou de chaque prison, et l'on fait l'histoire de leur destinée, en suivant

de mois en mois, d'année en année, la situation et
les mouvements de chacun de ces établissements.
Faut-il entreprendre la tàche épineuse d'une Statistique de l'industrie? chaque manufacture, chaque
exploitation devient une unité absolue. Les matières premières, les produits fabriqués, leurs quantités, leurs valeurs, le nombre des ouvriers, leurs
salaires, les machines et toutes les parties du mobilier de l'établissement sont énumérés d'abord
en détail; et ce n'est que postérieurement qu'en
groupant les chiffres ainsi posés, on en forme des
tableaux collectifs par localités et suivant la nature des produits.

Sans doute, cette méthode d'exposition exige de
longs développements, qui peuvent paraître oiseux
à beaucoup de personnes; mais elle a cet avantage
immense que chacun peut apprécier la rectitude
des éléments, procéder à leur vérification, refaire les
calculs d'ensemble, et s'assurer de l'exactitude de
toutes les opérations. La Statistique exécutée de
cette manière est véritablement expérimentale; elle
met sous les yeux du public les témoignages complets de ses assertions; elle ne procède point par
inductions, comme on le faisait jadis; elle associe
chacun au travail de ses supputations dont l'unique objet est de combiner, sans les altérer le moindrement, les chiffres primitifs.

Dans un seul cas, la Statistique est obligée de
renoncer à ce système d'exposition complète des
éléments de ses calculs. C'est lorsque leur abondance

est si grande qu'elle met obstacle à leur publication. Mais ce n'est là qu'une exception bornée à la Statistique agricole des grands États de l'Europe, ceux qui ont, comme la France, trente à quarante mille communes. On conçoit qu'il faut nécessairement resserrer d'aussi nombreux documents, que ceux fournis par tant de localités, car ils formeraient pour la France une bibliothèque de 250 volumes in-quarto, de 300 pages chacun. Afin de les limiter à des proportions convenables, on décompose, *chiffre par chiffre*, les tableaux des communes, afin d'en former des tableaux d'arrondissements ou de districts, divisés par nature de produits.

Ainsi, les chiffres des 37,300 communes du royaume, ont été réduits, dans la Statistique agricole de ce pays, de façon à représenter ceux des 363 arrondissements ; et les 1,342,000 nombres primitifs, qu'ils contenaient, ont été transformés en 13,176, qui ont les mêmes valeurs. En d'autres termes, le travail étant trop vaste pour être usuel, on en a changé l'échelle, qui, de mille a été réduite à 100 environ. Mais chaque chose a gardé son intégrité, représente la même image, et conduit identiquement aux mêmes résultats. L'expression seule est restreinte, afin de pouvoir entrer dans un cadre mieux approprié à l'utilité publique.

Il y a dans la méthode d'exposition, nous devons l'avouer, un très-grave inconvénient : c'est d'exiger sur chaque sujet une exploration approfondie et d'une telle étendue, qu'il faut, pour y réussir, beaucoup de temps, de travail, de persévérance, avec toute l'autorité du gouvernement, le bon vouloir des magistrats, depuis les Maires des communes rurales jusqu'aux Préfets, et de plus, une grande tranquillité d'esprit, dans la population, et une disposition pleine de confiance et de sécurité, sans quoi on doit s'attendre à une multitude d'obstacles invincibles.

La méthode d'inductions évitait autrefois tous ces écueils, et permettait d'entreprendre une Statistique, sans autre base qu'une donnée unique, dont on faisait l'usage le plus étendu et le plus téméraire. En voici quelques exemples dont le souvenir est recommandé par les noms les plus illustres.

Au commencement du xviiie siècle, Vauban, voulant connaître la production agricole de la France et le revenu qu'elle donnait au pays, eut recours à un moyen qui nous semble étrange aujourd'hui, mais qui ne laissait pas alors d'être ingénieux. Habitué, par la science de la guerre, aux calculs et à l'observation, il fit, en détails, la reconnaissance topographique de plusieurs parties de nos provinces, et il détermina quelle était, dans un territoire d'une lieue carrée moyenne, l'étendue des terres arables, des vignes, des pâturages, des bois, et quels étaient leurs produits en quantités et en valeurs. Partant de la supposition que les chiffres qu'il obtint, ne différaient point de tous ceux qu'aurait fournis l'exploration de la surface entière du royaume, il les multiplia autant de fois que cette surface avait de lieues carrées ; concluant ainsi d'un à 25,000, en réalité, ou, comme il l'imaginait, d'un à 30,000, attendu qu'on exagérait alors d'un cinquième la grandeur du territoire.

Les nombres qu'il a donnés, n'étaient nullement, comme on l'a cru, des chiffres vrais, exprimant l'état réel du pays ; ils n'avaient, pour tout fondement, qu'une induction hardie dont l'excuse était dans l'impossibilité de mieux faire, pour tâcher d'arriver à la vérité.

Un siècle après, aucun progrès n'avait encore été fait. Un savant agronome anglais, Arthur Young, ayant vainement cherché, en parcourant nos provinces, des nombres qui en fissent connaître l'état physique et agricole, imagina y suppléer par le procédé suivant : il porta ses observations sur une carte générale de la France, qu'il découpa soigneusement d'après les indications qu'il y avait inscrites ; il pesa chacun des fragments ; puis, comparant au poids total chacun des poids partiels, il détermina, par les rapports de ces deux termes, chaque sorte de superficie suivant sa nature et sa destination. On ne saurait pousser plus loin la témérité de la méthode de déduction.

Un autre expédient, moins bizarre, mais presqu'aussi hasardé, fut mis en œuvre, en 1790, par l'un des hommes les plus illustres de cette époque si féconde, Lavoisier. Le comité de l'Assemblée nationale, chargé de préparer l'établissement de l'impôt d'après des bases rationnelles, ne trouvant de données positives nulle part, recourut aux lumières de ce savant qui, ayant été l'un des fermiers généraux, devait avoir élaboré, avec les avantages d'un esprit supérieur, toutes les notions statistiques qu'on possédait alors. Dans l'écrit rédigé pour répondre au vœu du comité, Lavoisier se servit d'un accessoire qu'on négligerait aujourd'hui, et il en fit le fondement de ses supputations. C'est le nombre des charrues qui existaient alors; il en déduisit l'étendue des terres en culture, puis les quantités de la production et de la consommation, ces nombres que nos investigations n'obtiennent qu'avec des peines infinies.

Lorsqu'on étudie les résultats, auxquels Vauban et Lavoisier sont parvenus, à l'aide de ces procédés étranges, on est fort étonné de leur trouver tous les caractères de la vérité; et l'on est tenté de croire qu'il y a des hommes de génie qui sont doués de la prescience des nombres, et dont l'esprit pénétrant arrive à son but, même en suivant une mauvaise route.

On ne peut refuser ce privilége à M. Necker, qui, en 1784, n'osant entreprendre un recensement général de la population de la France, déduisit du nombre des naissances, le nombre des habitants, en adoptant la proportion d'une à 25.75. Mais il faut dire que, dans cette application de la méthode d'inductions, il fut guidé par l'exemple de deux statisticiens distingués : Messance et Monthyon, et qu'il s'environna de toutes les données qui pouvaient écarter l'erreur.

A une époque si rapprochée de nous qu'on ne s'attend guère à la voir prêter sa date à un exemple nouveau de cette ancienne méthode, le ministre Chaptal s'en servit délibérément dans son ouvrage sur l'Industrie. Il y présenta un cadastre de l'agriculture et un tableau de ses produits, qu'on admit en toute confiance, comme provenant de travaux statistiques, exécutés pendant la période impériale. Pour reconnaître l'erreur de cette supposition, il a fallu retrouver les chiffres de ce travail très-loin des sources qu'on leur attribuait. Le tableau que M. Chaptal a donné de l'étendue des terres arables, des vignes, des prés, des bois, n'est rien autre chose que celui dressé en 1817, par M. Hennet, directeur du cadastre, et inséré par lui (p. 224) dans un rapport au ministre des finances de ce temps. Mais, en examinant ce document, on éprouve un singulier mécompte. On reconnaît qu'alors le territoire cadastré n'excédait pas 7,326,000 hectares ou moins d'un septième de la surface de la France ; et le tableau de M. Hennet, reproduit par M. Chaptal, sans en indiquer l'origine, est établi sur l'hypothèse que les 44,675,000 hectares restant à cadastrer, et formant les six autres septièmes du royaume, étaient parfaitement identiques avec les premiers, tant dans la nature que dans la destination de leurs terres. Conséquemment cette simili-

tude n'avait d'autre base, pour chaque centaine
d'hectares, que le cadastre de 14 d'entre eux,
d'où l'on déduisait celui de 86, qui était inconnu.
En faisant ce travail, M. Hennet avait prétendu
seulement indiquer la forme du tableau général
qu'on pourrait exécuter après l'achèvement du
cadastre ; et il croyait si peu que les chiffres qu'il
hasardait, seraient présentés au bout de deux ans
comme des nombres réels, qu'il commença son
énumération en disant : « Si l'on pouvait tirer de
ces résultats partiels, des inductions générales,
voici quelle serait, à la fin du cadastre, la Statistique territoriale du royaume. » Il lui était impossible de présenter plus clairement le caractère
hypothétique de ce tableau ; et d'ailleurs, il suffisait, pour s'en convaincre, d'en examiner la construction.

L'inventaire de la production agricole qu'on
trouve dans le même ouvrage, n'a pas une beaucoup plus grande valeur que la détermination des
surfaces. L'auteur annonce qu'il en a tiré les chiffres des états fournis au gouvernement pendant
14 années consécutives ; il s'ensuivrait que ces
documents remonteraient jusqu'en 1805, et com-
prendraient toute la période impériale avec le
commencement de la restauration. Mais alors comment n'en aurait-on fait aucun usage dans l'Exposé
sur la situation de l'Empire, au commencement de
1813 ; œuvre de Statistique, où d'aussi importants
résultats eussent nécessairement pris place ? Il est

certain qu'on ne possédait alors rien de semblable; et il faut croire que cet inventaire a été établi d'après les aperçus de l'état des récoltes, qui sont envoyés chaque année au Ministre par les Préfets, et qui sont bien plutôt des documents administratifs que statistiques, puisqu'ils ne résultent que d'appréciations faites en masse. Cependant, et quoiqu'on ne puisse attribuer aucune autre source à cet inventaire, lorsque nous en avons vérifié les chiffres, en les comparant à ceux des originaux, ils se sont trouvés tout à fait différents; et la meilleure opinion qu'il soit possible d'en avoir, c'est qu'ils ont été remaniés pour en former des moyennes arbitraires, dans lesquels on ne peut reconnaître les nombres officiels.

Nous n'avons pu nous dispenser de citer, quoiqu'à regret, cet exemple notable de la méthode d'inductions, parce qu'il montre comment des hommes recommandables se laissent entraîner sur la pente qui conduit du connu à l'inconnu; et comment, pour la satisfaction de compléter quelques chiffres vrais par des chiffres déduits, spécieux et trompeurs, ils s'exposent à la dure alternative de faire douter de leur sincérité ou de la rectitude de leur jugement. La seule excuse qu'ils puissent avoir, est la multiplicité des exemples de ces opérations fallacieuses, qui semblait alors autoriser cette étrange manière de rechercher la vérité.

Le choix d'une méthode rigoureuse est non-seulement nécessaire pour conduire une exploration

statistique à des résultats incontestables, il est
même essentiel à la possibilité de son exécution, et
l'on peut, malgré toutes sortes d'avantages, échouer
dans une telle entreprise, par l'unique effet
d'une mauvaise méthode, qui suscite des obstacles
qu'aucun pouvoir ne saurait surmonter. Deux fois
cette seule cause l'a emporté sur la volonté de
Louis XIV et sur celle de Napoléon, en rendant
inefficace le projet d'une Statistique de la France. A
la fin du xviiᵉ siècle, et au commencement du xixᵉ,
lorsqu'on projeta cette œuvre difficile, au lieu d'en
concentrer l'exécution, en appelant de toutes parts
les matériaux qui devaient servir à la composer,
on s'opiniâtra à la faire exécuter simultanément
dans les provinces et dans les départements, imagi-
nant que l'on pourrait former une Statistique générale de toutes ces statistiques partielles. Il en fut
tout autrement. Nonobstant la domination altière
des souverains qui avaient prescrit ces travaux, et
malgré l'intérêt qu'ils leur accordaient personnellement, un très-petit nombre de ces Statistiques locales furent achevées ; plusieurs restèrent incomplètes, et la plupart ne furent pas même commen-
cées. Il y en eut quelques-unes faites avec un talent
remarquable, mais en les rapprochant les unes des
autres, on n'y trouve point d'unité de composition.
Chaque Intendant, chaque Préfet se croyant, par sa
haute position, affranchi de la contrainte qu'un
programme général lui imposait, fit tout différemment afin de faire beaucoup mieux, et réussit seu-

lement à rendre son travail à peu près inutile, puisqu'il ne peut être comparé à aucun autre. Ainsi le défaut de méthode réduisit, à cent ans de distance, les Mémoires des Intendants de la Monarchie de Louis XIV, et les Statistiques des Préfets de l'Empire, à un médiocre intérêt de circonscription, et les empêcha de jeter la moindre lumière sur la grande unité nationale de la France.

CHAPITRE IV.

Opérations de la Statistique.

Les opérations de la Statistique ont pour objet de faire surgir, de rassembler et d'élaborer les faits numériques dont la connaissance importe aux intérêts de la société. Elles sont fort étendues dans les grands États de l'Europe, qui ont un vaste territoire et une nombreuse population. Elles sont surtout fort difficiles, parce que la recherche de la vérité, qui est le noble but qu'elles se proposent, rencontre mille obstacles que sèment sans cesse l'ignorance, les préjugés, les préventions, l'incurie, les intérêts hostiles, et les mauvaises passions.

Ces opérations sont principalement : Le cadastre du territoire, le recensement de la population, le relevé des actes de l'État civil, le cadastre de la production agricole et industrielle, et les enquêtes administratives. Nous dirons quelque chose de chacune d'elles.

I. — LE CADASTRE est le lever géométrique de la surface du pays; son but est de déterminer l'étendue de cette surface, la nature des terres, leur destination, et la valeur de leurs produits, afin de pouvoir apprécier avec certitude les ressources de l'État, sa richesse agricole, et la qualité des revenus imposables auxquels l'impôt doit être exactement proportionné.

Son origine remonte à la plus haute antiquité. Des témoignages historiques et graphiques ne laissent pas douter que les terres de l'ancienne Egypte ne fussent cadastrées. Les registres des Babyloniens, et ceux des Phéniciens, compulsés les uns par Bérose, au temps d'Alexandre-le-Grand, et les autres par Sanchoniaton, pendant le règne de Salomon, paraissent avoir contenu, outre les faits historiques et religieux, des détails qui supposent l'existence du cadastre des terres de l'Asie orientale, aux époques les plus reculées des annales du globe. Hérodote confirme cette conjecture en nous montrant cette opération comme une pratique usuelle de l'administration des anciens rois de Perse. Il raconte * que Darius ayant imposé une taxe de 400 talents, ou deux millions et demi de francs, aux villes grecques de l'Asie mineure qu'il venait de soumettre à sa domination, des réclamations s'élevèrent à l'occasion de la répartition de cette contribution de guerre. Pour y faire droit avec équité, Artapherne, frère du monarque, et satrape de cette partie de l'empire, fit mesurer par parasanges carrées, de 8,615 mètres carrés, les propriétés des territoires nouvellement annexés; et il fit consigner

* Hérodote, l. 3, c. 90 ; l. 6, c. 4.

les résultats de ce cadastre dans un tableau qui permit d'établir la quote-part que devait payer chaque contribuable, proportionnellement à la valeur de ses biens. Il prévint ainsi, pour le présent et l'avenir, toute injustice et toute plainte. L'idée de cette opération, et les moyens scientifiques de son exécution, nous enseignent que les peuples asiatiques, appelés Barbares par les Grecs, étaient en possession, il y a vingt-trois siècles, d'une administration civile mieux ordonnée que celle de la plupart des États de l'Europe moderne.

Les historiens d'Alexandre nous informent que lors de son expédition il emmena avec lui Diognète et Beton, géomètres-arpenteurs, qu'il chargea de mesurer le territoire des provinces conquises, et l'on sait encore qu'il fit faire, par des gens habiles, la description de ces provinces. Leur ouvrage, qui était un cadastre amplifié, fut consulté par Aristobule et par Ptolémée, quand ils écrivirent l'histoire du conquérant, peu d'années après sa mort.

Jules César suivit l'exemple d'Alexandre, et se fit accompagner, pendant ses campagnes dans la Gaule, par trois géomètres grecs, qui avaient la mission de faire le cadastre du pays. Il en fut encore ainsi des Arabes, quand ils établirent leur domination en Espagne.

Dans l'Europe occidentale, l'institution du cadastre semble avoir devancé, au moyen âge, celle du recensement. Quand les Normands subjuguèrent l'Angleterre, ils y trouvèrent les terres cadass ; et tout annonce que c'était un vestige de la

lisation romaine, qui avait résisté à l'invasion

des Danois et des Saxons. Guillaume le Conquérant ne manqua pas de se servir de ce moyen d'administration et d'en étendre l'application. Un cadastre existait dans les deux Castilles à une époque très-ancienne ; et peut-être appartenait-il à la domination des Arabes ou même à celle des Romains. Il y en avait un en Belgique, dès 1317 ; Charles-Quint en fit faire un nouveau en 1517 ; on en exécuta un autre en 1631, c'est celui qui existait encore en 1794, lors de l'invasion française *.

En Lombardie, comme jadis en Égypte, le besoin de l'irrigation des terres et de l'endiguement des fleuves, fit sentir de bonne heure la nécessité de répartir les eaux d'arrosage, ainsi que les charges des travaux hydrauliques, suivant l'étendue des terres et la richesse des propriétaires ; et, de cette nécessité sortit, il y a plusieurs siècles, un cadastre parcellaire, qui fut dans la suite imité par le Piémont.

En France, les provinces orientales, héritières des traditions romaines, furent les premières où le cadastre fut essayé à des époques très-anciennes. Il y avait, en Dauphiné, de temps immémorial, un cadastre nommé Péréquaire, sans doute du mot Péréquation. Le roi Charles V le fit reviser en 1359. Il existait en Languedoc quelque chose d'analogue

* Rapsaet.

sous l'appellation de Compoix. L'Agénois, le Con-
dommois, la généralité de Montauban étaient déjà
cadastrés au XVIIe siècle; et parmi les projets d'a-
méliorations, que Colbert avait formés, était un
arpentage de tout le royaume qui devait égaliser la
taille réelle, et rendre possible son application à
toutes les propriétés foncières, sans distinction.

Quand les Économistes eurent ramené l'attention publique sur la nécessité d'une réforme du
système des impôts, le contrôleur général Bertin
reconnut que le seul remède était l'établissement
du cadastre; et un Édit du 21 novembre 1763 en
prescrivit l'exécution, ordonnant qu'il compren-
drait tous les biens fonds, même ceux du domaine
royal, des princes, de la noblesse et du clergé.

Les grands et puissants intérêts que cette mesure
menaçait, en empêchèrent l'exécution. Mais, l'impossibilité de subvenir aux dépenses publiques en
laissant le tiers état supporter seul le fardeau des
impôts, obligea le ministère à revenir au projet d'un
cadastre général. On l'appuya par l'exemple des
heureux effets obtenus d'un essai fait, en 1771, dans
l'élection d'Angoulême, où cette opération avait
fait cesser les procès sans nombre et les emprison-
nements pour délits fiscaux, qui avaient lieu précédemment. Il fut reconnu de plus, en 1777, que
les deux vingtièmes et les quatre sols pour livre
établis sur les biens fonciers, étaient atténués considérablement par de fausses déclarations, et, en ef-

fet, ils ne produisirent que 54 millions, ce qui supposait que le revenu imposé ne s'élevait qu'à 860 millions. Une opération cadastrale, consistant dans la vérification des biens fonds, fut donc établie. Quoiqu'elle ne se fît que sommairement, on ne put, en dix ans, l'exécuter que dans 4,902 paroisses. C'était seulement un 5e de celles qu'on devait explorer, ou plus exactement 22 sur 100. Il restait à étendre la vérification dans 22,308; et encore, ne s'agissait-il pas dans ce travail des provinces qui portaient le singulier titre d'étrangères, ni de celles qui avaient le privilége d'être imposées par leurs états. Néanmoins il fut prouvé, par ce commencement d'investigation, que si les opérations avaient été terminées, le trésor public aurait obtenu 84 millions au lieu de 54, ou plus de moitié en sus.

En 1782, cet utile travail fut abandonné, par suite de l'opposition qu'apportaient à son exécution les Parlements, qui le considéraient comme attentatoire au droit qu'ils s'arrogeaient de juger de la nature et de la quotité de l'impôt, et d'empêcher qu'il ne s'étendît aux biens des deux ordres privilégiés.

Mais en 1789, lorsque Louis XVI convoqua les états généraux, les assemblées électorales consignèrent, dans les cahiers de leurs doléances, le vœu de la création d'un cadastre, consistant en un arpentage de tous les biens fonciers, avec l'estimation détaillée de ces biens. Soixante-treize assemblées électorales de la noblesse et cinquante-huit du tiers état exprimèrent ce vœu.

L'Assemblée nationale consacra le principe de la création du cadastre, par un décret du 16 septembre 1791. Ce ne fut toutefois qu'en 1803 que le gouvernement consulaire ordonna et fit commencer l'arpentage des communes et l'évaluation des cultures. Mais, par malheur, cette opération fut faite en masse et non par parcelles, seule méthode exacte et utile. Après avoir suivi pendant cinq ans cette mauvaise route, on l'abandonna en 1808 pour adopter enfin le cadastre parcellaire ou par propriétés. Quand l'Empire s'écroula, six mille cinq cent vingt-une communes avaient été cadastrées. C'était seize sur cent. Les dépenses s'étaient élevées à 36 millions.

Il s'en fallut de bien peu que la restauration ne détruisît le cadastre avec les autres opérations de la Statistique. Ses orateurs le stigmatisèrent dans les chambres comme une conception gigantesque de Bonaparte, et un fléau fiscal introduit furtivement dans les institutions de la France. Le despotisme impérial, disaient-ils, a établi la conscription des terres et celle des hommes. Exemple frappant de l'ignorance profonde des hommes qui gouvernaient alors le pays, et qui savaient si mal son histoire qu'ils attribuaient à Napoléon une œuvre projetée par Colbert sous la monarchie du grand roi, et dont l'exécution avait commencé sous Louis XVI, qui s'en était occupé lui-même, avec l'intérêt qu'il portait aux sciences géographiques.

Défendu par quelques hommes éclairés, le cadastre échappa à la proscription qui frappa la Statistique. Plus tard, le ministre Louis, se prévalant de son utilité financière, obtint qu'il fût continué; mais ses opérations furent tellement entravées, qu'en 1830 elles ne s'étendaient guère qu'à la moitié du royaume. A dater de cette époque, elles firent de grands progrès. En 1834, elles embrassaient 38 millions d'hectares, et dix ans après, en 1844, 14 millions de plus étaient arpentés. Maintenant, sur 37,095 communes, il y en a seulement 572 dont les opérations ne sont pas terminées. Il faut même réduire ce nombre à 234, attendu que 338 appartiennent à la Corse, dont le cadastre n'a commencé qu'en 1843.

On remarquera que par des réunions successives, les communes, qui étaient au nombre de quarante mille, ont été réduites d'un 13ᵉ, ce qui rend leur existence plus forte et leur administration plus facile.

Au demeurant, on doit considérer aujourd'hui l'entreprise immense du cadastre de la France comme achevée entièrement. Aucun autre pays de l'Europe n'en possède un aussi vaste et aussi parfait; il embrasse une surface de 53,049,517 hectares ou 26,856 lieues carrées anciennes.

La Statistique obtient de ce magnifique travail toutes les bases fondamentales de ses opérations, notamment : la division physique et politique du territoire, la topographie agricole, la distribution de la population et la répartition de l'impôt. C'est le défaut de cadastre, qui prive les Iles Britanniques d'une Statistique rationnelle; et il faut reconnaître que le nôtre, malgré quelques défectuosités, qui lui sont reprochées, est l'un des plus beaux monuments de la civilisation française du xixᵉ siècle.

II. — LES RECENSEMENTS sont des opérations statistiques servant à dénombrer les habitants d'un pays : par individus et par sexes, par feux ou familles, par paroisses ou communes, par districts ou arrondissements, par provinces ou départements, et enfin par régions, pour arriver à la constatation de la population totale.

L'objet des recensements est, comme on le voit, de connaître cette population. C'est une nécessité impérieuse pour administrer et pour gouverner régulièrement un pays. Ne pas s'y soumettre, c'est prendre pour guides des actes de l'autorité, le hasard et l'arbitraire.

Les recensements sont une institution qui remonte aux temps primitifs. L'histoire, d'accord avec la raison, nous enseigne que, quand les hommes se réunirent en société, la première chose qu'ils firent, fut de se compter. On en trouve un témoignage dans le Pentateuque, où l'énumération des Patriarches et de leurs familles indique un dénombrement par individus, par sexes et par âges. On sait que cette dernière particularité échappe encore à nos Statistiques modernes.

Aucun des recensements de l'Égypte, sous les Pharaons, ne nous a été transmis par les historiens grecs; mais une foule de nombres partiels, rapportés dans leurs écrits, ne laissent point douter qu'il n'y eût des dénombrements très-soignés des différentes classes d'habitants. On y apprend, par exemple, que l'effectif des milices égyptiennes était de 405,000 hommes, et que la caste militaire, qui les fournissait exclusivement, s'élevait à 2,250,000 personnes, de tout âge et de tout sexe, formant probablement le tiers de la population totale.

Le recensement des Hébreux, exécuté par Moïse dans le désert du Sinaï, fut fait incontestablement d'après les traditions égyptiennes. C'est le plus ancien de tous les documents statistiques parvenus jusqu'à nous ; il n'a pas moins de 34 siècles. On trouve plusieurs autres dénombrements mentionnés ou même détaillés dans la Bible ; et l'on ne peut douter que cette opération ne fût une institution gouvernementale d'Israël, puisque, dans le livre des Chroniques, il est dit que le dénombrement fait par Joab, qui remplissait les fonctions de ministre de la guerre, n'ayant pu être terminé, il ne fut pas inscrit parmi les recensements enregistrés dans les annales du règne de David. Cette insertion donnait la consécration officielle comme celle dans notre Bulletin des lois.

La civilisation grecque était l'œuvre d'hommes

d'un génie trop puissant pour négliger de faire servir ce rouage utile au mouvement social. L'action des gouvernements populaires helléniques exigeait que l'on comptât perpétuellement, dans la place publique, les citoyens, et leur nombre était le premier élément de toute solution des affaires de l'État.

Il en fut encore ainsi à Rome, où cette opération fut pratiquée pendant 800 ans, au milieu de toutes les vicissitudes qui changèrent tant de fois la face de la république. Les totaux généraux de trente-six dénombrements nous ont été conservés par les historiens, et sont au premier rang des chiffres les plus curieux de l'antiquité.

Il faut toutefois remarquer que chez les peuples anciens cette opération ne ressemblait point à celle que nous exécutons. C'était bien moins des recensements de la population que des contrôles militaires de la levée en masse sur laquelle le pays devait compter pour sa défense. On n'y comprenait que les citoyens ; les femmes, les enfants, les esclaves des deux sexes n'y étaient point énumérés. Néanmoins, on peut découvrir dans les chiffres des dénombrements des peuples de l'antiquité, des notions très-intéressantes sur l'économie sociale des temps les plus reculés, et même on peut en trouver qui, après vingt-cinq à trente siècles, sont encore tout à fait nouvelles.

L'institution du recensement n'appartenait pas uniquement aux nations célèbres, qui nous ont transmis les plus belles traditions de la société civile. Elle existait même avant l'invasion romaine de la Gaule, chez les tribus celtiques qui habitaient les régions orientales de ce pays. Quand César s'empara du camp des Helvétiens, il y trouva un recensement nominatif, divisé en deux catégories : l'une comprenant les guerriers, et l'autre les vieillards, les femmes et les enfants *. C'est le premier document statistique que notre pays puisse revendiquer; il date de 1900 ans.

Après le partage de l'Empire romain par les barbares du Nord, on découvre encore quelques vestiges d'opérations administratives, qui supposent des dénombrements. Mais il n'y eut plus rien de semblable lorsque la féodalité eut morcelé chaque territoire en une multitude de fiefs seigneuriaux ou ecclésiastiques. Il y a, par cette cause fatale, une lacune de plusieurs siècles dans l'histoire de la Statistique.

En France, où presque toutes les institutions datent de Louis XIV, celle des recensements a ce règne pour première époque. Le projet en fut préparé par Colbert, élaboré par Vauban, et prescrit, en 1700, par le roi lui-même. Un autre fut exécuté en 1762, par Louis XV, et un troisième, en 1784, sous Louis XVI. Ce dernier fut dressé par M. Necker, d'après la proportion des naissances qu'il estima devoir être d'une sur 25.75 habitants, et non pas une sur 25, comme on l'a dit récemment par une singu-

---

* César, l. 1, c. 5.

lière erreur, qui a perverti tous les chiffres officiels.

La population étant devenue, lors de la révolution, la base légale de l'élection politique, beaucoup
de localités, qui voulaient avoir une grande quantité
de fonctionnaires ou de représentants, exagérèrent
le nombre de leurs habitants, et l'on réussit mal à
le constater quand on voulut exécuter, pour la première fois, la loi du 22 juillet 1791, qui venait
d'ériger en une institution de l'État, le recensement
de la population de la France. Ce ne fut que dix ans
après qu'on parvint à mieux faire. Les recensements,
à dater du commencement du siècle, furent bien
supérieurs à ceux de l'ancienne monarchie, soit à
l'égard de leur exactitude, soit relativement à l'é-
tendue de leurs détails. Ils sont au nombre de neuf,
et le dixième s'exécute maintenant. Le gouvernement consulaire et impérial, celui de la restauration
et le gouvernement actuel en ont fait chacun trois.

Pendant la première période, il y en eut deux
bien exécutés ; pendant la seconde, un seul, et
pendant la troisième, deux. Les recensements défectueux ou illusoires ont eu lieu en 1811, 1816,
1826 et 1836. Les meilleurs sont ceux de 1801 et
de 1831, précisément à des époques où l'on ne devait en attendre que de médiocres. Ces différences
montrent que ces grandes opérations ne sont pas
moins difficiles qu'importantes, et qu'il faut, pour
réussir à les bien exécuter, un concours de circonstances favorables, et des soins laborieux, actifs et

intelligents. Aussi, n'a-t-on pas fait de recensement en Belgique, depuis 12 ans; en Portugal, depuis 10, et en Espagne, depuis 44.

Un recensement complet doit faire connaître :

1° Le sexe des habitants;

2° Leur âge;

3° Leur état civil;

4° Leurs professions, états, fonctions : agriculteurs, industriels, etc. ;

5° Leur capacité politique : éligibles, électeurs, jurés;

6° Leur culte ou communion religieuse;

7° Leur qualité de propriétaire, foncier ou manufacturier.

Les opérations du recensement doivent être faites par une constatation à domicile du nombre des personnes composant chaque famille. Il est essentiel qu'elles soient exécutées simultanément dans toutes les parties du pays. La vérification de leurs résultats doit être confiée uniquement à des magistrats qui puissent les comparer aux documents antérieurs, et s'éclairer de toutes les pièces dont il est possible de tirer des moyens de contrôle.

Les recensements qui semblent devoir être des opérations très-simples et très-faciles, puisqu'ils se composent de la collection de faits numériques évidents, trouvent cependant, dans leur exécution. de très-grands obstacles, qu'il importe de signaler·

1° Souvent les populations frappées, à tort ou

à raison, de la crainte que les recensements ne soient des moyens d'établir de nouveaux impôts, se répandent contre eux en murmures, et contrarient ou empêchent leurs opérations. Le roi David et le ministre des finances, M. Humann, ont éprouvé ce contre-temps à une distance de près de vingt-neuf siècles.

2° Parfois l'autorité, intimidée par l'effet de l'opinion populaire, s'abstient de faire recenser la population et s'efforce de remplacer par des artifices de calcul, les chiffres vrais que l'opération devait lui donner. Cette mesure défectueuse a été prise deux fois en France depuis le commencement du siècle. La première fois, en 1811, sous l'empire, dont la vigueur s'affaissait; la seconde, en 1826, sous la restauration, pendant le ministère de M. Corbière.

3° Un recensement bien préparé peut être manqué par l'effet de quelque mauvaise disposition administrative, qui est passée inaperçue. Ainsi, en 1836, deux monosyllabes ajoutés par un subalterne à la circulaire du ministre, qui prescrivait des mesures rationnelles pour l'exécution du recensement général, suffirent pour fausser tout le travail. Ces deux mots substituèrent le domicile de droit au domicile de fait, qui seul devait faire loi. Par cette inconcevable altération, les enfants en nourrice, les militaires aux drapeaux, les familles à la campagne, les voyageurs à l'étranger, les navigateurs voguant dans un autre hémisphère, furent inscrits comme présents, dans les lieux d'où ils ressortaient originairement. Il s'ensuivit une confusion inextricable.

4° Aux appréhensions chimériques, qui font considérer les recensements comme les précurseurs de nouvelles taxes, se joignent parfois des motifs plus réels. Plusieurs impôts sont proportionnels à la population des villes où ils sont perçus, et s'accroissent avec elle. Cette disposition porte quelquefois des autorités municipales à dissimuler un certain nombre des habitants, dont s'augmente progressivement la population de leurs cités ; elles évitent ainsi d'être rangées par le fisc dans une catégorie dont les taxes sont plus élevées.

5° Il est presque impossible de relever l'âge des personnes avec quelque exactitude, parce que les unes l'ignorent, et que les autres le cachent. Les femmes surtout le déclarent difficilement ; aussi M. Richmann, qui a exécuté les recensements de l'Angleterre pendant 50 ans, disait qu'il n'avait jamais pu réussir à cet égard, même dans sa propre maison, où il n'avait pu découvrir quel était au juste l'âge de sa femme et celui de sa servante.

6° D'autres motifs jettent souvent des incertitudes dans la déclaration des professions des classes inférieures. En 1831, lors de l'invasion du choléra à Paris, il fut enregistré, parmi les décès des femmes, un nombre extraordinaire de couturières. Rien n'expliquant, dans cette profession, une si grande mortalité, nous dûmes vérifier ce fait ; et il fut constaté que ces malheureuses faisaient un tout autre métier que celui dont elles avaient fait la déclaration.

7° Mais, un empêchement plus puissant à la rectitude des recensements, est le mouvement perpétuel des populations des villes et surtout des capitales. Quoi qu'on fasse, on ne peut savoir quel est le nombre exact des habitants de Londres et de Paris. L'usage de plus en plus commun d'aller passer la belle saison à la campagne, prive cette dernière métropole de cent mille personnes ; et, au contraire, l'éducation publique centralisée, les émigrations d'ouvriers des provinces, les grandes entreprises de construction, lui donnent une population flottante de plus de deux cent mille.

Ces obstacles, quelque puissants qu'ils soient, ne doivent point arrêter un gouvernement éclairé ; car, les efforts qu'il fera pour les surmonter seront récompensés par la certitude de ses calculs, par la rectitude de ses mesures et par la justice de ses décisions.

III. — LES MOUVEMENTS DE LA POPULATION sont les mutations perpétuelles qui rajeunissent les nations, les maintiennent ou les accroissent, et font succéder, de siècle en siècle, des générations nouvelles à de vieilles générations. Ce sont, en deux mots, l'œuvre de la fécondité humaine et celle de la mort, exprimées par des termes numériques, que résument les registres des actes civils de toutes les parties d'un pays. Ces actes constatent, avec les formalités de la justice, les naissances, les mariages et les décès, et ils tiennent compte de leurs circonstances principales. Leur importance est très-grande ; car, par la preuve de l'origine, les uns fixent la position sociale des hommes, tandis que les autres, par la production d'un acte mortuaire, déterminent la transmission des plus riches héritages. Ainsi, la vie civile est réglée par eux ; et ils se dressent, comme des jalons, aux deux extrémités de l'existence. Leur rôle, dans la vie publique des peuples, est encore supérieur. Le nombre des naissances et des décès, soit relativement aux époques antérieures, soit comparativement à d'autres contrées, caractérise la civilisation d'un pays et son gouvernement. Cela est si vrai qu'un chiffre de mortalité étant donné, sans aucune indication locale, un Statisticien discernera, par son seul rapport à la population, s'il énumère les décès d'une province du royaume de Naples ou des États romains, ou bien ceux d'un comté de l'Angleterre ou d'un département de la France.

Quoiqu'une partie des États de l'Europe soient encore privés, de nos jours, de la connaissance essentielle des mouvements de leur population, il y a vingt-quatre à vingt-cinq siècles que déja on employait divers moyens pour ne pas demeurer dans cette ignorance. Un usage religieux, qui remontait au temps de leurs rois, permettait aux Athéniens de savoir positivement le nombre des naissances et celui des décès qui avaient lieu dans l'année. Chaque fois qu'un enfant naissait, on était tenu de donner à la prêtresse de Minerve une mesure de froment, et on lui en donnait une d'orge quand quelqu'un mourait [1]. A Rome, une loi de Servius Tullius prescrivait qu'on portât une pièce de monnaie, à chaque naissance, dans le temple de Junon Lucine; une à chaque décès, dans le temple de la déesse Libitine; et une, dans le temple de la déesse Juventa [2], pour chaque jeune homme qui prenait la robe virile. Ces coutumes devaient être bien anciennes, puisqu'elles avaient probablement devancé l'usage de l'écriture chez les Grecs et les Romains.

Au moyen âge, les ecclésiastiques, dépositaires de toute science, furent chargés de constater les mouvements de la population, qui d'ailleurs étaient plutôt considérés comme des actes religieux que comme des actes civils. En 1789, l'Assemblée nationale chargea les Maires des communes de ces graves fonctions. En Angleterre, l'église établie a conservé jusqu'en 1836 cette magistrature; mais les inconvénients de la séparation des dissidents, qui refusaient de s'y soumettre, détermina le Parlement à instituer une administration spéciale, chargée de constater les naissances, mariages et décès, et d'en supputer les nombres. Son rapport annuel, publié officiellement, est le meilleur document statistique du Royaume-Uni. Il est vivement à souhaiter que l'exemple des deux premiers peuples de l'Europe occidentale, soit imité par les autres puissances du continent, et que ces actes, qui constatent l'économie sociale des peuples, soient partout considérés, ainsi qu'ils le sont

---

[1] Arist. *Econ.* 1. 2. — [2] Denys d'Hal. 1. 4, 1.

avec raison en Allemagne, comme des attributions essentielles de l'autorité municipale.

IV. - La Statistique agricole. La subsistance des peuples étant la première condition de leur existence, il semble qu'aucun des éléments de la société ne devrait être mieux connu. Il en est en réalité tout autrement. Voici l'explication de cette contradiction singulière. Jadis, quand l'agriculture était l'unique profession des hommes, chaque chef de famille pourvoyait aux besoins des siens par le produit de sa culture, dont il proportionnait la quantité au nombre de ses enfants ; et la sollicitude paternelle tenait lieu de la prévoyance de l'État. Les temps sont bien changés. Dans nos sociétés modernes , l'agriculture n'est plus la destination commune de toute la population ; elle n'en occupe que trois cinquièmes en France, un tiers en Angleterre, un quart en Hollande, et c'est généralement la moindre partie des habitants qui nourrit la plus considérable. Il s'ensuit que la mesure de la consommation, qui était autrefois parfaitement déterminée dans chaque famille, est actuellement inconnue dans chaque État, et que la production qui doit y satisfaire ne peut se développer qu'au hasard, sans autres guides que les prix des marchés, indices variables, incertains et trompeurs. On pourrait croire que des notions positives seraient une acquisition superflue, parce que la culture et la production ont atteint partout leurs dernières limites, et ne peuvent être plus étendues qu'elles ne le sont. Les faits contredisent cette opinion. La France et la Suède ont presque doublé en cinquante ans leurs récoltes de céréales ; et ce prodige n'est même pas impossible à l'Angleterre, qui, pourtant, ne cesse de craindre la disette ; les quelques boisseaux de pommes de terre que nos cultures produisaient, il y a un demi-siècle, se sont multipliés comme les pains de l'Évangile, et forment une masse de cent millions d'hectolitres. Dans une génération nos lins et nos chanvres peuvent donner autant de tissus que les cotons des États-Unis, et revêtir à leur tour, et avec plus d'avantage, les peuples des deux hémisphères, dont l'industrie est moins avancée. Il est donc essentiel de connaître la production par une constatation certaine et complète, d'abord pour juger si elle est suffisante, et ensuite pour savoir de combien on doit l'augmenter. Ce sont là des données indispensables pour décider jusqu'à quel point il faut recourir à l'introduction des produits étrangers, ou bien demander une plus grande abondance au sol du pays. C'est l'alternative qu'offrent, en Angleterre, la question des céréales, et en France, celle des bestiaux. L'une et l'autre sont évidemment des problèmes de Statistique. Mais autant il était facile jadis, à chaque famille agricole, de fixer l'équilibre entre sa production et sa consommation, autant il est difficile aux gouvernements des vieilles sociétés de régler cet équilibre d'après des bases numériques. Rome, sous les empereurs, vivait, au jour le jour, de l'importation des grains de la Sicile et de l'Égypte; et sans chercher si loin des exemples, Londres, avec ses deux millions d'habitants, est à présent soumise à ce régime dont les éventualités sont vraiment effrayantes.

En France, la nécessité d'une Statistique de l'agriculture était reconnue depuis longtemps; et tous les économistes s'efforçaient de suppléer à ce grand travail par des estimations hypothétiques. Enfin cette entreprise fut commencée, en 1834, sous les auspices de M. Hippolyte Passy, alors ministre du commerce; il fallut plus de six ans pour l'achever. Les études nouvelles et sérieuses dont elle fut le sujet conduisirent à considérer comme étant les principes de la matière : 1° l'extension des recherches jusqu'aux premiers éléments des nombres, afin d'arriver au plus haut degré de certitude possible; 2° l'usage de tableaux dressés uniformément, remplis dans chaque localité par des chiffres, et certifiés par les fonctionnaires chargés de leur exécution; 3° une limitation de la nomenclature des objets de ces tableaux, restreinte à trente-six nombres tout au plus, afin que l'étendue et la complexité du travail ne donnassent ni motifs, ni prétextes pour trouver impossible de les exécuter; 4° un choix sévère, pour ne demander que des chiffres rigoureusement nécessaires, à l'exclusion de ceux que fournit une déduction infaillible, telle que la valeur totale des produits, qui est acquise dès qu'on sait quels sont leurs prix et leurs quantités; 5° la multiplication des moyens de révision, de contrôle et de correction, appliqués à tous les résultats des opérations successives dont se composait l'investigation.

Le but et l'utilité de ces dispositions seront mieux appréciés par leur application pratique que par leur simple énonciation.

Deux méthodes fort différentes pouvaient être employées dans l'entreprise de la Statistique agricole de la France : l'une, prompte et facile, consiste dans des estimations de toutes choses, faites en masse par départements, et par conséquent par inductions plus ou moins arbitraires; l'autre, longue et compliquée, procède, au contraire, en recueillant, jusques dans les moindres localités, les données numériques qui lui sont nécessaires; et c'est en agroupant les chiffres de tous les hameaux, de tous les villages, de toutes les communes, que sont formés successivement ceux des cantons, des arrondissements, des départements, des régions, et enfin, ceux du royaume entier. Cette méthode fut jugée la seule rationnelle, et il fut résolu de la suivre, en exécutant, dans chacune des 37,300 communes de la France, un cadastre de son domaine agricole, un inventaire de ses produits ruraux, un recensement de ses animaux domestiques, et un tableau, par articles, de ses consommations. Pour atteindre ce but multiple, des instructions précises, péremptoires, lucides, furent adressées aux Préfets et transmises, par leurs soins empressés, à chacun des Sous-Préfets et des Maires, avec les modifications qu'exigeait la diversité des lieux. A ces instructions était joint un tableau-modèle, dont elles prescrivaient de remplir les colonnes par des chiffres exprimant en mesures métriques et en monnaie décimale : l'étendue de chaque espèce de culture, des prés , pâturages, pâtis, des bois et forêts selon leur appartenance ; la quantité et la valeur moyenne de chaque sorte de produits annuels, et la quantité avec la valeur de chaque article de consommation. Au revers de ce tableau étaient indiqués : le nombre d'individus de chaque espèce d'animaux domestiques, la valeur de chacun d'eux et leur revenu annuel, moyen et total ; ces données étaient complétées par le chiffre des animaux abattus , et par tout ce qui est relatif à la consommation de la viande, soit en quantité ou en valeur, soit en totalité, soit par habitant.

Tous les termes numériques réclamés de chaque Maire ne s'élevaient qu'au onzième du nombre des questions statistiques qui leur furent adressées en 1810, et qui , trop multipliées , restèrent sans réponse. Mais , quelque limitées et simples que fussent ces données, le grand nombre de personnes appelées à les fournir dut faire prévoir le cas où leurs recherches ne trouveraient pas une capacité ou un zèle suffisant. Les instructions, qui investissaient le Maire de chaque commune de la mission d'en dresser le tableau agricole , statuèrent donc que, s'il avait besoin de collaborateurs ou de suppléants, le Préfet désignerait, à cet effet, le directeur ou le percepteur des contributions directes, les agents forestiers, l'instituteur primaire ou tout autre fonctionnaire public, et qu'en outre, il réclamerait l'aide et le concours de tous les citoyens notables, particulièrement de ceux qui composent les comices agricoles et les sociétés d'agriculture. La confiance qui avait dicté cette disposition ne fut point déçue; et dans une multitude d'occurrences, des habitants des campagnes, des hommes éclairés, mais étrangers à ce genre de travail, des juges de paix, des médecins, des ecclésiastiques, prêtèrent volontiers leur assistance à ces recherches, et leur donnèrent des soins assidus et dévoués.

Néanmoins, une si vaste entreprise exécutée pour la première fois, et lorsque les connaissances statistiques sont encore si peu répandues, dut rencontrer nécessairement de grands et nombreux obstacles. Dans quelques endroits, les enquêtes furent accueillies avec défiance, comme devant servir à quelque projet fiscal; mais ces fausses idées ne s'accréditèrent point. En général, les difficultés surgirent dans les communes rurales, par la tendance à répondre plutôt par des mots que par des chiffres, par le défaut de notions des mesures métriques, par l'usage commun de caractères presqu'illisibles, et surtout par la nouveauté du travail, qui faisait exagérer la puissance du moindre empêchement. Ailleurs, les difficultés eurent pour causes : l'opinion qu'une pareille entreprise ne pouvait être exécutée, comme le cadastre, que par des agents spéciaux et salariés; la prévention sans fondement, qui faisait regarder les Maires des campagnes comme incapables de faire un travail de chiffres ; une disposition opiniâtre à modifier le plan général, d'après le point de vue particulier de chaque collaborateur ; le défaut d'achèvement complet du cadastre, et jusqu'à la nomenclature des différentes sortes de surfaces, cultures, pâtis ou bois, qui, dans un pays aussi vaste, ne peut être exempte de variations, d'incertitude et de confusion. Il n'est pas inutile de signaler ces difficultés, afin de les prévoir une autre fois, et d'en prévenir les effets. Pour obvier à celles consistant dans des omissions ou des erreurs de chiffres, les Préfets soumirent les tableaux des communes à des commissions de révision, formées par cantons et par arrondissements, et à une commission centrale, instituée au chef-lieu du département. De grandes améliorations furent introduites dans le travail par ces réunions d'hommes, possédant à la fois la pratique de l'agriculture et la connaissance des localités.

C'est par l'ensemble de ces opérations et le secours de plus de cent mille collaborateurs, que furent recueillis environ dix-huit millions et demi de termes numériques, exprimant des faits agricoles et sociaux inédits. Ces faits vérifiés, élaborés, groupés et condensés au Bureau de la Statistique générale, furent divisés de manière à former, premièrement, une géographie agricole de la France, indiquant par arrondissements, par départements et par régions, l'étendue de chacune des cultures, des pâturages et des bois, sa production en quantités et valeurs, et sa destination ; et secondement, une Économie agricole du royaume, énumérant tous les produits du sol, selon les lieux , et détaillant leur abondance , leur prix et leur consommation. Cette grande investigation statistique a fait connaître complétement l'agriculture du pays. Les États les plus éclairés de l'Europe en ont compris de suite toute l'utilité, car ils poursuivent, à travers de grandes difficultés, le projet d'en exécuter une semblable, par l'application des mêmes moyens dont l'indication détaillée leur a été communiquée, selon leur désir, par le gouvernement français. La généralisation de pareils travaux serait un immense bienfait ; elle préviendrait les disettes bien mieux que les greniers de réserve, puisqu'en montrant quelle est la production de blé de chaque pays, elle permettrait de savoir avec précision quelles ressources on doit attendre des contrées où les récoltes excèdent habituellement la consommation.

V. — La Statistique de l'industrie a beaucoup d'analogie avec celle de l'agriculture, dans les opérations qu'elle exige. Elle doit, comme elle, remonter aux premiers éléments de tous les nombres , et les recueillir dans chaque localité. Ses procédés de vérification, d'agroupement et de condensation des chiffres ne diffèrent pas essentiellement ; mais elle présente encore plus de difficultés quand on veut n'enregistrer que des faits dont la preuve est acquise, et qu'on rejette entièrement la méthode aisée et commune des déductions hypothétiques.

Chez les grandes puissances industrielles, son étendue mettrait un obstacle absolu à sa publication, si l'on traitait d'une pareille manière toutes ses parties. Par exemple, en France, le nombre des patentés ou industriels de toute classe étant, en 1843, de 1,517,500 et devant dépasser maintenant 1,600,000, il faudrait, pour explorer en détail toutes les sortes d'industries, dresser autant de bulletins descriptifs qu'il y a d'établissements. Or, chacun de ces documents contenant environ 80 termes numériques, il y en aurait 128 millions dans une Statistique générale de l'Industrie du royaume ; et si l'on y comprenait les Beaux-Arts et quelques professions demeurées en dehors de la loi, la masse des nombres à relever s'élèverait probablement au delà de 150 millions. C'est là sans doute l'obstacle qui a fait considérer comme impossible la Statistique de l'Industrie, et qui a même dissuadé d'entreprendre ses parties les plus accessibles et les plus importantes. En étudiant ce sujet profondément et en présence des difficultés dont il se complique, on a eu recours, pour le traiter, dans la Statistique de France, aux expédients que nous allons indiquer. On l'a divisé en deux parties distinctes et séparées :

1° La Statistique des manufactures et exploitations ;

2° Celle des arts et métiers.

L'une est la description en chiffres de l'Industrie proprement dite, celle qui travaille et produit sur une grande échelle, et dont les ateliers occupent au moins 10 ouvriers. L'autre est le tableau numérique de la petite Industrie, celle qui pourvoit à nos mille besoins, en se ramifiant à l'infini, et qui, le plus souvent, n'emploie que les bras de la famille, et n'a d'autre local que le foyer domestique.

La première partie a été traitée dans toute son extension. Chacun de ses établissements a été l'objet d'un bulletin spécial faisant connaître la commune où il est situé, son arrondissement, son département, les noms et qualités du propriétaire, la valeur de sa location, le montant de sa patente, la nature des matières diverses employées annuellement, leur quantité en nombre, en kilogrammes, en mètres ou en litres, la valeur moyenne de chacune d'elles, le prix de leur unité en francs et centimes, la valeur totale et la désignation des lieux de l'origine des matières premières. En regard on a exprimé la nature des produits fabriqués annuellement, leurs quantités, leurs valeurs partielles ou totales, et l'indication des débouchés ou lieux de destination de ces produits à l'intérieur ou à l'étranger. On a ensuite énuméré les ouvriers : hommes, femmes, enfants au-dessous de 16 ans; puis leurs salaires journaliers; enfin, on a décrit numériquement les différentes pièces du mobilier industriel : machines à vapeur, moulins à eau, à vent, à manége; nombre de chevaux, de mulets, de bœufs employés; nombre de fourneaux, fours, feux, mécaniques, métiers, broches et autres machines.

Il y a maintenant en France environ 25,000 établissements industriels de cette catégorie et consistance ; le surplus appartient à la classe des arts et métiers. Ceux-ci doivent être relevés en détail ; mais il est nécessaire d'en agrouper les chiffres, par localités d'abord, et ensuite par similarité d'objet. A cet effet, il faut réduire l'extrême étendue de leurs éléments primitifs, en les rapprochant pour en diminuer l'échelle. Cependant leur condensation ne peut pas égaler celle subie par l'agriculture, attendu que la variété bien plus grande des produits industriels, rend leur assimilation beaucoup plus difficile.

Quant à la classification générale des matières qu'embrasse la Statistique des manufactures et celle des arts et métiers, elle est dictée par le gisement des fabriques, et par la nature de leurs produits. La Statistique par localités est une véritable géographie de l'Industrie ; — un cadastre territorial des établissements, qui sont les cités florissantes de cet empire ; — un recensement des ouvriers qui en sont la population ; — un itinéraire des lieux où le commerce doit alimenter ses besoins innombrables et sans cesse renaissants. La Statistique, suivant la nature des objets manufacturés, est un inventaire par espèces et variétés, en quantités et en valeurs, des produits multiformes qui sortent de ces mines fécondes. Ces produits sont d'abord classés selon le règne auquel appartient leur matière première :

ils sont minéraux, végétaux ou animaux. Ensuite ils sont énumérés dans chacune de ces trois catégories, en suivant les degrés d'élaboration dont ils sont susceptibles, depuis les plus simples jusqu'aux plus composés. Ainsi, en tête des laines, qui appartiennent à la classe des produits animaux, sont les laveries, les peigneries, où elles sont préparées; les filatures viennent ensuite, et, en dernier lieu, les manufactures où les tissus sont portés à leur perfection.

Sans doute, les détails de cette immense investigation sont, pour beaucoup de personnes, d'un médiocre intérêt; et, par exemple, il importe peu au monde de savoir combien de bouteilles sortent d'une verrerie, et combien de matières diverses sont employées à leur fabrication. Mais cet établissement joint à ceux semblables, qui existent dans le département, la région, le royaume, constitue une branche d'industrie importante et fort riche, indispensable à la consommation et au commerce, donnant à l'État un revenu considérable, aux ouvriers un travail bien rétribué, et au pays l'un des éléments de sa prospérité industrielle. La Statistique est donc justifiée quand elle s'opiniâtre à élaborer des millions de chiffres, qui renferment des notions aussi essentielles, et qui consentent à lui livrer, pour prix de ses studieux efforts, l'histoire hiéroglyphique de travaux dont personne encore n'avait pu déchiffrer les secrets.

VI. — LES INVESTIGATIONS ADMINISTRATIVES ont

pour objet, comme les grandes opérations que nous venons de décrire, la connaissance de quelques-uns des éléments de la société ou de quelque intérêt majeur, économique, financier ou politique. Mais leur exécution est infiniment moins difficile, car les matériaux, qui leur sont nécessaires, existent déjà depuis longtemps, et servent habituellement aux besoins des services publics, tandis que pour le cadastre, les recensements, la Statistique de l'Agriculture et celle de l'Industrie, il faut créer chaque chose de toute pièce. C'est une différence si considérable que les pays, qui ne possèdent point encore ces derniers travaux, peuvent à peine être comptés parmi ceux dont la Statistique est commencée. Toutefois l'avantage de ces matériaux préparés à l'avance n'est pas toujours tel qu'on peut l'espérer; il est arrivé plus d'une fois qu'au moment de s'occuper d'une branche d'administration importante, qu'on devait supposer bien connue, puisqu'elle est très-ancienne, on a découvert que les documents de ses archives ne peuvent être d'aucun secours, soit parce qu'ils sont annulés par de larges lacunes, soit parce qu'ils sont viciés par de graves erreurs. Si la Statistique ne les avait pas réclamés et, pour ainsi dire, mis en scène, ils eussent continué perpétuellement d'être nuls ou faux. Depuis la période impériale jusqu'en 1833, les tableaux officiels des enfants trouvés et toutes les citations qui en sont sorties n'ont cessé de justifier l'une de ces épithètes que pour mériter l'autre. Il n'en peut être ainsi quand les documents exécutés pour l'intérieur d'un service, sont destinés à participer à la Statistique générale du pays, et à sortir de l'obscurité pour paraître au grand jour de la publicité. Alors leurs chiffres sont élaborés, contrôlés; et les faits qu'ils représentent, étant examinés avec soin, l'autorité pourvoit à réparer les erreurs, à réformer les abus, à introduire des améliorations. C'est la Statistique qui met le pouvoir dans cette voie, et qui lui signale l'occasion de bien faire. Déjà nombre de fois elle a rempli dignement cette mission.

Il y a des investigations administratives qui sont des œuvres considérables et d'un très-grand mérite. Il faut particulièrement citer la Statistique criminelle, qui est le tableau de l'administration de la Justice en France; elle a pour matériaux l'instruction des procédures devant les tribunaux, et pour collaborateurs, les magistrats de tous les parquets du royaume. Elle a été instituée, en 1825, par M. de Peyronnet, alors garde-des-sceaux. L'auteur de ses premiers types est M. Guerry de Champneuf. Son successeur, M. Arondeau, leur a donné le plus haut degré de perfection. Le répertoire des mouvements du Commerce extérieur est exécuté par l'administration des Douanes. On doit à M. le comte de Saint-Cricq le premier modèle sur lequel il a été établi. La Statistique des Établissements de bienfaisance et de répression a pour éléments les situations financières et les mouvements des hôpitaux et prisons de toute espèce, exécutés sous l'autorité et par les soins des Préfets. Ce grand travail, qui fait partie de la Statistique générale du royaume, est élaboré au Ministère du commerce; ses premiers types ont été tracés par M. le comte Duchâtel, qui avait alors ce département. — Enfin le Compte rendu général des finances est l'œuvre complexe de toutes les branches de l'administration, centralisée sous la direction de M. le conseiller d'État Rodier. Ce vaste travail a reçu, pendant ces dernières années, de notables améliorations. Toutes ces investigations sont annuelles; leurs développements sont proportionnés à leur importance, et leur supériorité les classe au premier rang de toutes les œuvres de Statistique entreprises depuis la renaissance de la science.

D'autres travaux moins étendus témoignent cependant des progrès de l'administration, dans la belle et utile carrière des investigations numériques. Tels sont : le Rapport des Ingénieurs des mines et celui des voies de communications du royaume, publiés par le département des travaux publics; — le Tableau de la population et du commerce des colonies françaises, publié par le ministère de la marine; — les Comptes rendus de l'Algérie, qui sont l'ouvrage du ministère de la guerre, et qui renferment des cartes inédites du plus grand intérêt; — les Mouvements annuels de la population de Paris énumérant les décès, par nature de maladies, dans les hôpitaux et à domicile. Ce curieux travail appartient à la Préfecture de police qui le poursuit avec persévérance depuis 1830; il est exécuté par M. Trébuchet. Les villes chefs-lieux du département du Nord ont commencé, l'année dernière, sous l'administration de M. de Saint-Aignan, à relever également leurs décès en détail, suivant leur nature. C'est un exemple qui sera probablement suivi dans les principales villes du royaume.

Une entreprise, qui, par le nom de son auteur et l'époque de son exécution, a jeté beaucoup de lustre sur la science, est la Statistique de la ville de Paris. Le Préfet de la Seine, M. de Chabrol de Wolvic, confia, en 1820, le soin de cette œuvre à notre illustre ami Joseph Fourier; et les types des tableaux de cette Statistique ont été tracés par la même main qui a écrit la belle préface du grand ouvrage sur l'Égypte, et la Théorie de la chaleur. Fourier, à qui l'Empereur avait confié les préfectures de l'Isère et du Rhône, quoique ce fût un savant du premier ordre, avait appris à l'école de l'expérience ce que Napoléon savait par une révélation du génie, c'est : « que la Statistique est le budget des choses; et que sans budget point de salut public. »

CHAPITRE V.

Moyens d'exécution de la Statistique.

La Statistique a des chiffres, des supputations, des formules, des types graphiques pour transmettre la connaissance positive des matières importantes qu'elle doit traiter. Elle emploie des opérations géodésiques et cadastrales pour mesurer les surfaces des terres et l'étendue des pays ; — des recensements pour déterminer en détail le nombre d'habitants des communes, des arrondissements, des départements, afin d'arriver, au moyen de tous ces chiffres partiels, au grand total général de la population ; — des tableaux annuels pour enregistrer chacun des mouvements de cette population, et découvrir le terme vrai de son accroissement ; — des explorations par communes et par manufactures pour connaître la production agricole et la production industrielle, suivant la nature de chaque objet, son prix, sa valeur totale, les lieux de son origine et de sa destination ; — et enfin une multitude d'autres opérations qui sont analysées, et enregistrées en dernier lieu dans des tableaux statistiques.

Ces tableaux sont des cadres divisés par des colonnes verticales, dans lesquelles on inscrit métho-

diquement, sur des lignes parallèles horizontales, les
chiffres qui expliquent et développent un sujet quelconque d'Économie sociale. La première colonne, à
gauche, contient la nomenclature des lieux ou celle
des objets auxquels se rapportent les faits numériques; les colonnes suivantes expriment, par des
nombres superposés, les détails de ces faits; et la
dernière d'entre elles, qui ferme le tableau, à droite,
rassemble dans un total partiel les faits exposés
dans chaque ligne. Chacune des colonnes est réca-
pitulée partiellement dans une ligne de totaux, qui
occupe le limbe inférieur du cadre, et qui se termine
à droite par le grand total général. Des titres très-
concis, s'il se peut monosyllabiques, sont en tête
des colonnes et en indiquent la destination. On les
subdivise souvent de manière à exprimer, dans la
première ligne, une généralité, et à rassembler au-
dessous, par une accolade, les différentes spécialités
qu'elle renferme, et qui deviennent l'objet d'autant
de colonnes séparées.

Les tableaux statistiques, considérés dans leur
ensemble, sont, à vrai dire, des analyses logiques,
figurées par des lignes qui expriment les divisions
du sujet, et par des chiffres qui en énumèrent les
éléments. Leur première condition, après celle de
la véracité, est d'être clairs, précis, brefs, faciles à
concevoir dans leur objet principal et dans la complexité de ses détails. Ils doivent répondre catégoriquement à toutes les questions essentielles qu'on
leur adresse, et ne point exiger qu'on fasse de nou-

veaux calculs pour les comprendre. Pour réussir à leur donner ce caractère de lucidité, il faut que leur plan soit conçu, médité, combiné comme celui d'une œuvre littéraire ou scientifique, et qu'il soit soumis pareillement aux deux règles suprêmes de l'unité de composition et de la distribution des matières dans l'ordre logique des idées.

Les principes qui régissent la construction d'un tableau statistique isolé, s'appliquent rigoureusement à celle d'un nombre de tableaux plus ou moins considérable, et formant un ou plusieurs volumes. L'enchaînement de toutes les parties doit être le même ; et, pour se convaincre que ces rapports peuvent être établis jusque dans un ouvrage exécuté sur la plus grande échelle, il suffit de parcourir la Statistique générale de la France dont les dix volumes pourraient être développés en un tableau unique, divisé et subdivisé à l'infini, comme l'arbre encyclopédique de Bacon, et ramifié, comme lui, suivant la filiation naturelle des choses. Ce tableau aurait une étendue de 550 mètres carrés.

Après le défaut d'authenticité de leurs chiffres, rien ne décrie davantage les tableaux statistiques que leur construction confuse ou désordonnée. On voit, chaque jour, des compositions de cette sorte, où l'on amalgame au hasard des nombres sans aucun rapport entre eux. C'est encore moins l'ignorance que le faux savoir, qui produit ces mauvais ouvrages, d'autant plus regrettables que souvent ils rendent inutiles de bons matériaux.

Sans être aussi graves, d'autres défectuosités méritent cependant d'être signalées. L'une des plus communes est la grandeur démesurée des tableaux, qui permet à peine de les consulter. C'est ainsi qu'on les faisait sous le consulat; et les archives du royaume en contiennent une collection dont chacun a une surface de plusieurs mètres carrés. Toutefois, ces tableaux ne sont qu'ébauchés; les additions même n'en sont pas achevées. Ne pouvant les bien faire, on les faisait grands. Au lieu de ces colosses, ce sont des pygmées qui obtiennent, dans un pays voisin, la prédilection des statisticiens. Les tableaux qu'on y fait sont tellement petits qu'il y en a cinq ou six dans une seule page. Leurs dimensions étant variées comme à plaisir, on les symétrise à peu près, comme on faisait, au seizième siècle, des pièces de poésie, qui, par les mesures diverses qu'on leur donnait, traçaient des figures bizarres. Par cette manière de faire, on morcelle chaque sujet; on en sépare les détails, et l'on fait de chacun d'eux un tableau microscopique. C'est de la statistique hachée. Une autre méthode, qui n'a point d'imitation en France, est l'introduction de longues légendes ou d'explications parasites, dans les colonnes d'un tableau. Ce mélange du langage ordinaire et de l'idiome des chiffres forme une étrange disparate que rien ne justifie; car si ces annotations sont utiles, il faut les traduire en termes numériques ou les rejeter dans les déductions du travail; et si elles ne peuvent être converties en chiffres ou en résultats, il faut les éliminer. Il y a des pays où les idées sont encore si peu arrêtées sur la Statistique, qu'on y publie officiellement sous son nom des tableaux qui ne contiennent aucun chiffre, et sont entièrement formés d'un texte fractionné, dont chaque partie est environnée de filets ; ce qui leur donne la disposition d'un damier.

Parmi les vices des compositions statistiques, l'un des plus graves est leur complication, qui rend leur étude pénible et rebutante. Au lieu de s'attacher à les simplifier, en considérant dans chacun d'eux leur objet sous un seul rapport, on s'efforce de faire entrer dans un même cadre tout ce qu'on possède de chiffres sur le même sujet, sans se préoccuper de la confusion qui en résulte, et de l'inconvénient de resserrer les colonnes et les lignes, pratique qui conduit à faire compacte et à devenir obscur. Une division naturelle permet cependant de traiter toute espèce de matières sous deux points de vue très-différents : d'abord, selon les lieux, et ensuite selon les temps. On énumère, premièrement, les objets dans l'ordre géographique des provinces ou des départements dont ils ressortent ; puis, on les exprime numériquement dans l'ordre historique des époques ou des années dont on a recueilli les traditions. Ce double aspect des choses suffit assurément pour fournir à des tableaux séparés ou à des séries distinctes, les chiffres les plus dignes d'intérêt. C'est une division essentielle ; car, vouloir tout comprendre dans un même tableau, c'est s'exposer à tout envelopper dans les ténèbres.

Le but qu'on se propose, quand on consulte des documents statistiques, est moins souvent d'y étudier le passé que de chercher à connaître le présent, et à découvrir, par une sorte de divination, ce que sera l'avenir, qu'on suppose devoir être modelé sur l'époque actuelle. Pour cet objet, au lieu de prendre les chiffres de l'année la plus récente, qui semble avoir quelque titre à représenter, par extension, le temps présent, il est passé en usage d'agrouper un certain nombre d'années arbitrairement choisies : dix, cinq ou trois ; on en additionne ensemble les données ; ensuite on divise le résultat par le chiffre des années, et le terme qu'on obtient par cet amalgame, est considéré comme une moyenne offrant fidèlement l'image du passé, et permettant de la comparer à celle du présent. Des objections sérieuses s'élèvent contre ces opérations. Il y a des inconvénients à substituer à des chiffres historiques des chiffres déduits, composés arithmétiquement, et qui diffèrent parfois de tous ceux dont ils prétendent être une expression perfectionnée. D'abord, cette transformation soumet des nombres vrais et certains à toutes les chances possibles d'erreur de calcul ou de falsification, sans qu'on puisse faire de vérification, puisque les termes primitifs sont célés ou perdus. Elle rend facile, en embrassant dans l'opération une série d'années plus ou moins étendue, d'en tirer des résultats différents, selon l'intérêt qu'on veut faire dominer ; elle peut tromper, même sans mauvaise intention, en nivelant, par compen-

6.

sation des uns et des autres, des nombres extrêmement éloignés, comme les prix qu'enregistrent les
Mercuriales dans un vaste territoire; comme l'importation très-inégale des grains pendant une période choisie; comme les probabilités des décès, dans
les tables de mortalité, et surtout comme la richesse
réelle du commerce extérieur, dont les états peuvent s'équilibrer par des valeurs nominales, telles
que celle des agates du Brésil, enregistrée, il y a
une vingtaine d'années, pour quinze millions, et
qui ne valait guère plus que du verre ou des cail-
loux. Il convient de substituer, autant qu'il est possible, à ces moyennes équivoques, un procédé très-
simple et dont on peut se servir avec sécurité : il
consiste à énumérer côte à côte trois ou quatre
années récentes, et à indiquer, dans des colonnes
latérales, les différences en plus ou en moins qui
existent entre leurs différents nombres. L'Administration des finances emploie cette construction statistique pour montrer l'état du revenu, et ses tableaux sont très-satisfaisants; il est à désirer que
l'usage de ce type soit étendu à d'autres services
publics.

L'emploi des moyennes n'est pas meilleur quand
elles ont pour objet la Statistique des lieux, que
quand elles s'appliquent à celle des temps. Mais, au
moins, dans la première on est justifié par l'impossibilité de mieux faire. Néanmoins, c'est toujours
une hypothèse pour arriver à une généralisation.
Par exemple, on sait que la France a une étendue

de 26,713 lieues carrées moyennes, et une population de 34,213,000 habitants. On en conclut que sa population moyenne est de 1281 personnes par lieue carrée. Il faut dire que ce sont là des chiffres convenus et non pas des nombres réels. En effet, il y a 52 départements où la population reste au dessous du terme trouvé, et parmi eux il y en a où le terme vrai n'est que d'un tiers seulement du terme calculé. Les Hautes et les Basses-Alpes sont dans ce cas. Il en est absolument ainsi quand il s'agit du prix des céréales. On s'accorde à dire, par exemple, que l'hectolitre de blé vaut 20 francs, et pourtant ce chiffre n'est parfois celui d'aucun marché régulateur; le prix est plus haut ou plus bas de beaucoup dans chacun d'eux, et ce n'est que par compensation d'un nombre avec un autre, qu'on arrive à en faire un qui est tout à fait fictif, quoiqu'il soit décoré du nom de moyenne générale. Sans doute, s'il s'agissait de la principauté de Monaco ou de la république de Genève, de pareilles opérations seraient réelles et valables, mais elles sont illusoires quand on les pratique dans les grands États de l'Europe; et dans quelques mois, quand l'Angleterre mettra à exécution sa loi nouvelle des céréales, elle trouvera dans l'établissement de ses mercuriales un problème statistique qu'il n'est pas facile de résoudre.

Une autre espèce de moyenne dont les illusions passent communément pour des vérités pratiques, s'est introduite, sous le patronage de la science, dans les intérêts financiers des sociétés modernes.

C'est celle qu'on prétend établir solidairement entre tous les individus d'un même âge, pour calculer les chances de la durée de leur vie, et pour en déduire le taux d'une rente ou annuité proportionnelle à ces chances. Des compagnies d'assurances se chargent, pour une somme déterminée, de servir à chaque individu, à qui cette transaction peut convenir, un revenu dont la valeur est réglée par une table de mortalité, sorte de document statistique, qui est destiné à enseigner combien, à chaque âge, il nous reste encore d'années à vivre. Dans l'origine, c'était seulement une recherche de savant afin de découvrir par des chiffres ce que l'Astrologie avait vainement demandé aux planètes, savoir : le thème de la destinée, la part d'existence réservée à chaque homme, et le jour préfixe où la vie doit lui être retirée. Quelques calculateurs imaginèrent, vers le milieu du dernier siècle, que ce secret leur serait révélé par les registres des sacristies ; ils les compulsèrent patiemment, article par article, et y relevèrent les décès ainsi que l'âge des décédés ; puis, en les comparant à la population divisée par catégories, suivant les âges, ils dressèrent une table composée de termes moyens, qui assignaient à chaque individu le nombre d'années sur lequel il pouvait encore compter. Mais ce travail exigeait, d'abord pour être exécutable, et ensuite pour avoir quelque vérité, deux conditions rigoureuses : premièrement, d'être fait pour une faible population, et en second lieu, de ne comprendre qu'une population choisie ou séden-

taire. On conçoit, en effet, que la compilation des actes de décès pendant plusieurs années, avec l'examen
de l'âge de chaque personne, est une tâche labo-
rieuse, qu'un calculateur ne peut remplir que dans
une ville d'un ordre inférieur. De plus, il est facile
de se convaincre qu'on ne saurait assimiler, avec
quelque raison, les chances de la vie des individus
du même âge, sinon dans des localités où des perturbations physiques ou sociales ne changent point
la mesure naturelle des existences. Aussi les tables
de mortalité, dressées autrefois en Suède, en Angleterre, en Hollande, en Silésie, ne s'appliquaient-
elles qu'aux populations de villes secondaires,
comme Carlisle, Northampton, Breslau, ou même,
comme celle de Duvillars, ne comprenaient-elles
qu'une population choisie, formée d'individus vivant d'une manière analogue. Réduites à de telles
proportions, ces tables pouvaient donner des nombres rapprochés de la vérité. Mais les résultats
qu'on en obtenait étant plus curieux qu'utiles, on
résolut de les agrandir et d'en faire l'application aux
plus vastes métropoles et aux pays les plus popu-
leux, afin de les faire servir à deux intérêts qui
régissent le monde : l'amour de la vie et celui de
l'argent. Au moyen de la méthode de déduction,
les termes fournis par quelques milliers d'habitants
suffirent pour tirer l'horoscope de plusieurs millions; et de la mortalité d'une commune on conclut celle d'un royaume.

Les progrès de la Statistique ont fait abandonner

en partie cette méthode : ils ont permis de recourir aux documents exécutés officiellement, et l'on est dispensé maintenant de compiler les registres de l'état civil ; mais alors ont surgi d'autres difficultés. Les âges, qui sont précisément la donnée nécessaire, manquent tout à fait dans les recensements, ou n'y sont inscrits qu'imparfaitement ; et, dans les mouvements de la population, leur indication, à l'article des décès, est pleine de défectuosités. Ce sont cependant là les matériaux dont on se sert ; or, il est évident que des nombres inexacts ou incomplets ne peuvent donner que des moyennes illusoires, et qu'en additionnant des erreurs il est impossible d'avoir pour totaux des vérités.

Une objection plus grave encore, s'il est possible, s'attache à la conception même des tables de mortalité, et montre combien leurs moyennes sont délusives, lorsque, sortant de leurs anciennes limites, elles prétendent enseigner les lois de la vie dans toute la population d'un grand pays. On pouvait bien autrefois, sans trop blesser la vérité, agglomérer en une seule unité une centaine de bourgeois habitant une petite ville, ayant le même âge, respirant le même air et passant leurs jours dans une tranquille uniformité. Mais, c'est tout autre chose que de faire subir la même fusion à un demi-million d'hommes qui n'ont presque rien de commun que d'être nés dans la même année. Les uns ont pour séjour quelques villages des Hautes-Alpes, à 2,000 mètres au-dessus de l'Océan, et les autres vivent sur les bords de l'entrée de nos fleuves, presqu'inondés par les marées. L'air qu'ils respirent, les eaux qui les abreuvent, la terre qui les nourrit, leur race, leurs occupations, leurs habitudes, tout diffère, jusqu'à la température de l'atmosphère et l'aspect du ciel. Comment leur vie serait-elle la même, sous l'influence de tant d'agents qui varient selon la filiation, le régime, la profession, les mœurs, les passions et mille éventualités incessantes? Est-ce qu'on peut représenter, par la même unité, le cultivateur travaillant joyeusement à l'air libre, et l'ouvrier des filatures, le tisserand vivant dans l'air méphitique des caves, le doreur ou le plombier absorbant, à chaque aspiration, un poison mortel? Arrivés au même âge, le riche et le pauvre ont-ils donc à supporter le même fardeau d'années? et, pour celui-ci, le poids n'en est-il pas doublé par la misère? Il faut se résigner à le dire : la date de la naissance n'est qu'une circonstance sans valeur, quand on compare l'habitant du faubourg Saint-Marceau à celui du faubourg du Roule; l'homme né de parents sains et robustes, à l'homme qui doit aux siens le germe de la phthisie; ou bien, le bourgeois du Marais, au mineur qui travaille à mille pieds au-dessous du sol, entre une explosion, un éboulement et une inondation. Il est manifeste qu'en rassemblant des existences aussi différentes, pour en faire une vie unique, exprimée par une moyenne, les tables de mortalité donnent pour des chiffres vrais des chiffres entièrement illusoires, et qu'elles sont des guides infidèles, quand on s'en sert avec une confiance sans réserve, pour supputer les chances de la vie dans des transactions financières.

Est-ce à dire qu'il faut renoncer entièrement à en faire? Non, sans doute; mais il est nécessaire de modifier leur exécution et leur usage. Il faut s'abstenir de dresser des tables générales pour une grande population, attendu qu'elles embrassent alors des nombres trop disparates pour former des unités collectives et des moyennes d'âges admissibles; mais on peut en faire, comme autrefois, pour des populations limitées, pour des classes d'individus, pour des établissements spéciaux, en procédant soigneusement au dépouillement des actes civils, et non en faisant usage des documents généraux, où l'indication des âges laisse beaucoup trop à désirer.

Quant à l'application des tables de mortalité aux assurances sur la vie, il faut reconnaître avec franchise, que les règles qu'on en tire ne sont nullement ce que le vulgaire imagine. Ce ne sont, en aucune façon, des vérités numériques; et la Statistique, qui a pour premier devoir d'être honnête et scrupuleuse, ne peut leur accorder son approbation. Elle doit maintenir, au contraire, que ces tables ne sont qu'un artifice de calcul; qu'on ne peut y puiser aucune prescience; qu'il est impossible de fixer la durée de la vie d'après l'unique donnée des âges, et que, d'ailleurs, cette donnée n'est établie que sur des chiffres incomplets et défectueux, dont on ne peut faire sortir que des résultats erronés. Au reste, ces tables sont inutiles aux compagnies, ou du moins ne leur servent que comme un accessoire. Les assurances peuvent fort bien se passer de bases scientifiques, car elles sont un contrat aléatoire, comme celui des jeux de hasard, de la loterie, des courses de chevaux ; chacun s'y engage librement, en discutant son intérêt et en se soumettant volontairement à un concours de chances fortuites, qui ressemblent aux caprices de la fortune, parce que leur nombre, leur complexité, leur spontanéité les font échapper aux appréciations de notre jugement.

Ces raisons, quelque fondées qu'elles soient, ne prévaudront sans doute point sur les intérêts particuliers, les habitudes déjà adoptées, ou seulement sur le besoin singulier qu'éprouvent beaucoup de gens, d'écarter le doute pour avoir la satisfaction de croire à quelque chose en toute sécurité. Dans cette supposition très-vraisemblable, nous devons indiquer la table de Desparcieux, comme celle qui s'adapte le mieux aux occurrences ordinaires. Calculée autrefois pour une population choisie, les progrès de la société lui donnent maintenant une application plus étendue que celle qu'elle pouvait recevoir jadis ; et si l'on veut absolument en prendre une, c'est encore la moins mauvaise, toute vieille qu'elle soit.

Quant aux auteurs qui se sont occupés de ce sujet dans les derniers temps, les seuls que nous puissions recommander comme également éclairés et consciencieux, sont, pour la France, M. Jules Bien-aimé et M. Mathieu, qui vient de faire un curieux travail sur l'hospice de Sainte-Périne; et pour l'Angleterre, M. Williams Farr, qui a publié, l'année dernière, un savant traité, à la suite du rapport officiel sur les mouvements de la population anglaise, en 1842.

En résumé, le système des moyennes, que déjà recommandaient assez mal d'autres applications, l'est beaucoup plus encore par l'usage téméraire qu'on en fait dans les tables de mortalité. Il faut évidemment ne s'en servir, en toute chose, qu'avec une grande réserve et en cédant seulement à la nécessité. Lorsque les termes, qu'il faut confondre en un chiffre unique, offrent des différences considérables, il est bon de recourir à un procédé employé par les météorologistes, et qui consiste à enregistrer à côté de la moyenne équivoque que le calcul a donnée, les termes maximum et minimum de chacune des séries additionnées. On indique ainsi brièvement le degré de la fusion qu'il a fallu opérer pour réduire un grand nombre de chiffres en un seul, et l'on fait connaître, par cette simple adjonction, le degré de confiance qu'on doit accorder à ce résultat trop complexe.

Quel que soit le prix qu'on attache à la brièveté, on ne peut, dans l'exécution de la Statistique d'un grand pays, en obtenir le mérite, sans laisser incomplètes des énumérations absolument nécessaires. Il faut qu'une investigation contienne toutes les bases des résultats auxquels on est parvenu, et que chacun puisse en faire la vérification. On a reproché à la Statistique de France la grosseur de ses volumes, ou autrement, le développement rationnel de ses chiffres : autant vaut accuser la vérité d'être trop évidente ; la justice, d'apporter trop de preuves à l'appui d'une accusation ; et l'historien, de produire trop de pièces justificatives pour montrer l'exactitude de ses récits. Sans doute, on peut renfermer dans un cahier de papier à lettre la Statistique d'un royaume ; et c'est ainsi que l'empereur Auguste, Frédéric-le-Grand et Napoléon avaient dans leur *Agenda* la Statistique de leurs États. Mais, c'était uniquement l'analyse d'une vaste collection de documents détaillés, offrant un sommaire des résultats dont la connaissance suffisait à la haute direction des affaires publiques, en l'absence de toute critique et de toute opposition. Il faut, de nos jours, bien davantage pour l'étude économique du pays. On ne peut se passer, en traitant chaque question, des chiffres qui font connaître la distribution des choses par localités, et de ceux qui les répartissent selon leur nature ; car, il est presque toujours essentiel de les considérer sous l'un ou l'autre de ces deux points de vue. Il faut, avant tout, établir distinctement les calculs par lesquels on a été conduit à affirmer ou à nier un fait dont l'importance est parfois très-grande. Nul ne peut avancer une assertion sans être obligé d'en fournir toutes les preuves ; et, dans un temps où le pouvoir est tenu constamment en suspicion, cette obligation est, s'il se peut, plus rigoureuse encore pour le Gouvernement que pour aucun publiciste. Il est donc indispensable, dans une Statistique officielle, de développer d'abord tous les nombres élémentaires dont la réunion constitue les totaux généraux de l'ouvrage; on ne peut échapper à cette nécessité, qui rend inévitable la profusion des chiffres dont se plaignent les critiques. Ce serait bien pire encore, si l'on en croyait leur avis, et si, se bornant à énumérer les résultats, on supprimait les détails qui les ont donnés; l'absence de ces détails rendrait infailliblement suspectes d'arbitraire, ou même de supposition, les conclusions qu'on produirait séparées de leurs prémisses. Dans cette alternative, il est préférable de passer pour prolixe et pour trop scrupuleux.

Nous croyons fermement que dans les sciences en général, et particulièrement dans les sciences politiques, personne ne pouvant prétendre à être cru sur parole, il est tout à fait indispensable de déduire, dans une Statistique officielle, les nombres élémentaires des faits sociaux dont l'existence est affirmée.

CHAPITRE VI.

Organisation des Statistiques officielles.

Lorsqu'on ouvre un livre de Statistique dont les chiffres bien coordonnés font jaillir aux yeux du publiciste une foule de vérités importantes et nouvelles, on ne se doute guère des fatigues, des tribulations, des misères qu'il a fallu subir pour exécuter ce travail. Ce n'est point là une de ces œuvres, fruit de la méditation solitaire, qui sortent parfaites d'un intellect puissant. C'est un ouvrage complexe, qui réclame, comme plusieurs sciences physiques, une multitude d'opérations d'ordres divers, depuis les conceptions les plus élevées jusqu'à de rudes manipulations. L'organisation des travaux qu'il exige, est basée sur les différences de ces nécessités. Nous allons l'exposer brièvement.

La Statistique officielle d'un grand pays se compose de deux parties très-distinctes : l'une comprend les investigations locales, et l'autre la centralisation et l'élaboration des matériaux qui ont été recueillis.

I. La recherche immédiate des faits statistiques dans chaque subdivision du territoire, est singulièrement favorisée, en France, par la régularité de l'action administrative, qui agit avec la même force et la même rapidité sur toutes les parties du royaume, sans être atténuée en rien par l'étendue des distances. La Prusse est le seul pays de l'Europe qui soit aussi bien réglé. Les excellents ministres [1] qui, sous le dernier règne, l'ont dotée de si belles institutions, ont mis tous leurs soins à lier ses provinces éparses par un système d'administration habilement combiné. L'Angleterre est privée de cet avantage, malgré l'acte d'union de ses trois royaumes; elle lutte en vain contre l'esprit hostile qui sépare d'elle l'Écosse et l'Irlande, et qui oppose d'insurmontables obstacles à l'exécution d'une Statistique générale de toute sa domination.

La France éprouverait les mêmes discordes, si, par la division départementale de son territoire, l'Assemblée Constituante n'avait pas opéré d'une main toute-puissante la centralisation du Pouvoir national et la destruction de ces distinctions provinciales, qu'à la honte de notre temps on s'efforce aujourd'hui de rappeler. Cet Établissement admirable, qui nous est envié par l'étranger, a secondé puissamment les efforts du pays dans toutes les crises politiques; et il faut reconnaître que la Statistique lui doit la supériorité de ses investigations, comparées à celles qu'on fait avec de bien plus grands sacrifices dans les États voisins.

---

[1] Stein et d'Hardenberg.

Au moyen d'une immense hiérarchie de magistrats qui, de degré en degré, représentent la puissance publique en chaque lieu, depuis le village jusqu'à la capitale, on obtient des notions numériques sur chaque objet qu'il importe de connaître. Les Préfets, qui sont spécialement chargés de recueillir ces notions, disposent de la collaboration de tous les fonctionnaires, et peuvent y joindre, au besoin, le concours de beaucoup de citoyens notables toujours prêts à donner leur assistance aux entreprises utiles. Sans doute, les documents qui sont ainsi dressés ne sont pas toujours complets et satisfaisants; mais il s'en faut bien qu'ils justifient les préventions conçues par quelques personnes, d'après des faits particuliers ; ils ne le cèdent en rien à ceux qu'exécutent des employés salariés; et il y en a beaucoup, qui, soumis à l'examen de l'Académie des Sciences, mériteraient ses éloges et ses distinctions. On est trop enclin à croire à Paris que ce qui se fait dans les départements est sans valeur, et qu'on ne doit attendre d'un Maire de campagne que des inepties. Pour réfuter ces assertions, il suffit de dire qu'aucun de ceux qui les avancent, n'ont vu les grandes investigations qui ont été faites par communes et par manufactures, et que, par conséquent, ils ne peuvent en porter aucun jugement. Nous affirmons au contraire, nous qui avons dépouillé plus de quatre-vingt mille documents statistiques, dressés par des Maires ou par des fabricants, qu'en prenant les dispositions convenables, on peut obtenir des uns et des autres des chiffres dignes de foi, et dont il est possible de se servir avec beaucoup d'avantage pour tous les grands travaux de Statistique et d'Économie sociale.

Les Préfets ont la mission difficile de rassembler dans leurs départements tous les matériaux dont ces travaux sont formés. C'est une tâche considérable, mais qui a l'avantage de mettre sous leurs yeux tous les éléments numériques qui doivent servir de base à leur administration, et leur donner, de chaque chose, une idée juste et positive. On ne peut disconvenir que jamais leurs décisions n'avaient été aussi bien préparées, et qu'il y a bien peu de pays, en Europe, où les motifs de chaque acte de l'autorité soient ainsi justifiés par des nombres, comme un problème de mathématiques. L'extension de la Statistique généralisera, il faut l'espérer, l'usage administratif de la logique des chiffres.

D'autres avantages notables résultent du choix des Préfets pour rechercher les faits statistiques que doivent fournir leurs départements. Et d'abord, leurs investigations étant faites administrativement, elles épargnent toute espèce de frais; ce qui, dans un Gouvernement parlementaire, fort économe, ne manque pas d'être important. En second lieu, lorsqu'il se présente quelques difficultés pour obtenir certaines données numériques, comme celles relatives aux fabriques, l'intervention personnelle de la première autorité réussit beaucoup mieux à les avoir, que ne le pourrait faire un fonctionnaire subalterne, chargé spécialement de la Statistique du département, ou un Statisticien voyageur, remplissant une mission temporaire. Ces données sont aussi beaucoup meilleures, car, on sait que le Préfet a, pour les vérifier, des moyens qui manquent à tout autre. Il faut éviter, d'ailleurs, de multiplier les rouages de l'Administration et se rappeler que l'un des fléaux de la monarchie ancienne, était la multiplicité des fonctionnaires publics créés pour des spécialités illusoires ou infimes, et le plus souvent abusant de leur pouvoir. Au lieu d'isoler la Statistique dans un bureau départemental, il est bien préférable d'en étendre les connaissances utiles, et d'en faire pratiquer usuellement les travaux par les Conseillers de Préfecture, les Sous-Préfets, les Maires, et les chefs des services administratifs détachés des ministères. Cette exigence, qui accroît le travail de chacun d'eux, fut assez mal accueillie il y a quinze ans; il y eut des réclamations tendantes à prouver que la Statistique est une spécialité qu'on n'est pas obligé de connaître. Mais le temps a dissipé ce singulier préjugé, et, par la persistance de l'autorité supérieure à n'en pas tenir compte, il se trouve que, presque partout, les travaux statistiques sont maintenant exécutés avec régularité, exactitude et précision, par tous les fonctionnaires. L'expérience des dernières années a montré, que, d'un bout à l'autre de la France, on peut faire dresser : dans chaque commune, un ta-

7.

bleau des cultures ; — dans chaque fabrique, un bulletin industriel ; — dans chaque ville, un état des consommations et un relevé des salaires ouvriers ; — dans chaque préfecture, une multitude de tableaux sur les hôpitaux, les aliénés, les enfants trouvés, les bureaux de bienfaisance, les prisons, etc. Des étrangers, qui avaient tous les moyens de le savoir, nous ont affirmé que rien de pareil ne pourrait avoir lieu dans des pays où cependant l'instruction publique est plus étendue, et où la Statistique tient une place plus grande dans les sympathies nationales.

Beaucoup de Préfets dirigent eux-mêmes les travaux numériques qui leur sont demandés par le Gouvernement, et ils en suivent l'exécution personnellement, avec autant de persévérance que de lumières. Soixante d'entre eux, au moins, méritent le titre de Statisticiens ; et c'est un nombre très-grand, car, les motifs qui font choisir ces administrateurs, sont fort étrangers à ces investigations scientifiques. Il est juste de reconnaître qu'ils sont bien supérieurs non-seulement aux Intendants de Louis XIV, mais même aux Préfets de l'Empire. Il y avait cependant parmi ceux-ci des hommes éminents, tels que MM. de Chabrol et de Tournon, qui ont fait les Statistiques des départements de Montenotte et de Rome. Néanmoins, on peut accorder autant d'estime aux beaux travaux exécutés récemment dans plusieurs Préfectures, et notamment dans celles du Nord, de la Seine-Inférieure et de la Haute-Vienne.

L'Allemagne, où la Statistique est populaire et appartient aux études classiques, accueille toujours sérieusement et avec intérêt ses investigations, parce qu'elle en connaît les difficultés et les avantages. Chez nous, c'est tout autrement. Il y a perpétuellement quelque auteur badin qui en fait des risées, et qui invente des historiettes plaisantes pour les dénigrer. En voici une qui fut imaginée, il y a soixante ans, pour décrier les ouvrages de Bushing; elle fut reproduite, il y a quarante ans, avec des variantes, pour nuire à la Statistique impériale; et enfin, on l'a exhumée, l'année dernière, pour édifier le public sur la manière dont se font les Statistiques officielles. Lors des opérations préparatoires de la Statistique générale de l'Empire, le ministre Chapsal avait mis, parmi les deux cent quarante-cinq questions, auxquelles devait répondre le Maire de chaque commune, celle du nombre des volailles et des œufs. Sans doute, la connaissance de la quantité et de la valeur de ces articles n'est point à dédaigner; et la richesse que le pays en obtient, surpasse celle du revenu que donnent les impôts dans la plupart des États de l'Europe. Mais aucune exploration ne peut consciencieusement faire acquérir ces notions, et il fallait être bien malheureusement inspiré, pour demander des chiffres qu'il était impossible de donner. La malignité s'empara de cette impossibilité, et, pour la faire ressortir, elle imagina une scène dans laquelle Napoléon interrogeait un Préfet sur ces nombres, et en recevait une vive répartie dont la précision rigoureuse démontrait la fausseté.

Cette historiette et d'autres semblables sont encore aujourd'hui répétées par des gens assez crédules pour trouver tout simple que Napoléon fît de niaises questions, et qu'il y eût un Préfet assez osé pour y répondre par un insolent mensonge.

On a publié, à propos de la Statistique officielle de la France, des fables aussi ridicules. L'oubli les a préservées du mépris.

II. On proposait, il y a quinze ans, en y joignant les prédictions les plus sinistres contre les recherches statistiques des Préfets, une grande organisation de ces recherches, qui auraient été faites, dans les départements, par des Statisticiens voyageurs. La dépense, qui était le moindre inconvénient de ce projet, le fit rejeter sans hésitation, et l'expérience d'une longue période, a prouvé complétement qu'on pouvait mieux faire à meilleur marché. Il a surgi depuis ce temps des projets nouveaux, qui, cette fois, ont pour objet la Statistique centrale, celle qui appelle les chiffres des départements, les vérifie, les classe, les élabore et les publie. On a prétendu qu'il faudrait réunir tous les travaux statistiques faits par plusieurs ministères, et les soumettre, quelque divers qu'ils soient, à la même direction. C'est assurément pousser bien loin la prédilection pour l'unité classique, que de vouloir lier le compte de la Justice criminelle à celui des Finances, et y rattacher le rapport des Ingénieurs des Mines. On ne voit pas ce que la science gagnerait à cette réunion, car aucun rapport naturel n'existe entre ces différentes parties, et les publicistes, qui consultent

l'une d'elles, ne sont pas ceux qui veulent étudier
les autres. Par contre, on reconnaît facilement ce
que l'Administration y perdrait. Ce n'est nullement
pour faire de la statistique que ces travaux divers
sont exécutés : c'est pour servir pratiquement à un
service public dont ils sont la base, pour en montrer
le développement annuel, et pour en devenir le
compte rendu. Ainsi, le tableau des Douanes a
pour but d'énumérer les objets soumis aux droits
d'entrée et de sortie. C'est un ouvrage financier, et
voilà pourquoi les économistes qui le consultent,
s'irritent qu'il leur réponde aussi mal. Le tableau
de la Justice criminelle est, avant tout, un rapport
officiel des transactions des cours et des tribunaux,
afin de constater les progrès de la criminalité et
l'efficacité de la répression. Le compte général des
finances est l'apurement d'une immense comptabilité. Enfin, le rapport des ingénieurs des mines est
un inventaire de travaux publics, par nature de
matières et de recette ou dépense. Sans doute, ce
sont bien des ouvrages de Statistique, mais ce sont
auparavant des livres de comptes, et des recueils
de pièces officielles, justificatives de la mission dont
est chargé chacun des départements ministériels. Il
est manifeste qu'ils ne peuvent être séparés de ces
départements dont ils constatent la gestion, et qu'ils
ne peuvent être exécutés qu'au milieu des attributions qui en fournissent les éléments et en permettent le contrôle. D'ailleurs, en parcourant ces documents, et en voyant quelle multitude de détails ils

contiennent, afin de donner une connaissance technique de leur objet spécial, il est facile de se convaincre qu'ils n'ont point les caractères que doivent posséder les parties d'une Statistique générale ; ouvrage essentiellement destiné aux publicistes et aux économistes , et non aux hommes professionnels , qui ont d'autres sources d'enseignement.

L'opinion du public et de l'autorité étant arrêtée dès longtemps, ce projet d'organisation est resté comme non avenu, et l'on a conservé, dans toute sa simplicité , l'Établissement statistique, créé, il y a quarante-six ans, au département de l'intérieur, par Lucien Bonaparte , qui en était ministre. C'était alors un humble bureau, chargé de dresser les instructions et les circulaires dont l'envoi était prescrit par le premier Consul ; mais l'illustre Protecteur de cette nouvelle institution ne l'oublia point dans sa haute fortune ; il la fit ériger en une division du Secrétariat, dont les dépenses annuelles furent portées à 32,000 francs, non comprises celles de son personnel ; il lui donna pour chef M. de Coquebert-Montbret , qui fut nommé baron de l'Empire et Maître des requêtes. Néanmoins, la direction de ce savant laborieux , non moins estimable par son caractère que par ses connaissances étendues et variées, — une dotation bien plus considérable qu'à aucune époque postérieure, — une correspondance sans entraves, — et la faveur d'un souverain aussi absolu que Louis XIV n'eurent aucune efficacité. La Statistique impériale ne produisit rien. Le rétablissement de cette Institution, en 1828, par le cabinet Martignac, ne fut pas plus heureux ; et cependant, à cette dernière époque, comme à la première, la Statistique centrale fut organisée en Division, avec les mêmes attributions et les mêmes avantages qui lui avaient été donnés par l'Empereur.

Cette stérilité, qui, deux fois en vingt ans, trompa l'espoir des Économistes, et fit échouer les desseins du Gouvernement, montre qu'en spéculant aujourd'hui sur les effets d'une organisation, on oublie les leçons de l'expérience, qui nous enseigne l'inanité de ce projet systématique, et nous apprend que, quoique parfaitement organisée, la Statistique n'en faillit pas moins deux fois à remplir sa mission.

C'est donc en vain que plusieurs pays de l'Europe se confient dans cette Panacée et croient qu'en organisant luxueusement une Statistique, ils en auront une. L'exemple de la France prouve que rien n'est moins sûr. Cependant, comme pour ajouter encore à cette fâcheuse incertitude, quelques-uns de ces pays ont compliqué les difficultés de l'entreprise en créant des commissions permanentes, auxquelles ils ont remis le soin de tracer le plan de leur Statistique et même de l'exécuter. C'est une application inconsidérée des formes du Gouvernement parlementaire à la conception et à l'élaboration des œuvres scientifiques. On avait bien vu des auteurs faire en commun des pièces de théâtre d'un ordre inférieur, mais personne n'avait pensé que l'histoire, l'Économie politique, les ouvrages qui exigent une grande contention d'esprit pussent être entrepris par des sociétés en participation. C'est par un mode de composition tout opposé qu'ont été exécutés les meilleurs ouvrages de Statistique, en France et dans les grands États de l'Europe. Joseph Fourier n'a point eu besoin de l'intervention d'une commission pour faire la Statistique du département de la Seine, qui est un chef-d'œuvre. M. Guerry de Champneuf n'y a point eu recours pour exécuter celle de notre justice criminelle, qui est admirée de tout le monde. Louis XIV et Napoléon n'ont point songé à ce rouage inutile et nuisible, quand, à un siècle de distance, ils ont institué la Statistique de France. En 1828 et en 1832, lors du rétablissement de cette institution, la nécessité de l'unité de direction de ses travaux n'a pas été plus mise en doute qu'elle ne l'est en Prusse, en Angleterre, en Bavière, en Autriche, où jamais on n'a pensé qu'il pût en être autrement.

Les faits accomplis ne parlent pas plus favorablement des commissions de statistique. Trois pays en ont adopté l'usage, la Belgique, le Piémont et l'Espagne ; qu'en est-il résulté en l'espace de sept ans ? deux recensements : l'un d'une ville de cent treize mille habitants, l'autre d'un État peuplé de trois millions d'hommes. Sans doute, ces travaux dirigés par des hommes supérieurs sont dignes d'éloges ; mais, après tout, cette tâche n'est que le dixième de celle du Préfet de la Seine et du Ministre de l'intérieur, lors de nos recensements généraux. Or, tout le monde sait que les obstacles se multiplient proportionnellement aux masses énumérées, et s'augmentent selon l'étendue des surfaces sur lesquelles la population est dispersée. On ne saurait donc comparer en rien les difficultés et le mérite du dénombrement d'une ville ou d'un petit pays, avec l'importance et les obstacles du recensement général d'un grand Empire, dont le territoire excède cinquante-trois millions d'hectares, et dont les habitants dépassent trente-cinq millions.

Et pourtant, de toutes les investigations majeures de la Statistique, celle du recensement de la population est la moindre; car, c'est la mieux connue, la mieux préparée et celle que facilitent davantage les autres opérations administratives. Aussi les contrées dont la civilisation est la plus reculée, la Transylvanie, la Bessarabie ont des recensements comme la France et l'Angleterre; et ce n'est pas le travail qu'il faut produire, pour prouver l'excellence de la Statistique d'un pays. Les explorations capitales, celles qui témoignent, à la fois, de la puissance d'organisation d'un État et du zèle laborieux des Statisticiens, ce sont les Statistiques de l'agriculture et de l'industrie. Eh bien! il n'y a rien de semblable dans les pays où des commissions sont chargées des travaux statistiques; non pas assurément parce qu'elles manquent de la capacité nécessaire pour les bien faire, mais parce que les froissements, qui résultent de la complication des machines, en diminuent la puissance. La Belgique qui recommence, pour la quatrième fois, sa Statistique, serait maintenant à son dixième volume, si, en 1832, M. Quetelet eût été chargé seul de son exécution.

Tout ce luxe d'organisation est entièrement superflu quand on ne veut pas faire de ces préparatifs ostensibles, une affaire d'apparat et une œuvre de popularité scientifique. Il y a un pays qui, tous les deux ans, fait, pour l'établissement de sa Statistique, une grande manifestation gouvernementale, et qui n'en possède pas le premier chiffre; il en est à sa troisième commission royale qu'il paie, parfois, au delà de 100,000 francs par an, et il n'en est pas plus avancé. L'intérêt que nous lui portons, et dont nous lui avons donné bien des témoignages, nous fait craindre qu'il se passe encore un demi-siècle sans qu'il réussisse à rien.

Cependant, hâtons-nous de le dire, instituer une Statistique générale et l'exécuter sont des transactions simples et faciles dans notre siècle de civilisation. Consultés souvent sur les moyens d'y réussir, nous avons répondu à peu près comme il suit :

Pour rechercher les faits sociaux, qui constituent l'Économie d'un pays, et qu'on exprime analytiquement par des nombres, il faut : un gouvernement fort, qui n'appréhende aucune vérité, et qui, dans un chiffre révélant un abus, ne découvre pas, comme nos anciens Parlements et la Restauration, des chiffres séditieux ; —des hommes d'État éclairés

et bienveillants ; et, grâce à Dieu ! malgré les animo-
sités politiques, il en existe encore même en Espagne ;
—des Préfets ou gouverneurs de provinces exerçant
une heureuse influence sur les populations confiées à
leurs soins, et sachant s'en servir dans l'intérêt des
sciences et du pays ; — un Statisticien expérimenté,
doué de l'amour du travail et d'une persévérance à
toute épreuve, et secondé par quelques calculateurs
habitués dès longtemps à une exactitude et à une
application constantes ; — une correspondance dont
l'expédition, la signature, l'envoi, et s'il se peut
les réponses ne souffrent point de retard : il y a des
exemples, anciens il est vrai, de lettres qui met-
taient six semaines à traverser une cour, et qui
souvent encore s'égaraient en route ; — un article de
budget, qui assigne des frais d'impression ; ces frais
montent, en France, à environ 24,000 francs, pour
un volume grand in-4° de cinq cents pages de
tableaux numériques ; ce qui, pour un tirage de
deux mille exemplaires, porte la valeur de chacun
de ceux-ci à 12 francs, ou environ 26 pour cent de
moins qu'un roman au prix marchand ; — enfin,
une observance stricte et sans relâche des principes généraux exposés dans cet ouvrage, et une
exécution rigoureuse de toutes les opérations qui
y sont détaillées.

En voyant limitées à si peu les conditions de
l'accomplissement de cette tâche, si l'on doutait
qu'elles dussent être efficaces, on pourrait s'en convaincre par l'exemple de la Statistique générale de

la France, qui, soumise à l'adoption et à la pratique journalière de ces moyens d'exécution, est arrivée, d'année en année, à la publication de ses parties les plus importantes, et à l'achèvement de son onzième volume.

On a demandé souvent, dans plusieurs pays voisins, occupés de la même entreprise, comment et par quelle opération on était parvenu, en France, à obtenir ce succès, surtout après l'avoir vu faillir trois fois, en l'espace d'un siècle, lorsque de bien plus grands avantages semblaient le garantir. Nous venons d'exposer sans réserve toutes les opérations qui ont été faites, et chacun des moyens qui ont été employés. Nous serions heureux que leur usage, adopté dans les pays où la Statistique trouve des obstacles, pût contribuer à les aplanir, et que les Gouvernements, qui hésitent à entreprendre cette tâche, dans la persuasion qu'elle est dispendieuse et hérissée de difficultés, fussent convaincus, par cet exposé fidèle, qu'il n'en est rien quand on repousse les organisations complexes et fâcheuses et lorsqu'on va droit au but par la ligne la plus courte, qui est en même temps la meilleure.

CHAPITRE VII.

Certitude des faits statistiques.

On sait que, parmi les travaux les plus difficiles de l'esprit humain, on doit mettre au premier rang, la recherche de la vérité, et qu'il faut les plus grands efforts pour découvrir la réalité des choses, et pour éviter de se laisser abuser par l'erreur ou la déception.

La Statistique, qui a pour but la découverte et la constatation d'une multitude de vérités utiles, importantes, essentielles, souvent inédites, et de nature et d'origine très-diverses, doit donc être l'une des sciences dont les opérations rencontrent le plus d'obstacles. Elle n'arrive à la certitude, comme l'histoire et souvent même la justice, que par des preuves écrites; mais elle a, sur l'une et l'autre, un avantage qu'elle doit au langage des chiffres, c'est de pouvoir, avant d'admettre les faits, les vérifier par le calcul, qui fournit presque toujours des moyens de contrôle nombreux et assurés. Cependant, il s'en faut bien que le degré de certitude des faits statistiques soit, ainsi qu'on l'imagine communément, le même pour tous; il varie, comme celui des témoignages historiques et judiciaires dont la valeur change à l'infini; il dépend d'abord de la source où les chiffres ont été puisés, et ensuite de la nature des matières qu'ils expriment et qui sont plus ou moins susceptibles d'être soumises à un calcul exact, et de donner des termes rigoureux ou seulement des termes approximatifs.

Considérés d'après leur origine, les chiffres de la Statistique sont de trois sortes : ils sont officiels, compilés, ou ils proviennent de sources particulières.

Les chiffres officiels remontent à l'autorité publique, qui seule a pu les recueillir, par de grandes investigations dont l'initiative lui appartient. Tels sont ceux du cadastre, des recensements, des mouvements de la population, de la Statistique agricole et industrielle, de l'administration publique, du commerce, etc. Il faut, pour de si vastes travaux, l'action puissante et centralisée du Gouvernement, jointe à une organisation sociale, qui les protége et les favorise. Louis XIV et Napoléon ont échoué dans leur exécution, parce que le pays n'était pas préparé à leur entreprise. Le même motif empêche l'Angleterre d'avoir une Statistique agricole, et rend inutile l'habileté de ses efforts pour atteindre ce but. Deux conditions sont nécessaires aux chiffres officiels pour mériter toute confiance. Ils est essentiel qu'ils soient élaborés par des hommes expérimentés et consciencieux ; et il leur faut, pour échapper à tout soupçon, être publiés avant les discussions publiques auxquelles ils doivent servir. Rien ne les décrie davantage que d'être préparés pour une occasion ; ils perdent alors leur caractère historique et risquent de descendre jusqu'à celui des documents apocryphes.

Dans notre temps, où la défiance du pouvoir est poussée à l'extrême, il n'est pas superflu de limiter la Statistique officielle à des chiffres seulement, sans aucune déduction de leurs conséquences. Cette réserve est, sans doute, fâcheuse, puisqu'elle prive le pays de commentaires essentiels, qu'elle borne l'usage de la Statistique à un petit nombre d'adep- tes, et que l'intérêt des publications, ou même leur utilité pratique en est considérablement diminué. Mais aussi l'autorité ne s'engage - t - elle pas dans des interprétations et des assertions, qui, quoique fondées, n'en pourraient pas moins être inopportu- nes ou indiscrètes. D'ailleurs les chiffres séparés de toute explication, n'en conservent que mieux leur indépendance et gardent bien plus sûrement, à l'abri de leur caractère mystérieux, le trésor de la vérité. Toutefois l'esprit du temps peut être à cet égard utilement consulté.

Les chiffres compilés par des auteurs quelconques dans les documents officiels, exigent deux conditions de crédibilité, qui leur sont absolument nécessaires : l'une est la citation précise des papiers d'État qui les ont fournis, à l'effet qu'on puisse, au besoin, les éclaircir ou les vérifier ; l'autre est le nom de celui qui en a fait l'emprunt, afin d'apprécier le degré de confiance qui lui est dû. Vouloir s'affranchir de ces conditions, c'est substituer à des témoignages décisifs, une opinion isolée, et réduire des preuves indubitables à des assertions sans valeur. On dirait volontiers, en voyant la répugnance que quelques auteurs ont à citer les sources de leurs chiffres, qu'ils prétendent s'attribuer, devant le public, les travaux qui les ont recueillis, constatés et élaborés. Comment méconnaissent-ils ce que tout le monde sait? C'est qu'il n'est pas en leur pouvoir de faire un recensement, une exploration cadastrale, un inventaire agricole ou industriel; et que toute l'autorité du Gouvernement, toute la puissance de la centralisation sont nécessaires pour y réussir. Personne n'ignore donc que, n'ayant pu former ces chiffres de toutes pièces, il faut bien qu'ils les aient compilés; et laisser supposer qu'il en est autrement, n'est pas un procédé qui puisse écarter la défiance.

Le nom de celui qui produit, dans une publication, des faits numériques, est une nécessité non moins impérieuse. Articuler des chiffres, qui expriment parfois les plus grands intérêts du pays, c'est porter un témoignage, et il n'y en a point qui puisse être anonyme. Chacun doit garder la responsabilité de ses assertions, et leur donner la garantie de son nom, de sa position sociale et de sa réputation. Un caractère hautement reconnu d'impartialité et d'indépendance inspire de la confiance dans les calculs de l'auteur. Au contraire, les chiffres de Statisticiens habiles sont repoussés comme suspects, dès qu'on leur suppose, à tort ou à raison, quelque biais politique ou personnel, un intérêt quelconque, soit un système médical ou financier, soit un chemin de fer ou une table de mortalité, ou le projet de recommander quelque prohibition commerciale. En général, il convient de n'admettre les chiffres de ces Statisticiens qu'avec beaucoup de réserve, comme on le fait dans les cours d'assises, à l'égard des témoins dont l'intérêt rend les paroles douteuses.

Les chiffres d'une origine particulière sont ceux relevés immédiatement, sans l'intervention de l'autorité publique ; les sujets qu'ils traitent ont nécessairement une médiocre étendue, et l'on ne peut espérer d'en tirer des résultats généraux. Cependant, ils sont dignes d'occuper les savants loisirs d'hommes placés favorablement pour s'en occuper ; telles sont des Statistiques communales, des observations météorologiques, des cotes de hauteurs barométriques ou trigonométriques, la détermination de la pente des rivières, celle du nombre des voitures et des passagers sur une route, des recherches numériques dans les hôpitaux, dans les registres de l'état civil, etc. Ces objets, qui échappent aux grandes investigations officielles, méritent d'être encouragés, et on doit en attendre une foule de notions curieuses, intéressantes, qui, de plus, auraient le mérite d'être nouvelles. Il est presque superflu de remarquer que ces travaux ont aussi besoin de la garantie d'une indication précise de leur source, des moyens employés pour les exécuter, et du nom de leurs auteurs.

Par une singulière confusion, qui prouve combien sont encore obscures les idées qu'on se fait de la Statistique, même parmi les personnes éclairées, on suppose que toutes les catégories de faits numériques doivent avoir un pareil degré de certitude, et que cette certitude doit être semblable à celle des nombres abstraits d'une opération arithmétique. C'est une grande erreur, car il n'est nullement dans la nature des choses qu'il en soit ainsi.

La Statistique n'agit ni sur des quantités imaginaires, ni sur des unités identiques; elle prend ses éléments tels qu'ils sont dans la nature et dans la société, diversifiés à l'infini; elle les associe d'après leur caractère prédominant, qui, le plus souvent, est leur seule ressemblance entre eux. Quelle disparité n'y a-t-il pas entre chacune des unités qu'elle rassemble dans ses nombres collectifs? Elle supprime la population en faisant une masse de tous les habitants; mais, l'un est un vieillard décrépit, l'autre, un enfant au berceau; celui-ci est l'honneur de l'humanité, celui-là est un pervers, à qui la justice n'a laissé que la vie. Elle calcule les récoltes, en unissant tous les départements; mais, ici, la terre improductive donne à grand'peine un peu de seigle; tandis qu'un peu plus loin, les guérets sont couverts des plus riches moissons. Il y a, entre un département et un autre, autant de diversités qu'entre des planètes différentes ; il y a d'un homme à un homme la distance de la brute au génie.

La plupart des éléments de la Statistique reproduisent de pareilles dissemblances ; ils ne peuvent être soumis à un même mode d'investigation, et leur constatation ne saurait donner le même degré de certitude. Par exemple, aucun doute ne doit être élevé sur la rectitude des comptes financiers ; les épreuves nombreuses et sévères auxquelles est soumise, en France, la comptabilité des recettes et des dépenses du pays, rendent ses chiffres aussi exacts que s'ils n'exprimaient que des nombres abstraits, au lieu de représenter un immense trésor de métaux précieux.

Le cadastre de notre territoire va bientôt, par son achèvement, rendre non moins certaine la détermination de la surface du royaume ; et ce sera un grand et notable progrès, car l'erreur était, sous Louis XIV, de 33 pour cent, et, sous les Valois, elle était du double.

Mais, quand il s'agit de supputer la population, le degré de certitude s'affaiblit déjà considérablement. On demeure toujours au-dessous de la vérité, parce qu'une certaine partie des habitants des grandes villes échappent constamment aux opérations du dénombrement. On en trouve la preuve, lorsqu'on fait, pendant une période quinquennale, la comparaison des naissances et des décès. L'accroissement donné par l'excédant montre que les recensements sont en défaut.

La chance d'atteindre à des termes rigoureusement vrais est encore moindre quand on recherche la production agricole, qui varie en quantités et en valeurs, selon les lieux et les années.

C'est encore pire à l'égard de l'industrie manufacturière, qui change perpétuellement d'objets, de prix, de salaires, de moyens de travail suivant les besoins réels ou factices des consommateurs, la concurrence, la mode, les exigences des douanes, les progrès de la chimie et de la mécanique, etc. Au milieu d'un pareil mouvement, on ne peut se flatter de fixer la vérité par des chiffres précis et constants.

La Statistique judiciaire, qui trace le nombre des crimes et qui en fait connaître la nature, semble devoir ne se composer que de termes positifs, puisque les faits qu'elle établit sont prouvés en justice, avec les efforts les plus grands que puissent faire les hommes pour découvrir la vérité. Et cependant, quand on veut comparer les chiffres d'un pays ou d'une année à l'autre, on peut être trompé, par les vicissitudes qu'éprouvent la vigilance et l'habileté de la police judiciaire, et la sévérité plus ou moins rigoureuse de la répression; car ce ne sont pas les crimes commis, qui sont enregistrés; ce sont seulement ceux dont les auteurs sont découverts, et c'est extrêmement différent. Ainsi, proportionnellement à la population, les assassinats commis à Paris et à Rome, ne diffèrent pas de nombre essentiellement; mais c'est uniquement, parce que, dans la dernière de ces deux capitales, la moitié des auteurs de ces crimes échappent à l'action de la justice.

De ce que la Statistique ne parvient point à donner des chiffres d'une parfaite exactitude sur une partie des objets qu'elle embrasse, faut-il en induire que c'est une science incomplète, vaine et impuissante? L'ignorance seule peut en tirer cette conclusion. Quelle est donc la branche des connaissances humaines qui atteint toujours la vérité? qui brille d'un éclat sans tache, et qui naquit, comme Minerve, dans toute sa force, sans nul besoin des progrès apportés par la puissance du temps? Est-ce l'astronomie? mais, il y a soixante siècles que les hommes étudient les astres; et cependant, la moitié des planètes n'ont été découvertes que de nos jours. La géographie? mais deux cents générations se sont succédé sur le globe, sans en connaître plus de la moitié. La médecine? mais, malgré le génie d'Hippocrate, qu'était-elle donc quand elle ignorait l'anatomie, la circulation du sang, la vaccine, la quinine, la lithotritie? Qu'était-ce donc que la botanique avant Linnée? la chimie avant Lavoisier? la physique avant Newton, Franklin et Volta? Assurément, l'antiquité mérite notre plus profonde vénération; les grands hommes, qui l'ont illustrée, sont dignes de tous nos sentiments d'admiration; mais ils n'ont pu égaler la science de notre temps; le monde, où ils vivaient, était trop jeune. Eh bien! il en est ainsi, pour la Statistique, de la civilisation actuelle de l'Europe; il faut à ses progrès une instruction populaire plus diffuse, une habitude plus grande du langage des chiffres, une étude spéciale de la Statistique, de ses principes, et de la pratique de ses opérations introduite parmi les connaissances, enseignées par l'éducation publique, et exigées pour l'admission aux emplois administratifs, enfin, la centralisation des travaux de la science et leur usage régulier dans l'examen parlementaire des questions d'Économie sociale.

Au nombre des idées inexactes, qui prévalent, même parmi les personnes instruites, domine surtout celle que les chiffres de la Statistique doivent être toujours positifs et certains, comme ceux d'un calcul purement arithmétique, ou comme les supputations d'un compte financier; et c'est parce qu'ils se refusent à cette identité impossible que des esprits étroits les condamnent. Comment ne voit-on pas qu'ils sont vraiment tout autre chose? qu'au lieu de représenter des unités monétaires invariables, soumises passivement à toute opération, ils énumèrent une multitude d'objets, diversifiés à l'infini, qui échappent à une investigation rigoureuse par leur ténuité ou par l'immensité de leur masse, par la modicité de leur valeur ou par leur

prodigieuse richesse? Il faut ici s'élever gradati-
vement de la commune, qui contient seulement
quelques centaines d'hectares et d'habitants, à une
surface territoriale de 53 millions d'hectares, peuplée de 35 millions d'hommes. Il faut parvenir, de
la production d'un pâtis qui donne un revenu de
3 francs par hectare à celle du royaume, qui s'élève
à 8 milliards de francs. Et l'on veut que dans le
mouvement imprimé à ce chaos, pour séparer,
coordonner, inventorier ses éléments, aucun d'eux
ne soit omis, aucun ne soit agrandi ou amoindri,
en la moindre chose, par le chiffre qui doit le faire
connaître! C'est demander aux facultés humaines
de reculer leurs limites.

Voici un exemple de ces folles exigences, qui
suffira pour juger des autres. Lorsqu'en 1838, le
second volume de la Statistique de France fut publié, il fut écrit au Ministre pour lui dénoncer une
contradiction flagrante, qui avait été commise
dans les chiffres de la surface du royaume, un tableau l'ayant portée à 52,768,000 hectares et un
autre à 52,780,000. Nous nous bornâmes à répondre que le critique avait oublié de remarquer que
le premier de ces nombres appartenait aux travaux
du cadastre de 1817, et le second à ceux de 1834.
Mais, il y avait, de sa part, une bien plus singulière omission : c'était d'avoir méconnu, malgré
une indication formelle, que l'un de ces chiffres
était hypothétique dans la proportion de 33 pour
cent, et l'autre dans celle de 25, attendu que l'in-

achèvement du cadastre laissait lieu à cette incertitude, qui était cent mille fois plus grande que la faible quantité dont le critique avait cru faire la découverte.

Mais, s'ensuit-il, de ce que la Statistique n'arrive souvent qu'à des nombres approximatifs, que leur utilité en soit le moindrement atténuée ? Qu'importe aux problèmes qu'ils servent à résoudre qu'il y ait, comme dans le cas que nous venons de citer, deux à trois millièmes de différence ? Quand même il y aurait, dans le chiffre d'une récolte, l'énorme erreur d'un hectolitre par hectare, les conséquences qui ressortent de la quantité de la production en ont-elles moins d'importance ? Si le fait n'est pas vrai cette année, il peut l'être l'année prochaine ; il l'était l'année dernière, par l'effet des changements naturels qu'éprouvent les choses. Parce qu'un recensement ne peut atteindre quelques milliers d'individus, parce qu'un cadastre agricole n'énumère pas, à quelques cent mille près, tous les animaux domestiques du pays, on n'en saurait rien induire contre la Statistique ; car l'objet qu'elle se propose n'en est pas moins rempli dans toute son étendue. Autant vaudrait reprocher à un portrait de ne pas être un fac-simile : s'il est reconnaissable, ressemblant, l'art n'a-t-il pas atteint son but, quoique le compas puisse y trouver quelque irrégularité ?

CHAPITRE VIII.

Erreurs de la Statistique.

Les erreurs imputées à la Statistique, lui sont reprochées avec plus ou moins de fondement. Il y en a dont elle est réellement coupable; d'autres qu'il n'est pas en son pouvoir d'éviter; et d'autres encore, qui lui sont attribuées injustement.

I. Parmi les erreurs les plus graves, la plus commune provient d'une idée systématique, qui porte à croire qu'on peut façonner la vérité suivant son désir, et qu'il est loisible de lui donner telle proportion que l'on veut. Ainsi un fait numérique étant établi, on suppose qu'on peut le généraliser, et conclure, comme M. Chaptal, du cadastre de 6 millions d'hectares, celui de 53 millions; — ou bien qu'en condensant une multitude de faits statistiques, on peut les réduire à un seul, comme la moyenne des Tables de mortalité, qui déduit de 600,000 vies humaines infiniment variées, le terme d'une vie unique. Que cette méthode, qui s'enveloppe de fastueux calculs, s'exerce dans un sens ou dans un autre, et qu'elle prétende atteindre l'inconnu en agrandissant un nombre par des multiplications, ou en réunissant, par d'immenses additions, des termes multipliés, elle ne change en rien son caractère conjectural, et elle doit être condamnée, comme étant dangereuse pour la vérité.

Sans doute, quand il s'agit d'une époque reculée dont on peut éclairer les ténèbres au moyen de quelques chiffres historiques, il serait trop rigoureux de repousser des déductions faites avec réserve par un esprit judicieux. Personne n'ignore qu'une antique inscription à demi effacée peut êtrerestaurée par d'habiles conjectures, et que parfois on parvient ainsi à enrichir la science de faits nouveaux. Il faut convenir que la Statistique peut faire d'utiles acquisitions, par le même moyen appliqué à l'histoire avec une sage circonspection. Mais, dans les travaux dont les matériaux sont contemporains, il faut s'abstenir de cette méthode, qui est sujette à erreur, et qui, consacrant des traditions crédules, leur donne la place de chiffres vrais, qu'on ne recherche point parce qu'on croit n'en pas avoir besoin.

Ce sont les nombres provenant de cette origine, qui répandent le plus d'erreurs. Ils sont souvent jetés dans une discussion pour servir à ses besoins; et il n'est pas jusqu'aux hommes supérieurs qui ne se laissent entraîner, parfois, à les employer comme des arguments. Une hypothèse ingénieuse est un plaisir qu'on se croit permis, quand elle s'appuie sur des chiffres, qui cachent, sous les formules de la science, l'aspect malséant d'une conjecture téméraire. Les exemples se pressent en foule pour le montrer. On apprend que dans une fabrique la valeur du coton en laine, qu'on y emploie, est largement quintuplée. On recherche à l'instant quelle est l'importation totale du coton ; et l'on en conclut que l'industrie qu'elle alimente dépasse la valeur de 800 millions. N'est-il pas évident qu'opérer ainsi c'est ériger, sur une très-petite base, l'édifice d'une immense industrie. — La production de la pomme de terre n'avait encore été l'objet d'aucunes recherches statistiques, de la part de l'autorité, lorsqu'un savant statisticien en assigna la quantité, il y a peu d'années, avec une grande précision. On s'efforça inutilement de savoir comment il s'était procuré ce nombre. Mais, lors de l'enquête générale dont la Statistique agricole fut l'occasion, on trouva que la commune de ce savant rapportait précisément 6,000 hectolitres de pommes de terre, qui, multipliés par le nombre des communes du royaume, donnaient pour total les 222 millions qu'il avait assignés à la production de la France entière. Ainsi, il était arrivé à ce total, en mesurant par la fécondité des terres de son village, celle de nos 37,000 communes. On ne pouvait mieux calculer, mais ce résultat était de cent pour cent au delà de la vérité.

C'est surtout la consommation qui sert de base à ces supputations fallacieuses. On recherche dans une localité quelconque, la quantité de tel ou tel comestible nécessaire aux besoins des habitants ; puis on généralise le chiffre qui la représente ; on l'étend à la population tout entière, et l'on pose en fait ce résultat hypothétique, comme donnant la consommation totale du pays. Cette induction ne peut conduire qu'à l'erreur, attendu que la quantité qu'on prend pour base, est si minime, relativement à la masse qu'on doit en faire sortir, que l'atténuation ou l'exagération la plus légère devient, en fin de compte, très-considérable. Par exemple, un quart de livre de pain, en plus ou en moins, dans la ration journalière qu'on fixe pour chaque habitant de la France, fait, par an, une différence de 1,600 millions de kilogrammes. Au commencement du xviiie siècle, Vauban admettait comme indubitable, que chaque personne consommait annuellement trois setiers de grains, qui font 4 hectolitres 68. C'était 60 pour 100 au delà du terme vrai. Aussi, par suite d'une si grande exagération, ne portait-il qu'à 876 habitants, la population qui pouvait être alimentée par les cultures en céréales de chaque lieue carrée du territoire. On en tire maintenant la nourriture de 1281. C'est presque moitié en sus.

Une autre source d'erreurs statistiques fort abondante existait autrefois, mais se trouve aujourd'hui tarie par une méthode de travail tout à fait différente. Quand le Gouvernement avait besoin d'une exploration numérique, il en demandait les chiffres aux Préfets, sans entrer dans les difficultés qu'il devait y avoir de se les procurer. Ces demandes étaient presque toujours accompagnées d'injonctions de hâter le travail, les départements ne pouvaient y répondre que par l'envoi d'estimations en masse, faites d'après des notions préconçues. Mais on a repoussé, de notre temps, ce système défectueux, et toutes les grandes investigations faites maintenant sont exécutées à loisir en remontant aux premiers éléments des choses, et en faisant certifier aux fonctionnaires qui fournissent des matériaux, les chiffres dont ils sont formés, et la manière dont ils ont été recueillis.

Avant que Louis XIV naturalisât en France la Statistique, par les recherches numériques qu'il prescrivit aux Intendants des provinces, on avait les plus étranges notions sur des matières qu'il ne semblait cependant pas possible d'ignorer. Dans un ouvrage publié en 1581, et dont la dernière édition est dédiée à Henri IV, Fromenteau attribue au royaume une surface de 40,000 lieues carrées, c'est-à-dire double de son étendue réelle à cette époque; et il lui donne 132,000 paroisses ou presque le quintuple du nombre de celles qui existaient effectivement. Quelques années après, Sully, en revisant ces données qui passaient pour officielles depuis le temps des Valois, réduisit les paroisses à 40,000, ce qui, tout d'un coup, en supprimait 92,000 ou les deux tiers; et, cependant, il y avait encore, malgré cette énorme correction, une exagération d'environ 30 pour cent.

Quelque extravagantes que fussent les idées de Fromenteau, elles étaient encore bien moins déraisonnables que celles d'un Économiste du xve siècle, qui occupait un rang illustre parmi les souverains du temps. C'était le duc de Bourgogne, Philippe-le-Bon. Un religieux de Saint-Denis, qui en 1404, a écrit les annales du règne de Charles VII, nous apprend que ce prince, touché de l'état déplorable des finances de la France, conçut un projet pour les rétablir. Dans ce travail, exécuté sans doute d'après des documents et des opinions qui passaient alors pour incontestables, il calcula que le royaume contenait 1,700,000 villes, bourgs et villages. Otonsen 700,000, disait-il, qui ont été ruinés par nos guerres, il en reste encore un million; imposez-les seulement à 20 écus, par an, chacun; cela fera 20 millions d'écus. Toutes dépenses faites, il doit rester 3 millions d'écus, qui entreront dans les coffres du roi.

Ces chiffres sont fort curieux, d'abord par leur date, qui remonte à 420 ans, puis par leur auteur qui passait pour un prince d'un grand mérite et le meilleur de son temps, et enfin parce qu'ils ne sont pas tous aussi fabuleux que la donnée exagérée qui leur sert de base. D'après cette donnée, la France du xve siècle, qui n'avait que 15,000 lieues carrées, c'est-à-dire une étendue presque moindre de moitié que la France actuelle, aurait eu néanmoins 43 fois autant de paroisses ou communes; il y en aurait eu une douzaine par lieue carrée, et chacune n'aurait possédé qu'un territoire de 160 hectares. Il est vrai que ce nombre prodigieux aurait été réduit de 41 pour cent par les dévastations de la guerre.

Il ne faut pas croire que le rêve d'une ancienn
prospérité, qui aurait multiplié si étrangement le
lieux habités, soit une vision qu'ait eu seul le duc
de Bourgogne. Notre admirable historien Miche-
let a découvert, dans la Satire Ménippée, que ce
nombre de 1,700,000 clochers est précisément
celui sur lequel s'appuyaient les auteurs, en 1593,
sous le règne de Henri IV. Ainsi, cette folle tradition était encore en vogue au bout de deux siècles,
et même accueillie par des hommes instruits.

En repoussant les nombres absolus du mémoire
statistique de Philippe-le-Bon, si l'on en accepte les
proportions, on y trouve deux faits historiques remarquables. L'un est l'effroyable situation de la
France, qui, au témoignage de ce prince contempo-
rain, avait perdu près de la moitié de ses villes et villages, pendant le règne de Charles VI. L'autre, net-
tement exprimé, montre ce qu'étaient alors le
gouvernement et l'administration, en nous affir-
mant que sur 20 millions d'écus prélevés par
l'impôt sur le peuple, le trésor ne pouvait prétendre à en recevoir plus de trois millions ou 15
pour cent. Chaque écu reçu pour les dépenses publiques en coûtait sept aux contribuables, et il en
restait six aux Juifs, qui étaient les financiers de
cette époque, aux gouverneurs de provinces et aux
autres officiers du roi ou des seigneurs féodaux. Il
est digne d'intérêt de savoir ce qu'on croyait pouvoir obtenir par l'impôt, dans un pays où, sur deux
villes, une avait été mise à sac. Le duc de Nevers

comptait, en 1577, qu'il y avait, en France, trois millions de foyers ou familles, faisant, à quatre et demi chacune, environ 13,500,000 habitants, réduits à 12 millions par la noblesse et le clergé. L'impôt proposé montait à 6,000,000 de marcs d'argent, valant alors chacun 10 francs, et aujourd'hui 54 ; ce qui élève la somme totale à 324 millions de notre monnaie actuelle. C'était 27 francs par personne, non compris les dîmes ecclésiastique et seigneuriale, et les autres taxes ou perceptions. La profonde misère de ce temps devait donc payer davantage que la prospérité d'aujourd'hui.

En Angleterre, les illusions sur le nombre des communes n'ont pas été tout à fait aussi grandes qu'en France ; mais elles ont été encore plus opiniâtres, et elles se sont prolongées jusqu'à nos jours. Le roi Édouard III ayant obtenu du Parlement, en 1340, un subside de 50,000 l. st., il fut calculé, par les Statisticiens de cette époque, que la répartition de cette somme ferait lever, en moyenne, une livre 2 shillings 4 deniers par paroisse. Mais il se trouva qu'attendu le moindre nombre des communes, il dut être payé par chacune 5 l. st. 16 shillings ; en sorte qu'au lieu de 45,000, il n'y en avait que 9,000 ou le cinquième seulement. L'exagération était de 36,000 villes ou villages. Un siècle et demi après, on avait oublié cette rectification. En 1527, un savant de ce temps présenta au roi Henri VIII un Traité où il affirmait qu'il y avait 52,000 paroisses dans le royaume. Cambden a montré dans ses recherches qu'il y en avait seulement 9,999. Ainsi, l'on persistait à trouver cinq communes où il y en avait une seule. On ne saurait s'étonner de ce que, sous les Plantagenets et les Tudors, l'Angleterre eût d'aussi mauvais Statisticiens que la France sous Charles IX. Mais il est prodigieux de retrouver la même erreur, tout aussi grande, de nos jours, sous le règne de Georges III. Hume rapporte qu'en 1775, la Chambre des communes ayant taxé chaque paroisse à 22 shillings, elle supposa que la somme totale de l'impôt s'élèverait à 50,000 l. st. On fut fort surpris, ajoute l'habile historien, quand on reconnut qu'on s'était trompé des quatre cinquièmes *.

Tel était l'état des plus hautes régions du monde politique, quand la Statistique s'y introduisit pour dissiper les erreurs qui depuis des siècles s'y perpétuaient. Grâce à ses travaux, le Pouvoir ne tombe plus de nos jours dans de pareilles méprises, et l'on sait maintenant au juste une multitude de choses dont on n'avait, il y a 60 ans, que de fausses notions. Pour étendre ces connaissances usuelles, il faut non-seulement populariser la Statistique par son enseignement et ses applications, mais encore la recommander à l'estime publique par sa bonne exécution et par un soin particulier à la préserver des défectuosités qui trop souvent diminuent la confiance qu'elle doit inspirer.

Dans les sciences qui se servent du langage des

* Hume, t. II, p. 401.

chiffres, et spécialement dans la Statistique, il est fort difficile de se défendre contre deux sortes d'erreurs très-fâcheuses : les erreurs de calcul et les fautes d'impression.

Les premières résultent de diverses causes, telles que l'inexpérience des calculateurs, leurs distractions, leur mauvaise santé, l'incertitude de leur sort ou l'excitation causée par les événements publics. De pareils effets peuvent être produits par des habitudes vicieuses de travail, comme de copier ou collationner les tableaux par colonnes, au lieu de suivre les lignes horizontales, seul moyen qui permette de suivre les corrélations des chiffres. Il y a encore des sources d'erreurs : dans l'extrême étendue des additions, qu'il faut, pour les bien faire, couper par séries ; — dans le défaut de moyen de contrôle, qui rend nécessaire de réitérer plusieurs fois les opérations ; — dans les méprises graves qui sont faites bien souvent en enregistrant les corrections ; — dans la confiance qu'on accorde à tort aux supputations des documents servant de matériaux, et qui doivent être vérifiés sans exception ; — dans l'assemblage d'unités qui ne sont pas spécifiquement les mêmes, comme l'addition d'enfants mort-nés avec des enfants nés vivants, ou dans les décès des étrangers ajoutés à ceux de la population sédentaire ; — et surtout dans les intercalations complétives qui nécessitent des remaniements dans les nombres déjà inscrits, et qui changent tous les calculs. Ainsi, à l'instant où l'on termine un grand travail dont toutes les supputations s'enchaînent, il survient un fait numérique nouveau dont les chiffres étaient réclamés depuis plusieurs années, et auxquels on avait été forcé de renoncer. Il faut l'insérer à sa place, et changer tous les totaux qu'on avait faits en son absence. Il faut, de plus, changer tous les rapports proportionnels qui en ressortaient. C'est une occurrence qui peut se répéter plusieurs fois, et lasser la patience la plus philosophique.

Du moins peut-on, à force de travail, réussir à écarter les erreurs qui ont cette origine; mais celles qui surviennent lors de l'impression sont souvent au-dessus de tout pouvoir. On sait qu'il y en a dans les tables de logarithme, même dans la Mécanique céleste; et qu'aucune œuvre de chiffres ne peut s'en défendre complétement. En triplant, en quintuplant la lecture des épreuves, opération fastidieuse au plus haut degré, quand elle s'étend à plusieurs millions de chiffres, on peut espérer réduire les fautes typographiques à un petit nombre. Mais il n'y a point de dispositions dont on puisse se prévaloir, pour éviter les effets d'un accident qui arrive dans les imprimeries au moment du tirage, et qu'on découvre trop tard pour y remédier. C'est la chute de quelque chiffre qui se détache de la forme et change la valeur des nombres. Nous avons sous les yeux un tableau où trois chiffres tombés causent une erreur d'autant de millions, et gâtent toute l'économie des supputations. Il est juste de remarquer que ce désastre n'est pas du fait de l'Imprimerie royale, qui apporte les plus grands soins pour prévenir ces accidents fâcheux.

Lorsqu'il s'agit de documents importants, on pourrait se prémunir contre la chute du caractère numérique, en recourant à l'opération du cliché ; mais ce serait un accroissement de dépenses, qui, dans l'état actuel des choses, est impossible.

En examinant, avec attention, les erreurs de la Statistique actuelle, et en les comparant à celles commises communément, il y a seulement trente à quarante ans, on reconnaît combien les progrès de la science sont grands et heureux, et combien il faut attendre de succès, dans un avenir peu éloigné, des efforts habiles et fructueux des premières nations de l'Europe, pour rendre la Statistique digne de notre siècle.

II. Par une complication de circonstances assez peu connues, il arrive, parfois, à la Statistique d'être obligée de propager volontairement des erreurs, en reproduisant des travaux numériques, qu'il n'est pas en son pouvoir de rendre plus parfaits. Tout ce qu'elle peut faire c'est d'en donner avis, mais la verité n'y gagne que bien peu ; car, chacun continue de prendre des chiffres partiels pour des chiffres d'ensemble, et des nombres de convention pour des nombres vrais. Ainsi, l'on dit sans hésitation : Le prix du froment fut, l'année dernière, de 22 francs l'hectolitre dans tout le royaume ; — le commerce général de la France s'éleva, en 1844, à 2,340,000,000 de francs, et celui de l'Angleterre valut, en 1842, 4,475,000,000, etc., etc.

Il faut bien se garder d'accepter ces nombres comme les termes exacts des choses; ils sont tantôt en deçà et tantôt au delà du vrai, dont ils demeurent toujours fort éloignés. On peut objecter, sans doute, qu'ils ne sont pas spécifiquement faux, et qu'ils disent la vérité à leur manière, dans une certaine mesure et sous certaines conditions; mais, comme ils tiennent la place de chiffres qui manquent entièrement, et dont on a un besoin continuel, on les prend pour en tenir lieu; et l'on finit par les accepter comme réels. Quelques explications montreront qu'ils ne méritent pas cette confiance.

Les tableaux régulateurs du prix des blés sont dressés officiellement pour déterminer le taux des droits à l'importation et à l'exportation, ils sont établis d'après les ventes faites mensuellement dans 26 marchés choisis. Il semblerait que l'on devrait en déduire tout au plus les prix de 26 départements; pas du tout, on les considère ordinairement comme réglant d'abord ceux de 39, et ensuite, par une extension arbitraire, ceux des 47 autres départements qui restent en dehors de la fixation de ces prix, et qui, néanmoins, sont censés n'en point avoir d'autres. En sorte que la valeur des blés, sur chacun des 26 marchés désignés est supposée, par une extension abusive de sa signification officielle

et réelle, s'étendre à toute la production des céréales d'une surface de 2 millions d'hectares ou
1000 lieues carrées moyennes. Ce n'est pas tout,
cette fiction est encore agrandie par les économistes,
qui, pour avoir, malgré tout, des résultats généraux, additionnent les prix des 26 marchés, en di-
visent le total par ce nombre, et croient avoir
trouvé, par cette opération, le terme moyen de la
valeur du froment, dans toute l'étendue de la
France. Leur résultat n'est évidemment qu'une
hypothèse construite sur des hypothèses.

Par des motifs qu'il serait trop long de déduire,
nous croyons que dans les temps ordinaires les prix
ruraux, par communes, sont moins élevés que ceux
des mercuriales, de plus de 4 francs par hectolitre,
et que ceux par départements le sont encore de près
de 3 francs.

C'est surtout dans les travaux qui ont pour objet le commerce extérieur, que la Statistique est
réduite à la fâcheuse extrémité de donner des nombres convenus pour des nombres réels. La différence entre ces termes forme des erreurs très-
grandes, qui abusent les publicistes médiocrement
expérimentés. L'une des causes de ces erreurs est
la contrebande, qui, parfois, altère les valeurs du
commerce d'une Puissance avec une autre, de plus
de 65 pour cent. Mais il y a bien d'autres alté-
rations cachées plus profondément. En voici un
exemple :

On sait que la conservation des types pendant

une longue période est, pour la Statistique, un immense avantage, puisque la comparaison des chiffres de périodes distantes, coordonnée semblablement, fournit d'excellents matériaux à l'histoire économique du pays. Mais rien n'est plus difficile que cette conservation, si l'on en juge par la France, car on n'y trouve sur presqu'aucun sujet une série de tableaux numériques dont l'exécution ait été suivie, d'après le même modèle, pendant plusieurs années. Il survient sans cesse quelqu'homme supérieur, qui, pour mieux faire, change tout ce qu'on a fait, et rend impossible de constater, à travers des transformations sans nombre, quels ont été les progrès des choses. Une disposition d'esprit toute différente prévaut en Angleterre; on y garde avec une persévérance opiniâtre les formules les plus anciennes; et, par exemple, on continue encore aujourd'hui de s'y servir usuellement et officiellement, pour évaluer les marchandises importées et exportées, d'un tarif dont les prix furent établis, en 1660, sous Charles II. On conçoit qu'après une période de 186 ans, qui a vu la face du monde se renouveler, ce tarif immuable est bien moins un document statistique qu'un monument d'archéologie. En effet, on ne saurait trouver ailleurs rien de semblable à cette hypothèse statistique, dont la durée a dépassé celle de six à sept générations. Pour justifier l'usage de ces évaluations si différentes de la vérité, on a prétendu qu'on pouvait en déduire la comparaison des quantités de marchandises importées ou exportées, et connaître, par leur moyen, les progrès du commerce anglais entre deux époques données. Cette assertion n'a point de fondement, car elle suppose que les marchandises sont toujours les mêmes, et qu'elles changent seulement de quantités, tandis qu'évidemment leur nature varie également, et qu'une multitude d'objets qui entrent maintenant en masses considérables dans les transactions commerciales, n'en faisaient point partie du temps de Charles II. Ainsi cette grande collection statistique ne fournit point de notions pour constater les quantités, et quant aux valeurs, les prix assignés par ce tarif aux marchandises exportées sont devenus tellement élevés par l'abaissement des prix actuels, qu'ils les exagèrent de 100 p. cent. On peut s'en convaincre en rapprochant des valeurs *officielles* celles qui sont *déclarées* à l'exportation. En 1842, les premières montaient à 2,506,000,000 francs ; et les secondes, pour les mêmes articles, à 1,184,000,000 seulement. Si l'on tient compte d'une moindre exagération dans l'élévation de l'importation, il faut encore reconnaître que la valeur du commerce anglais, au lieu d'être de près de quatre milliards et demi, comme le fait croire l'usage bizarre de ces tables surannées, est seulement d'environ trois milliards ; richesse qui est bien assez grande pour n'avoir pas besoin d'être augmentée fictivement. Le tarif officiel l'exagère de moitié en sus.

La Statistique commerciale de la France n'est pas à beaucoup près aussi éloignée de la vérité. Cependant elle pourrait s'en rapprocher davantage. A l'imitation de nos voisins, un tarif fut adopté, en 1825, pour donner un prix officiel à chaque sorte de marchandises. Depuis 21 ans, ses évaluations sont appliquées, chaque année, dans les tableaux généraux de notre commerce, aux marchandises achetées ou vendues. Assurément il n'est pas survenu, dans nos prix, une réduction de moitié, comme en Angleterre ; mais, néanmoins, ils ont souffert un grand abaissement, et la différence n'est peut-être pas au-dessous d'un 10e. Dans ce cas, ce serait une somme de 234 millions dont nous augmenterions fictivement notre commerce. Il serait bien préférable de remplacer ces chiffres illusoires par des chiffres vrais, ou du moins rapprochés le plus possible de la vérité. On y parviendrait en dressant chaque année une table de la moyenne des prix courants dans les places de commerce, et en appliquant ces prix aux objets d'importation et d'exportation. On pourrait en obtenir le contrôle en étendant à toutes les marchandises le système des valeurs déclarées qui n'est pratiqué qu'à l'égard de quelques-unes. Il y a là sans doute un accroissement de travail considérable. Mais il importe de bannir de la Statistique ces nombres de convention qui trompent perpétuellement les personnes intéressées à savoir au juste ces choses, et qui répandent sur les matières économiques, les plus importantes, des idées complétement fausses.

III. D'autres erreurs, quoiqu'imaginaires, sont plus funestes à la Statistique que celles dont on peut l'accuser avec fondement. On en a trop parlé dans ces derniers temps, pour que nous puissions les passer sous silence.

La Statistique n'est point l'une de ces sciences dont l'existence s'écoule paisiblement dans les méditations spéculatives ; elle vit au milieu des orages de la société, que suscitent les intérêts matériels et les passions politiques. Sa mission est de leur donner la raison pour guide ; et de les soumettre, jusque dans leurs conflits tumultueux, à une observation calme et réfléchie, en exprimant, par des chiffres impassibles, des vérités utiles par le bien qu'elles produisent et plus utiles encore par le mal qu'elles empêchent. Toutefois, ce double but ne peut être atteint sans alarmer ceux à qui profite un monopole, un riche abus ou seulement un calcul fallacieux ; — sans irriter, en faisant jaillir des lumières, ceux qui ne se complaisent que dans les ténèbres du passé ; — sans soulever les inimitiés des faux savants ; — sans provoquer enfin des appels à la presse ou même à la législature, pour obtenir un Plébiscite qui condamne un malheureux chiffre dont la défense n'a point été entendue.

Telle est l'origine des accusations dirigées contre la Statistique officielle, depuis soixante ans ; leur objet apparent est de signaler ses erreurs, mais leur but véritable est de récuser ses témoignages et d'étouffer ses importunes révélations. Ces injustices ne peuvent étonner que ceux qui ne sont pas familiers avec l'histoire des sciences, et qui ignorent combien de persécutions ont entravé la marche des connaissances humaines. Il y a perpétuellement, comme au temps de Socrate, quelque Anitus qui broie la ciguë pour l'audacieux apôtre de la vérité. Sans remonter aux exemples mémorables de l'antiquité, on trouverait dans le XVIIIe siècle, si vanté pour l'éclat de ses lumières, mille preuves de cette fatale destinée qui soumet chaque découverte utile, chaque science nouvelle, chaque progrès de l'esprit philosophique aux plus dures tribulations. Le quinquina, le tabac, le mercure, l'électricité, jusqu'au levain de bière pour la fabrication du pain, ont été condamnés solennellement avant que d'être d'un usage universel. La circulation du sang fut repoussée comme une imposture. Une lettre de cachet fut donnée contre le comte de Lauragais, pour avoir défendu l'inoculation et avoir révélé que la variole tuait, chaque année, en France, 50,000 habitants. Jenner fut poursuivi, à outrance, en Angleterre, pour sa découverte de la vaccine, et fut représenté sous la forme d'un monstre, qui dévorait des milliers d'enfants. Il n'est pas jusqu'au paratonnerre, qui fut mis en justice, et qui faillit être condamné par la cour royale d'Arras. Le jeune avocat qui le défendit avec succès, s'appelait M. de Robespierre. La plupart de nos meilleurs livres étaient traités, par le Parlement de Paris, comme des malfaiteurs, et brûlés en place publique. L'Émile de Rousseau subit cette ignominie. L'Encyclopédie, les Lettres persannes et une foule d'autres ouvrages furent frappés, en 1765, d'une condamnation infamante, par l'assemblée générale du clergé. Buffon et Bailly persécutés, l'un pour sa Théorie de la terre, l'autre pour ses Lettres sur l'Atlantide, furent réduits à la triste nécessité d'une rétractation. Cuvier fut obligé, en 1819, de capituler sur la question de la pluralité des espèces du genre humain ; et si Joseph Fourier échappa à cette fâcheuse extrémité, quand il soutint l'existence du feu central, c'est qu'une plaisanterie de Louis XVIII réprima le zèle de ceux qui l'attaquaient.

Ainsi, chaque mission de progrès, de vérité, d'utilité publique doit éprouver, comme une confirmation authentique de son caractère, l'honneur de la persécution. C'est l'épreuve du fer rouge, qui jadis manifestait l'innocence et la faisait triompher. Ce succès n'a pas manqué à la Statistique. Il est vrai qu'on n'a pas élevé de bûchers au Parvis Notre-Dame pour les Statisticiens, comme on faisait communément autrefois pour les astronomes, les chimistes, les physiciens, qu'on nommait : astrologues, philosophes ou sorciers ; mais c'est que la mode en était passée, et le bon vouloir n'y a jamais manqué, ce que prouveront les exemples suivants.

Il fut publié en 1784 un livre de Statistique

comme on n'en avait pas encore fait. Le sujet, le style, les calculs, leur certitude, leurs importantes déductions, tout en faisait une œuvre d'un mérite supérieur. C'était la première fois qu'on osait professer l'administration des finances d'un grand royaume; et il fallait à M. Necker autant de courage que de talent pour révéler avec une sage discrétion de périlleuses vérités, qu'on ne pouvait cacher plus longtemps. Cet ouvrage déchaîna contre son auteur la plus terrible tempête; on en accusa les chiffres d'erreurs et les intentions de malignité. On alla plus loin, on le déféra à la justice. Au mois de février 1785, un monsieur de Caradeuc, qui était alors procureur général au Parlement de Bretagne, fit aux chambres assemblées un réquisitoire en forme contre l'ouvrage de M. Necker, et en demanda la suppression et la condamnation, attendu, disait-il, qu'il était attentatoire aux priviléges des provinces; — qu'il révélait les opérations de l'administration et les secrets de l'État; — qu'il détournait le roi de récompenser, comme par le passé, ses fidèles serviteurs en leur accordant des pensions; — et enfin parce qu'il était publié en contravention aux réglements de la librairie. Le Parlement de Rennes, qui n'était nullement disposé à servir les vengeances de M. de Calonne et de ses partisans, fit droit cependant à cet étrange réquisitoire en nommant une commission pour lui rendre compte de l'examen de l'ouvrage; mais, par une disposition spéciale qui manifestait son opinion, il fixa à quatre ans, c'est-à-dire en 1789, la date de la séance dans laquelle ce compte lui serait rendu ; ajournement dérisoire qui fit tourner cet outrage à la confusion de ses auteurs.

Ce fait historique, consigné dans les registres du Parlement, montre quelle réception fut faite au premier livre de Statistique officielle qui fut publié en France. Il faut dire cependant qu'il se trouva, même parmi les adversaires du Ministre disgracié, des hommes de probité qui lui rendirent pleinement justice. M. de Fleury, son successeur, interpellé par le roi, répondit avec la plus louable impartialité que cet Exposé était exact ; et c'est ce témoignage décisif qui amena la chute de Calonne et de Miromesnil. Or, le travail de M. Necker contenait des recherches sur la population qui servaient de bases à des calculs sur la répartition des impôts, et formaient par conséquent l'une des parties les plus essentielles de cette Statistique. Si cette partie avait été erronée, comme quelques critiques le prétendent aujourd'hui, M. de Fleury, qui avait tous les moyens de le savoir, n'aurait pas engagé son approbation devant le roi ; et de plus, un ennemi aussi habile que Calonne n'aurait pas manqué assurément de signaler l'énorme défectuosité d'une atténuation de la population réelle du royaume, qu'on suppose sans preuve maintenant, et qui suffisait pour renverser tout l'édifice des chiffres de son rival. On ne trouve aucune trace d'une telle accusation dans les attaques dirigées contre

M. Necker; et personne alors n'osa imaginer qu'il fût possible à un Ministre des finances de se tromper de plusieurs millions en calculant quel était le nombre d'habitants de la France. Cette découverte était réservée, au bout de soixante ans, à la perspicacité de l'un de nos contemporains.

Il y avait déjà sans doute bien de la témérité à condamner comme frappée d'erreur l'œuvre statistique de l'un des plus savants ministres que nous ayons eus; mais cette imputation s'étend beaucoup plus loin que ne le croyait son auteur; elle atteint avec M. Necker tous les Statisticiens de la fin du xviiie siècle, qui, d'après leurs travaux spéciaux et séparés, ont, d'un avis unanime, attribué à la France de cette époque la même population. Parmi ces auteurs se trouvent des hommes illustres dont le témoignage est irrécusable. Voici les nombres qu'ils donnent à la population du royaume dans les années du règne de Louis XVI qui précédèrent la révolution. Les différences qu'on y remarque tiennent d'abord à la diversité des époques, et puis à celle des moyens employés pour parvenir à cette évaluation difficile. Ces différences montrent que des supputations basées sur des opérations dissemblables conduisirent néanmoins à des résultats concordants.

1778	Buffon	22,672,077	habitants.
1771-1780	Messance	23,025,000	
1770-1774	Monthyon	23,655,000	
1771-1775	Necker	23,655,598	
1776-1780	—	24,802,580	

1789	Arnould	24,677,000 sans la Corse.
1789	Pommelles	25,065,883
1790	Condorcet	25,000,000
1790	Lavoisier	25,000,992

On voit que ces savants publicistes s'accordaient dans leurs calculs avec ceux de M. Necker, et qu'aucun d'eux n'a soupçonné que la France eût alors, comme on l'assure aujourd'hui, une population plus considérable de plusieurs millions d'habitants. Ainsi les erreurs dont on a accusé la Statistique de ce temps sont tout à fait fabuleuses ; et nul raisonnement, quelque spécieux qu'il puisse être, ne saurait prévaloir contre les hautes autorités dont nous venons de rapporter les chiffres.

Ce fait est d'une grande importance historique ; car il nous enseigne que la population de la France étant en 1789 de 25 millions, et s'étant élevée, lors du recensement général de 1801, à 27,349,000, elle s'accrut en 12 ans, sous l'influence du nouvel ordre de choses établi par la révolution, de 2,349,000 habitants, ou presque de 200,000 chaque année, tandis qu'antérieurement elle était stationnaire ou rétrograde pendant la moitié du temps. Les tableaux des naissances et des décès de cette époque, recueillis par l'Académie des sciences, montrent que, de 1778 à 1784, la mortalité générale l'emporta sur la reproduction pendant trois années sur sept. Ainsi s'évanouissent, devant la puissance des chiffres, les assertions d'une si grande consommation d'hommes par les événements de la révolution, qu'il dut en résulter, suivant quelques écrivains aveuglés par des préventions politiques, une immense diminution de la population de la France. Loin de là, malgré les fléaux des discordes civiles et de la guerre étrangère, cette population, délivrée de la dîme et des servitudes féodales, favorisée par la division de la propriété, par l'égale répartition des impôts et par la liberté du travail, s'agrandit à ce point qu'elle s'augmenta en 12 ans autant qu'elle le pouvait faire en 30 années sous le vicieux régime de la vieille monarchie.

Dans le cas que nous venons d'exposer, on n'imputait à la Statistique que des erreurs; mais, en voici un autre bien plus grave, car on l'accuse de falsifications.

Tout le monde sait que la Statistique impériale, œuvre d'un gouvernement, qui excitait bien mieux l'admiration que la sympathie, rencontra, même dans les temps de la prospérité de Napoléon, une grande défiance et de sourdes oppositions. Ce fut bien pire encore quand la victoire longtemps fidèle eut trahi l'Empereur. Alors la science qu'il avait favorisée, fut déclarée vaine et frivole, fausse et impossible. Elle fut proscrite par la Restauration, qui, dès le mois de décembre 1814, supprima jusqu'aux tableaux statistiques de l'agriculture; parce que, disait la circulaire ministérielle, ils étaient d'une confection minutieuse trop difficile. On pouvait tout aussi bien, pour pareille cause, stigmatiser toutes les opérations arithmétiques, et en rejeter l'usage. Il fut ordonné de remplacer ce travail numérique, par un simple rapport, qu'on désigna fort singulièrement par le nom de Compte moral des récoltes. On conçoit parfaitement que rien n'était plus inutile qu'une Statistique agricole, à des hommes d'État, dont les connaissances économiques étaient si profondes, qu'ils prétendaient que la France produisait beaucoup trop.

Pour justifier le procédé sauvage de l'abolition de la Statistique, qui avait été placée par Napoléon, au rang des attributions ministérielles et dotée au budget de l'État, on n'hésita pas à la flétrir par une accusation de corruption. On prétendit que l'Empereur la falsifiait au gré des intérêts de sa politique, et l'on interpréta jusqu'à son silence comme un témoignage de sa servitude. On publia que les mouvements de la population avaient été supprimés, pendant les dernières années de l'Empire, afin de cacher au pays les immenses pertes que la guerre lui faisait éprouver ; et l'on affirma que les tableaux de ces mouvements étaient falsifiés par un ordre du cabinet impérial, pour mieux tromper l'opinion publique sur cet objet important. Un écrivain recommandable alors par la violence de sa haine contre Napoléon, sir Francis d'Ivernois, soutint cette assertion, et la répandit en Europe, par le moyen de la Bibliothèque de Genève, Revue qui obtenait à cette époque un grand succès. Cette fable fut accréditée dans les pamphlets de Peltier, Lewis Goldsmith, Martinville, et autres écrivains de même sorte, et dans ces derniers temps, elle a été reproduite malheureusement par deux auteurs qui, sans doute, en ignoraient la fausseté et l'origine impure. C'est une insigne calomnie qui n'a pas le moindre fondement. Les tableaux des mouvements de la population, par départements et par arrondissements, existent en originaux, aux archives du royaume, et s'étendent de 1800 à 1815, sans aucune lacune. Chacun peut les consulter et se convaincre qu'ils n'ont subi, dans leur exécution ou postérieurement, aucune altération. Le devoir de compulser, vérifier et décomposer ces documents, nous ayant été imposé, pour faire le second volume de la Statistique générale du royaume, nous n'avons pas découvert, dans cette vaste collection, le plus léger indice de fraude. Les erreurs de calcul qui s'y trouvent, sont de la nature de celles que commettent ordinairement des employés peu expérimentés, et l'on ne saurait rien en induire contre la véracité des chiffres, attendu qu'elles agissent tantôt dans un sens et tantôt dans un autre.

Non-seulement on n'avait point songé à falsifier les mouvements de la population, mais encore on ne s'était pas mis en position de le faire, car on ne s'était pas même occupé d'en terminer les tableaux et d'en additionner les longues et nombreuses colonnes. Il nous fallut soumettre toutes ces pièces originales, au calcul, comme si les chiffres venaient d'en être recueillis, tandis que, depuis toute une génération, ils étaient restés muets et inutiles, dans la poussière des archives. L'impossibilité de les faire parler, garantit pleinement leur innocence.

Ces tableaux ne sont, d'ailleurs, que les relevés numériques des actes civils auxquels chacun pouvait à son gré, les comparer dans les registres des mairies. Il aurait donc fallu que les falsifications eussent été faites dans les écritures de ces registres; or, on ne pouvait les y opérer qu'en mettant dans la confidence de cette iniquité les Maires et leurs adjoints, au nombre de 80,000. Si l'on prétend que les faux étaient commis, dans les relevés des Préfets, il faut supposer que ces magistrats, les premiers de l'ordre administratif, se rendirent coupables de ce crime, pendant plusieurs années consécutives, en confiant son exécution à une multitude de complices, qui transformèrent les bureaux des Préfectures en ateliers de contrefacteurs, sans que le secret en ait transpiré.

Et quel était l'objet de ces colossales falsifications de papiers d'État? Celui, a-t-on dit, de tromper le public, en faisant paraître les naissances toujours plus nombreuses que les décès. On ne peut s'expliquer comment on a pu méconnaître que, pour établir ce résultat, il n'y avait aucun besoin d'altérer les chiffres de la Statistique. C'est un fait indubitable et manifeste que dans une population de trente millions d'habitants, quel que soit le fléau meurtrier qui sévit sur eux, les naissances sont naturellement et constamment plus nombreuses que les décès. Cela est ainsi, chez toutes les nations de l'Europe, depuis soixante ans ; et c'est un progrès si important de notre siècle, un témoignage si éclatant des bienfaits de la civilisation, qu'il n'est permis à personne de l'ignorer.

La guerre, qui, à la vérité, énerve les populations par sa longue durée, ne diminue pas sensiblement le nombre des habitants d'un grand pays. Elle agit comme les irruptions des maladies contagieuses, dont la mortalité, bien autrement considérable, est néanmoins réparée par le rapide accroissement du nombre des naissances, qui bientôt n'en laissent aucune trace. Ce serait nier la lumière de l'histoire que de vouloir contester ce fait.

L'augmentation de la population de la France ne fut, de 1821 à 1831, que de 2,108,000 personnes. Dans les dix années suivantes, elle fut de 3,770,000 ou moitié plus grande et au delà ; et pourtant, dans cette seconde période, le Choléra asiatique régna pendant deux ans, et tua plus de 150,000 habitants ; mais l'année qui suivit son apparition, vit le singulier phénomène d'un accroissement de 40,000, dans le nombre des mariages.

De 1811 à 1815, pendant les plus sanglantes campagnes dont l'histoire moderne garde le souvenir, la population de la France, bornée à ses anciennes provinces, s'augmenta par le seul excédant des naissances sur les décès de 707,000 individus ; et, de 1806 à 1810, période des grandes batailles de l'Empire, elle s'accrut de 781,000. Ainsi, elle gagna 142,000 personnes, chaque année, pendant la première de ces deux périodes meurtrières ; et 156,000, pendant la seconde. Les faits expliquent aisément ces chiffres, et montrent que les vides produits dans la société, par une mortalité extraordinaire, permettent aux héritages, aux promotions, aux mariages, aux naissances, de se multiplier encore plus, et de fournir une génération nouvelle plus nombreuse que celle moissonnée par les combats ou les épidémies.

Puisque ce fait de l'excédant des naissances sur les décès, et de l'accroissement de la population, quelle que soit la mortalité causée par la guerre ou les maladies, est un phénomène naturel, qui est constant dans notre siècle, la politique impériale n'avait point à s'embarrasser de le produire, par des manœuvres coupables ; et personne ne refusera de croire que l'Empereur fût assez bon statisticien pour savoir que c'était un résultat acquis sans qu'il fût nécessaire d'y faire intervenir aucune fraude.

En résumé, la falsification des documents officiels était fort inutile, puisqu'elle ne pouvait avoir d'objet ; elle était impossible, car pour l'exécuter, il aurait fallu que la moitié de la France fût dans la confidence des moyens employés pour tromper l'autre moitié ; enfin, ce qui rend tout débat superflu, c'est que l'assertion de cette falsification est complétement détruite par des preuves matérielles dont le témoignage est péremptoire et irré-

cusable. Mais il reste de cette accusation tout l'o-
dieux d'avoir voulu noircir la mémoire de l'Empereur, imputer à l'administration en masse le
crime de faux en écritures publiques, frapper de
suspicion les documents numériques de notre histoire, et montrer la France aux étrangers, comme
un pays sans foi, où l'on pervertit jusqu'aux actes
de l'état civil.

CHAPITRE IX.

Progrès contemporains de la Statistique.

S'il est une preuve décisive de l'éminente utilité de la Statistique, c'est son institution dans tous les pays policés de l'Europe et de l'Amérique, aussitôt que la paix a permis à leurs gouvernements de rechercher et d'adopter des moyens d'administration rationnels et bienfaisants.

Cet empressement presque général est digne d'éloge, car si la Statistique est une véritable nécessité des constitutions représentatives, elle pouvait, par cette seule intimité, porter ombrage aux autocraties ; et il n'est pas sans mérite, à des monarques absolus, d'avoir abandonné, du moins à l'égard des chiffres, les vieilles traditions des secrets d'État, et d'avoir ouvert à l'examen, quelques-uns des récès de leurs chancelleries. C'est un progrès dû à la Statistique, et dont elle a droit de se glorifier.

Si l'on s'étonnait qu'un succès aussi désirable se fût fait attendre si longtemps, nous remarquerions que, malgré leurs prétentions à une antiquité de 1000 à 1500 ans, nos sociétés modernes sont en réalité si nouvelles, que c'est à grand peine qu'elles ont eu le temps de s'occuper à devenir meilleures et plus heureuses. En effet, qu'était la France avant Louis XIV ; — l'Angleterre avant sa révolution de 1688 ; — la Prusse avant le grand Frédéric ; — l'Autriche avant Joseph II ; — la Russie avant Catherine ou même Alexandre ? — Et, depuis ces règnes mémorables, qui seuls ont fait davantage, qu'ensemble tous les règnes dont ils ont été précédés, quelles longues périodes n'ont pas été enlevées au travail de l'amélioration des peuples, par la guerre, par les révolutions, par l'impuissance ou l'apathie des souverains ou de leurs ministres ! Rien n'est malheureusement plus certain : dès qu'un État emploie ses forces à des conquêtes ou à sa propre défense, il cesse de pouvoir agrandir ou perfectionner sa civilisation. Cette fatale impuissance est indiquée par l'anéantissement de la Statistique, dont on se hâte d'étouffer les révélations, quand elle ne peut plus enregistrer que des signes de décadence. Ainsi, celle de la France, instituée par Louis XIV, après le traité de Riswick, fut abandonnée pendant la guerre de la succession d'Espagne, suivie des désastres de Hochstedt, Ramillies et Malplaquet. Un siècle plus tard, les mêmes événements historiques produisirent les mêmes résultats ; la Statistique, rétablie en 1802, après la paix d'Amiens, par le premier Consul, fut détruite en 1813, après la catastrophe de Leipsick, qui ouvrit l'abîme où devait se perdre l'Empire.

10.

Une paix profonde, dont la durée est sans exemple, a fait naître une admirable émulation entre toutes les nations de l'Europe, pour réparer les maux de toutes ces guerres, et pour arriver enfin à une grande prospérité. La Statistique, qui enregistre les besoins des peuples, est l'âme des entreprises, conçues dans un objet d'utilité publique; et partout, aujourd'hui, on s'en occupe avec ardeur, pour obtenir de ses travaux les enseignements les plus essentiels aux affaires de l'État. Nous indiquerons succinctement ceux de ces travaux qui manifestent les progrès les plus récents de la science, dans les principaux pays des deux hémisphères.

I. — L'ANGLETERRE est la première puissance de l'Europe qui, depuis la paix, ait entrepris une Statistique générale, officielle. Elle était bien préparée à ce travail par les explorations partielles qu'exécutent chaque année les comités des deux Chambres du Parlement, pour élucider des questions d'intérêt social; usage qui lui donne l'avantage de posséder, sur beaucoup de sujets, des chiffres remontant à d'anciennes époques, et, de plus, celui d'avoir des hommes d'État capables d'apprécier les opérations statistiques, et même aptes à les exécuter eux-mêmes *. Mais plusieurs influences locales atténuent l'effet de ces circonstances favorables. Il en est deux fort puissantes : l'une est le défaut de

---

* Notamment lord John Russel, sir Robert Peel, lord Normanby, M. Joseph Hume, lord Auckland, M. Baring, etc.

centralisation administrative; l'autre est l'autorité que conservent des corporations, des juridictions exceptionnelles, des établissements religieux, et une haute aristocratie, héritière des barons féodaux, tous mal disposés à confier au gouvernement ou au public les détails numériques de leur immense fortune territoriale. Ces causes, qui restreignent en Angleterre les matières accessibles à la Statistique, empêchent entièrement de les atteindre, en Écosse et en Irlande, par aucune investigation; en sorte qu'on est obligé de tenir ces deux pays en dehors de toutes les recherches d'économie sociale, faites officiellement, et que les chiffres qu'on leur attribue n'ont pas d'autre valeur que celle qu'on peut accorder à des conjectures. Il s'ensuit que le territoire du Royaume-Uni, qui est de 31 millions d'hectares, se trouve réduit à 15 par cette défalcation; ce qui renferme la Statistique anglaise dans les limites où la France serait circonscrite, si nos travaux n'embrassaient que 43 départements au lieu de 86. On ne doit pas laisser échapper que la moitié du Royaume-Uni, qui est la seule explorée, étant incomparablement la plus prospère, les chiffres de ses moyennes seraient abaissées de beaucoup, s'ils comprenaient les parties du territoire qui en sont exclues. On aurait un exemple de cette inégalité de valeur entre des divisions d'un même pays, si l'on séparait la France en deux grandes régions d'une étendue pareille. Il se trouverait, entre les départements du Nord et ceux du Midi, une différence, dans la valeur des produits agricoles, de plus de 26 sur 100. Pour le Royaume-Uni, cette différence serait au moins de 60.

Ce fut lord Auckland, alors président du Bureau du commerce, qui établit en 1832 la Statistique officielle de l'Angleterre : il en confia la direction à M. G.-R. Porter, qui en a poursuivi l'exécution depuis quatorze ans avec une rare persévérance, et qui a publié presqu'autant de volumes qu'il s'est écoulé d'années. Ce travail forme la collection de faits numériques la plus grande et la plus variée qui ait jamais été publiée par aucun gouvernement; il réunit diverses matières traitées séparément en France : les tableaux de commerce de nos douanes, ceux de la justice criminelle, des caisses d'épargnes, des mines, etc. Comme il n'en fait point un objet spécial, il ne les développe pas avec la même étendue que leur donnent nos documents. On reproche à cette Statistique de manquer de division méthodique, ce qui rend difficile de la consulter, et l'on s'étonne que son exécution typographique soit tellement défectueuse qu'elle ajoute beaucoup à cette difficulté. C'est une particularité extraordinaire, dans un pays où l'on a inventé un mot spécial pour exprimer l'art de bien faire les livres *.

En France, la Statistique officielle est exécutée sous l'autorité du Ministre de l'agriculture et du commerce, qui la présente au Roi avec un rapport,

* Book-Making.

et la fait distribuer aux Chambres. En Angleterre, elle est dressée au Bureau du commerce, sous l'autorité du Président, et présentée aux Chambres au nom de la Reine. D'après une décision de lord Auckland, le chef qui l'a faite doit la signer, « parce qu'en ayant eu la peine il doit, dit le Ministre, en avoir le mérite. » En France, d'après des antécédents qui remontent à M. de Peyronnet, la Statistique est un document ministériel, signé par le Ministre compétent qui en est supposé responsable, ce qui attire naturellement à une œuvre de chiffres les attaques systématiques de l'opposition, soit au Parlement, soit dans la presse, tandis qu'en Angleterre on ne songe pas plus à en faire un sujet de polémique, que si c'était un recueil d'actes notariés. Il est remarquable et singulier que le même objet ait été compris si différemment dans deux pays voisins qui se proposent le même but.

Les recensements sont décennaux en Angleterre, au lieu d'être quinquennaux comme chez nous; ils remontent seulement, ainsi qu'en France, à l'année 1801, quoiqu'on ait quelques chiffres peu certains pour des époques antérieures; ils ne comprennent point, comme les nôtres, l'état civil des personnes; mais ils donnent de plus qu'eux les âges par séries, donnée intéressante qu'il est plus facile de recueillir pour une population de 15 millions d'habitants que pour une de 35. Jusqu'en 1836, ils ont été dirigés dans leur exécution par M. Rickmann, qui avait consacré sa vie à ce travail. C'est maintenant l'administration de l'Enregistrement des naissances et des décès qui en est chargée, et l'on doit attendre de son activité et de ses lumières des opérations améliorées.

Cette administration fut établie, en 1836, par un acte du Parlement, dans l'objet de dresser et enregistrer tous les actes civils : naissances, mariages et décès. Elle est formée de 3,700 officiers publics de différentes attributions. Elle publie, chaque année, un rapport sur les mouvements de la population en Angleterre. Ce document, dont il est fait deux éditions afin de le rendre aussi correct que possible, est présenté aux deux Chambres pendant leur session. Son intérêt est augmenté de beaucoup par la comparaison des résultats obtenus par les mêmes sortes d'investigations, dans une grande partie des États de l'Europe. Un officier de l'armée anglaise, le major George Graham, dirige ce beau et difficile travail ; il est parfaitement secondé par M. William Farr, que cette œuvre a placé au rang des bons Statisticiens de l'Europe.

Dans un cadre moins étendu, M. Redgrave résume chaque année, au ministère de l'intérieur, les documents de la Statistique judiciaire de l'Angleterre, ouvrage consciencieux qui exige beaucoup de courage et de résignation ; car les progrès du crime en font une triste tâche, et les vieilles traditions de la magistrature anglaise rendent cette tâche très-difficile. C'est pis encore en Écosse et en Irlande où elle devient presqu'impossible. Sans les obstacles qu'élève son organisation civile, l'Angleterre serait le pays le plus favorable aux recherches statistiques. Les habitudes du commerce et de l'industrie y familiarisent, avec le calcul, une grande partie de la population, et les débats parlementaires en font continuellement l'application aux intérêts publics. C'est pourquoi la Société de Statistique de Londres rassemble un plus grand nombre d'hommes distingués par leur savoir et par d'utiles travaux, qu'on ne pourrait en réunir dans aucun autre pays de l'Europe.

II. — LA PRUSSE cultivait la Statistique avec succès, il y a déjà plus d'un siècle. Le grand Frédéric découvrit avec la pénétration d'un esprit supérieur que cette science, où Sussmich ne voyait que des spéculations sur les harmonies du monde, pouvait lui donner des notions précieuses, pour le gouvernement de son royaume; il s'en servit habilement pour la levée des impôts et des troupes; et il lui pardonna ses révélations quelquefois indiscrètes, en faveur de son éminente utilité. Les successeurs de ce prince n'en prirent pas plus d'ombrage que de l'arithmétique; et le roi Frédéric-Guillaume III l'éleva, en 1806, au rang de science officielle, en créant, à l'imitation de Napoléon, un Bureau de Statistique à Berlin, et en l'attachant, avec de larges attributions, à la Secrétairerie d'État. Cette institution n'a point souffert, en Prusse, des vicissitudes de la politique, tandis qu'en France il a fallu la restaurer trois fois en l'espace de quarante ans. Sa longue durée lui a donné de grands avantages, dont elle a profité pour recenser la population chaque troisième année; — pour relever, par sexe et par état civil, les naissances annuelles, et constater les mariages et les décès; — pour dénombrer les animaux domestiques; — pour dresser le tableau des écoles; — et pour rechercher le nombre des manufactures, mines, distilleries, brasseries, moulins et autres établissements industriels soumis au fisc par une taxe. Dans ces dernières années, le Zollverein, c'est-à-dire l'union des États principaux de l'Allemagne en un seul corps commercial, achetant et vendant, d'après une législation de douanes, communes à tous, a exigé des travaux statistiques spéciaux, très-détaillés. Un homme de conscience et de talent, M. Diétérici, directeur de la Statistique Prussienne, a été chargé de cette entreprise, et l'a parfaitement exécutée, avec le concours des 39 États alliés. C'est la première fois, en Europe, que des pays différents se fédéralisent sous la bannière de la science, pour produire une œuvre d'économie sociale, exprimée par des termes numériques, et à laquelle chacun participe fraternellement. Puisse cet exemple inspirer à d'autres peuples la pensée de faire ainsi en commun une foule de choses utiles, qui ne réussissent qu'imparfaitement quand l'entreprise en est isolée!

Le Bureau de Statistique de Prusse a été compris, en 1844, dans le ministère des finances; et ses attributions ont été agrandies par des investigations sur les États étrangers. Il faut reconnaître que les progrès de la Statistique, en Prusse, sont dus au bon esprit du gouvernement et des populations; mais on ne peut nier qu'ils ne doivent beaucoup au choix que fit le roi Frédéric-Guillaume, de M. Hoffmann, pour les fonctions de directeur, qu'il a dignement remplies pendant quarante ans, et que la vieillesse seule lui a fait abandonner.

III. — LA SUÈDE. L'institution de la Statistique de Suède date de 1749, cinquante ans après celle de la Statistique de France, sous Louis XIV ; mais celle-ci fut anéantie au bout de quelques années, tandis que la première a duré jusqu'à ce jour, sans interruption, dans le long espace d'un siècle. Elle prit son origine au milieu de l'Académie des sciences de Stockholm, et compta l'illustre Linnée au nombre de ses premiers collaborateurs. Il ne faut pas croire toutefois qu'elle s'établit sans obstacles ; il lui arriva plus d'une fois d'être réduite à clore un recensement qui avait encore des lacunes de deux ou trois provinces, à commencer par celle où la capitale est située. Néanmoins, il n'est point d'autre Statistique qui ait fourni une aussi longue carrière, et qui se soit étendue à autant d'objets différents. La population n'étant que de deux à trois millions, on pouvait, sans beaucoup de peine, l'explorer sous tous les rapports, et le savoir des Statisticiens suédois n'était pas au-dessous de leur tâche. Ce furent eux qui dressèrent, d'après leurs documents, les premières tables de mortalité qui aient été faites. Il est remarquable qu'ils ne se proposèrent, dans ce travail, aucun autre objet que celui de rechercher scientifiquement la longévité humaine.

La Statistique de Suède a été longtemps marquée au caractère de son origine académique; elle était plus savante qu'utile; elle s'est modifiée avantageusement pendant ces dernières années, et elle s'est appliquée à devenir économique. Le colonel Forsell, qui est un Statisticien distingué, a beaucoup contribué à ses progrès récents.

Dans un pays, où les hommes d'État et les savants parlent le français avec la pureté des écrivains du siècle de Louis XIV, il serait très-facile de faire, dans notre langue, un résumé de la Statistique suédoise, qui serait ainsi porté à la connaissance de l'Europe. Les résultats qu'on y trouverait seraient d'un grand intérêt, car aucun autre pays ne possède une si longue suite de faits numériques constatés. Nous engageons nos amis de Stockholm, à presser M. Forsell de remplir cette tâche; elle ne peut être en de meilleures mains.

IV. — LA RUSSIE. On croit assez communément que le peuple entré le dernier dans les voies de la civilisation, doit être à tous égards en arrière de ceux qui l'ont devancé; et l'on suppose surtout qu'il leur est inférieur dans les connaissances nécessaires pour bien gouverner et administrer la société. Il faut pourtant convenir qu'il n'en est pas tout à fait ainsi de la Russie, et qu'elle peut le disputer avec avantage, par plusieurs de ses institutions civiles, à quelques-unes des nations qui s'enorgueillissent d'être les héritières directes de la sagesse des Romains. La Statistique en porte un témoignage remarquable. Ses opérations datent, pour ainsi dire, de la fondation de l'Empire ou du moins de son organisation. Ce fut Pierre-le-Grand qui établit, en 1722, l'enregistrement des naissances, des mariages et des décès, et qui, l'année suivante, fit faire le premier recensement de la population, prescrivant qu'il fût renouvelé tous les vingt ans. En France, la première de ces pratiques était alors fort mal suivie, et la seconde était tombée en désuétude. Catherine II compléta la législation rélative à l'enregistrement des actes civils; elle ordonna qu'il en serait fait un relevé annuel dont une copie serait déposée au Sénat et l'autre au Saint-Synode. Ces mesures ont toujours été exécutées depuis cette époque, en sorte que la Russie possède la Statistique des mouvements de sa population pendant un siècle révolu, période double de la France, et qui est quatorze fois celle de l'Angleterre. Il est fait deux copies de ce document : l'une comprend tous les mouvements, sans distinction de la communion des individus; l'autre n'admet que ceux des habitants de la religion grecque. Celle-ci fut longtemps la seule rendue publique. Mais, dans ces derniers temps, la première a été communiquée à plusieurs savants. On apprend, par elle, qu'en 1842 il y eut en Russie :

$$2,205,422 \quad \text{naissances,}$$
$$1,856,183 \quad \text{décès,}$$
$$1,002,700 \quad \text{mariages.}$$

Au total, plus de cinq millions d'actes civils, ou les trois cinquièmes de plus qu'en France ; et encore manquait-il ceux de plusieurs provinces d'Asie. Le travail du recensement a vingt fois cette étendue, puisqu'il embrasse 60 millions d'habitants, dont plus de 50 ont été énumérés dans la dernière, révision. Sans doute cette vaste opération est presqu'incompatible avec l'exactitude qu'on exige maintenant de la Statistique ; mais il y a tant de courage à exécuter une si grande entreprise, et il faut pour l'achever un si merveilleux concours de volonté, de persévérance et de capacité, qu'on ne doit trouver que des éloges pour une telle œuvre, et désirer qu'on fasse aussi bien dans des pays où les bornes de la population la rendraient vingt fois plus facile.

V. — L'Autriche. Il y a certainement des races d'hommes qui ont une aptitude spéciale pour les chiffres. Voyez la race allemande ! aussitôt qu'elle paraît sur la scène du monde, ses lois, qui sont les premiers documents statistiques du moyen âge, se remplissent de nombres et de proportions numéri-ques dont les combinaisons forment un code pénal approprié à son état social *. Plus tard, son génie se développe dans la race normande, qui cadastre et recense l'Angleterre, comme si le secours des sciences exactes lui avait été accordé. La féodalité suspend l'exercice de ce don naturel, en morcelant, par fiefs, les territoires et les populations; mais, aussitôt que la puissance monarchique est parvenue à former, de tous ces lambeaux, des unités politiques, les Allemands recouvrent leurs anciennes inspirations et recommencent à chercher l'expression arithmétique des faits sociaux. Au milieu du XVIII siècle, ils font une science usuelle et populaire de la Statistique fastueuse de Louis XIV; et ils croient l'avoir inventée, en la rendant utile et pour ainsi dire d'une pratique domestique. On sait que, sans examiner si l'antiquité n'avait pas fait de la Statistique pendant trois à quatre mille ans, un professeur de Gottinguen s'imagina avoir découvert cette science parce qu'il lui avait assigné un nom. Non-seulement l'Allemagne le crut avec lui, mais la France ajouta foi à cette invention prétendue; et Bachaumont l'annonça, en 1748, dans ses mémoires historiques. Il raconta même qu'elle possédait un secret merveilleux pour connaître jusqu'au nombre d'œufs produits annuellement dans un pays : froide plaisanterie qui ne fut pas perdue, et qui, soixante ans après, fut reproduite pour ridiculiser la Statistique impériale.

* Loi Salique, Ripuaire, Bourguignonne.

Que cette science nouvelle fût accueillie par un roi philosophe, comme Frédéric le Grand, qui ne reculait devant aucune innovation, on doit peu s'en étonner ; mais le souverain de l'Autriche, dont la domination continuait le Saint-Empire Romain, devait regarder, comme médiocrement orthodoxe, une science de libre examen. Cependant l'influence de l'origine l'emporta ; et, dès 1754, l'empereur François Ier prescrivit, par un décret, l'exécution de plusieurs opérations statistiques propres à faire connaître les populations des États héréditaires. Joseph II les étendit, en 1785 et 1787, à la Hongrie, où l'esprit de race et celui d'opposition arrêtèrent leurs applications. En 1804, des dispositions mieux concertées furent adoptées par la diète ; et plus tard le prince de Metternich les a complétées comme l'expérience le faisait désirer. Sous l'autorité de ces actes du gouvernement, il est fait, chaque troisième année, un recensement général de la population des domaines de l'Autriche, par sexes, par classes, et par catégories d'âges. Les mouvements annuels sont relevés par le clergé, qui est chargé des fonctions de nos officiers civils ; et des tables sont dressées par communes, par districts, par provinces, sous la surintendance des fonctionnaires publics. La surface du territoire a été déterminée par les opérations géodésiques du corps des ingénieurs ; mais la Statistique agricole reste entièrement à faire, et celle de l'industrie est à peine ébauchée.

VI. —LA FRANCE est, de toutes les grandes puissances, celle dont la Statistique est la plus étendue, la plus avancée et la plus régulière ; mais elle possède sur le passé moins de chiffres que la plupart d'entre elles, ce qui s'explique par les vicissitudes que cette institution a subies.

Avant qu'aucun autre pays eût entrepris rien de semblable, la Statistique naquit, sous Louis XIV, de la pensée du grand roi, à l'époque où la France devint, par la gloire de ses armes, la supériorité de ses institutions et le génie de ses œuvres intellectuelles, le premier Empire du monde moderne. Les plus beaux noms de ce siècle immortel, ceux de Colbert et de Vauban, illustrèrent son berceau. Elle s'éclipsa pendant tout le siècle suivant, et ne reparut que sous les auspices de l'Empereur, pour s'associer à ses victoires, en organisant ses conquêtes. Proscrite avec lui, elle ne trouva grâce, au bout de quatorze ans, que pendant le Ministère bien intentionné, mais éphémère *, dont la chute fut le présage d'une grande catastrophe politique. Bientôt, en 1830, une nouvelle ère s'étant ouverte, il devint enfin possible à la Statistique de réaliser, sous un règne de paix et de prospérité sans exemple dans notre histoire, les projets conçus par Louis XIV, l'Assemblée nationale et Napoléon. L'institution de la Statistique générale du royaume fut rétablie, en 1833, par le Gouvernement, avec l'approbation des Chambres, et à la satisfaction de tous les esprits

---

* Ministère Martignac.

éclairés. Voici quelle fut l'occasion de cette réso-
lution :

La Statistique officielle de l'Angleterre venait de
paraître, et son premier volume, qui avait été traduit au département du Commerce, avait excité
beaucoup d'intérêt. Le Conseil des ministres reconnut la nécessité de faire pour la France une
publication semblable. Le projet en fut adopté una-
nimement ; et, comme on ne pouvait douter des
difficultés de son exécution, qui avait déjà échoué
trois fois, chaque membre du cabinet s'engagea à
y concourir de tout son pouvoir ; engagement qui a
été tenu fidèlement pendant une période de quinze
ans, malgré les changements opérés par le temps
dans les hommes et dans les choses. Ce service public fut confié à M. Moreau de Jonnès, qui était
déjà chargé depuis six ans de la Statistique commerciale. Les Chambres, appréciant l'utilité de
cette entreprise pour leurs propres travaux comme
pour ceux de l'administration, votèrent des fonds
pour l'impression du premier volume ; et leur approbation, renouvelée d'année en année, s'est déjà
répétée 14 fois. Jamais ouvrage de Statistique ne
reçut une sanction légale aussi manifeste.

La décision du cabinet de 1833 porta non-seulement sur l'Institution de la Statistique générale du
royaume, mais encore sur sa centralisation au Ministère du commerce, qui fut chargé de l'exécution
de toutes ses parties. Cette disposition était con-
forme à ce qui a lieu en Angleterre, où le départe-

ment de la Statistique est, depuis sa création en 1832, l'une des attributions du Bureau du commerce. Elle rétablissait ce qui avait été statué en France lorsque, en 1828, le Ministère du commerce fut réorganisé par le cabinet Martignac. La Statistique générale forma l'une de ses divisions. Le choix de ce département était justifié d'ailleurs par sa spécialité ; car il est chargé de l'examen des questions économiques que la Statistique seule permet de résoudre, et de plus il réunit dans ses attributions l'agriculture, l'industrie, le commerce intérieur et extérieur, c'est-à-dire les parties de la Statistique générale les plus étendues et les plus difficiles à explorer.

Quant à la centralisation de la Statistique dans un département unique, personne alors ne crut qu'on pouvait mettre en doute son utilité, qui est reconnue par toute l'Europe. Il fut compris implicitement que chacun des ministères continuerait à faire des travaux statistiques spéciaux pour le service de son administration ; et qui que ce fût n'imagina qu'il fût nécessaire ou même qu'il fût possible d'instituer autant de Statistiques qu'il y avait de départements ministériels. Un tel projet aurait paru d'autant plus impraticable, qu'il était fort incertain qu'on pût, au lieu d'une dizaine de Statistiques, en exécuter seulement une seule ; et il était bien permis d'en douter, puisque déjà trois fois cette entreprise avait avorté, malgré la puissance vigoureuse des souverains qui l'avaient prescrite.

11.

Cette fois la Statistique générale a eu plus de bonheur; et, protégée par la tranquillité publique, par la diffusion des connaissances nécessaires à ses cent mille collaborateurs, par la centralisation administrative, par l'opinion générale de son éminente utilité, par l'heureuse rencontre de quelques esprits supérieurs et bienveillants qui lui ont accordé leur assistance, elle a poursuivi le cours de ses travaux pendant quinze ans, malgré les nombreuses difficultés des choses et les obstacles que quelques hommes malfaisants ont jetés sur sa route. Voici ses publications par ordre de dates.

1° *Documents statistiques sur la France*, contenant le programme de la collection et un spécimen. 1835. Un volume grand in-4° de 236 pages. Il s'y trouve une série de tableaux sur les finances, ayant un grand intérêt historique.

2° *Territoire et population*, 1837. Un volume de 544 pages, contenant une description de l'état physique du territoire, la collection des dénombrements du royaume et celle des mouvements de la population des départements et des villes. Aucun autre pays ne possède sur cette matière une série de documents aussi étendus et aussi riches en détails d'une authenticité parfaite.

3° *Commerce extérieur*. 1838. Un volume de 560 pages. Il expose en deux parties le tableau du commerce de la France avec chacune des puissances des deux hémisphères, et l'histoire commerciale, en chiffres, de chacune des marchandises importées ou exportées. Ce travail remonte à 1815, et contient des données inédites sur les époques antérieures à la révolution.

4° *Statistique de l'Agriculture de la France.* 1840, 1841 et 1842. 4 volumes de 1500 pages. C'est le plus grand travail de Statistique, agricole et économique, qui ait été entrepris et achevé. Il a exigé six années et le concours de tous les administrateurs des départements du royaume.

5° *Administration publique.* 1843 et 1844. 2 volumes de 480 et 470 pages, contenant la Statistique des établissements de bienfaisance et celle des établissements de répression; savoir : 1° Les enfants-trouvés, les hôpitaux et hospices, les aliénés, les bureaux de bienfaisance et les Monts-de-Piété; — 2° Les prisons départementales, les maisons de correction, les dépôts de mendicité, les maisons centrales de détention et les bagnes.

6° *Statistique de l'Industrie.* 1846, 1847, 1848. 4 volumes de 1500 pages, contenant : La Statistique des Manufactures et exploitations, et celle des Arts et métiers. Ce travail qui fut projeté en 1788, 1810 et 1828, mais qui faillit chaque fois dans son exécution, expose, *par établissements,* quelle est la production industrielle de la France, en quantités et en valeurs, par localités et par nature de produits.

VII.—LES ÉTATS-UNIS présentent dans leur histoire un phénomène qui n'a pas d'autre exemple; c'est celui d'un peuple qui institue la Statistique de

son pays, le jour même où il fonde son État social, et
qui règle, dans le même acte, le recensement de ses
concitoyens, leurs droits civils et politiques et les
futures destinées de la Patrie. La Charte constitu-
tionnelle du 17 septembre 1787 prescrit, article 1ᵉʳ,
section 2, qu'un dénombrement général des habitants sera fait trois ans après la première réunion
du Congrès, et ensuite de dix ans en dix ans. Une
loi spéciale prononce une amende de cent francs
contre celui qui ne remettrait pas à l'époque fixée
la liste des personnes composant sa famille, avec
l'indication de leur sexe, couleur, âge et condition.
Copie de cette liste doit être affichée pour recevoir
toute publicité. Les inexactitudes, ou seulement
l'exécution tardive des relevés, constituent, de la
part des agents du recensement, des délits punis de
1000 francs d'amende. On voit que la Statistique
était prise au sérieux, il y a déjà 70 ans, chez un
peuple qui, tout jaloux qu'il est de ses libertés,
n'hésite pas à punir, comme une infraction coupable, ce qu'on regarde ailleurs comme des actes sans
conséquence ou même comme de futiles contra-
ventions. C'est aux États-Unis un devoir civique
dont l'importance parut si grande au Congrès pré-
sidé par Washington, et où siégeaient Madison, Li-
vingston et Franklin, qu'il prononça des peines
contre l'habitant ou le magistrat qui le négligerait.

Les recensements généraux des États-Unis ont
été exécutés, quelles que fussent les occurrences pu-

bliques, en 1790, 1800, 1820, 1830 et 1840. Ils
sont faits maintenant par sexes, par catégories d'à-
ges, par conditions civiles; et l'on y tient compte des
aveugles, des sourds et muets et des aliénés. La Statistique des grandes villes reçoit des développements
considérables. Si l'on en excepte la France, l'Angleterre, l'Autriche et la Russie, aucun État de l'Europe ne possède une population aussi grande que
celle de l'Union américaine, qui s'élève maintenant à
plus de 17 millions. Ce nombre considérable ajoute
d'autant plus aux difficultés des opérations statistiques, que les habitants sont répandus sur une
surface immense, presque sans bornes, et que dans
beaucoup d'endroits le pays est encore à l'état sauvage.

VIII. — Les pays que nous venons d'énumérer
ayant un vaste territoire et une population qui varie
de 15 millions jusqu'au quadruple, cette double
extension oppose aux opérations de leur Statistique
de nombreux et puissants obstacles. Et cependant,
c'est là précisément où ces opérations sont faites
avec habileté et persévérance, tandis que, dans une
grande partie des États secondaires, elles sont réduites à de faibles ébauches quoiqu'elles n'exigent
guère plus d'étendue que la tâche remplie par chacun de nos 86 Préfets. Quelques efforts fructueux
ont pourtant été tentés pendant ces dernières
années, et l'on doit espérer que la vieille tradition
de cacher les chiffres comme des secrets d'État, ne
prévaudra pas sur l'utilité qu'on retire déjà de ces

premières investigations. La plupart des souverains de l'Allemagne font exécuter des recensements triennaux très-détaillés et dignes d'éloges. Ceux de la Bavière, du Hanovre et de la Saxe, sont fort remarquables ; mais dans le Wurtemberg on déduit la population du calcul trompeur donné par l'excédant des naissances annuelles. Le Danemark, la Belgique et le Portugal sont moins avancés encore ; leur cadastre n'a point été entrepris, et même leur dénombrement n'a pas été fait depuis très-longtemps. Celui de la Belgique remonte à 1829. On doit le regretter d'autant plus que le recensement de la ville de Bruxelles, exécuté il y a quatre ans, est parfaitement conçu. Un autre plus méritoire encore, parce qu'il comprend quatre millions d'habitants, est celui du Piémont, fait en 1838. C'est un bel exemple offert aux Puissances de l'Italie.

L'Espagne, dont la population n'a point été recensée depuis un demi-siècle, ni les terres cadastrées depuis 100 ans, s'est émue à l'aspect des progrès de l'Europe. En 1841, le Régent prescrivit que la Statistique de l'Espagne serait préparée immédiatement ; et il institua, à cet effet, une commission spéciale sous la présidence de M. Madoz, député aux Cortès, et l'un des publicistes les plus savants de son pays. Deux jeunes gens distingués furent envoyés en France par ordre du gouvernement ; et sur la demande faite, à M. le Ministre de l'agriculture et du commerce, par M. Martinez de la Rosa, alors ambassadeur d'Espagne, ils furent attachés au Bureau de la Statistique générale de France, pour se former à la pratique du service auquel ils étaient destinés dans l'exploration de leur pays. Dans un rapport du Ministre de l'intérieur, adressé au Régent à ce sujet, il est déclaré que les connaissances statistiques sont la base de toute administration juste et paternelle, et que, sans elles, il est impossible de réaliser les améliorations nécessaires à la prospérité du pays. On ne peut assez regretter que des dispositions aussi favorables soient demeurées sans efficacité, et que les violentes agitations de l'Espagne aient toujours fait ajourner, depuis un demi-siècle, l'œuvre importante de la Statistique de ce beau pays.

En résumé, la Statistique a fait, pendant ces vingt dernières années, de grands et utiles progrès; elle est devenue parlementaire en Angleterre et en France, classique et populaire en Allemagne, administrative dans tous les pays policés. Tout permet d'augurer qu'elle continuera d'agrandir et de féconder son riche domaine. Toutefois, il ne faut pas s'y tromper, son avenir est lié intimement aux destinées paisibles des peuples. Les premiers coups de canon tirés en Europe, seront le signal de ses dernières opérations; et le faux système des inductions, le hasard, l'arbitraire, remplaceront encore, comme pendant si longtemps, le gouvernement rationnel des nombres. En confessant cette triste vérité, il faut dire, cependant, que l'utilité de la Statistique peut se prolonger au delà de ses travaux, et que,

longtemps encore après que la guerre l'aurait détruite, on pourrait se servir de ses œuvres. L'expérience prouve, en effet, que, malgré leur mouvement perpétuel, les choses ne sont point altérées
par le temps, dans leurs nombres élémentaires,
aussi profondément, du moins, qu'on l'imagine,
en observant les vicissitudes de chaque jour; et la
plupart des travaux statistiques donnent encore
plusieurs années après leur exécution des approximations suffisantes, pour la pratique des affaires.
Ces travaux auraient, de plus, l'avantage qu'au
retour de la paix, ils fourniraient des types, des
points de départ, des termes de comparaison, des
enseignements clairs et précis sur le passé de chaque
sujet économique, tandis que nous avons été privés
de tous ces secours, quand, il y a quinze ans, nous
avons commencé nos investigations.

Mais combien ne vaudrait-il pas mieux que la Statistique continuât ses opérations dans les deux hémisphères, sous la protection tutélaire de la paix?
Alors, elle se naturaliserait dans les pays, qui lui
sont restés étrangers, malgré les sympathies que
lui témoignent leurs plus grands citoyens et leurs
savants les plus illustres; elle étendrait et multi-
plierait ses travaux, dans les contrées, qui n'ont
encore osé entreprendre qu'un petit nombre des
plus faciles. Enfin, dans les États, où elle a fait
le plus de progrès, elle compléterait ses opérations
et les améliorerait en les réitérant; car, il faut bien
se le persuader, lorsqu'on doit exécuter des inves-

tigations, qui n'ont jamais été faites, et lorsque cette tâche doit embrasser, comme en France, un grand territoire et une immense population, on ne peut se flatter raisonnablement d'atteindre, dans un premier essai, le degré de perfection, auquel il est permis de s'arrêter.

L'Institution générale de la Statistique officielle assurerait d'importants avantages à la Société européenne et aux États qui la composent. En faisant connaître la production naturelle et manufacturière de chaque pays, elle préparerait les transactions commerciales, elle les dirigerait et les agrandirait. En montrant par des nombres les heureux effets de telle et telle mesure d'économie politique, elle enseignerait aux pouvoirs publics, quelle supériorité il est possible d'acquérir, par la prompte imitation des peuples les plus avancés en agriculture, en industrie et même dans la pratique perfectionnée des arts et métiers. En recueillant des termes numériques qui permettent de comparer entre elles, dans les moindres détails, les diverses contrées de l'Europe, elle dissiperait une multitude de préjugés et de préventions ; et l'exemple des succès, qu'obtiennent à force de persévérance quelques peuples mal favorisés, convaincrait peut-être les autres, de l'inanité des vanités nationales qui persuadent à chacun qu'il est le prototype de l'intelligence humaine.

L'usage constant, régulier et général de la Statistique, dans les affaires intérieures de chaque pays, serait, s'il se peut, encore plus fructueux que dans les relations internationales. Le cadastre, exécuté partout, rectifierait l'impôt, et le rendrait strictement proportionnel au revenu ; il n'y aurait nulle part de propriétaire qui en paierait le cinquième, tandis que d'autres sont seulement taxés au dixième. Le recensement distrairait exactement la population flottante de la population sédentaire ; et les contributions ne seraient partagées, en aucun lieu, entre des habitants réels et des habitants fictifs. D'autres opérations variées établiraient par des nombres certains une juste proportionnalité : —entre les levées militaires et les jeunes gens de chaque localité, ayant atteint l'âge légal, — entre les charges de la société et la richesse, — entre le travail et les salaires, — entre les services et les récompenses, etc.

Pour régler, en chaque chose, cette proportionnalité, qui est la base de toute société moderne bien organisée, et quelle que soit, d'ailleurs, la forme de son gouvernement, il faut évidemment mesurer, par le calcul, ce qui doit être partagé, rechercher ensuite le nombre des copartageants, et enfin déterminer la quote-part revenant à la charge ou au profit de chacun d'eux. La Statistique prépare et exécute ces opérations ; elle en met les résultats en lumière ; et fait briller leur vérité aux yeux de tous. Supprimez-la, et aussitôt l'ignorance des éléments de l'Économie sociale fera rétrograder la civilisation vers les confins de la barbarie. Le recrutement cessera d'être soumis à la loi des âges et à la proportionnalité des tirages ; il se fera au hasard et avec violence comme la presse anglaise, ou bien en masse, comme au temps de la république, ou par subornation et à prix d'argent, comme dans l'ancienne monarchie. — Les impôts délivrés des règles du cadastre et des recensements frapperont à l'aveugle ; mais ils n'atteindront, comme les avanies des Pachas turcs, que les riches qui seront à leur portée, et qui paieront pour les autres. — Les fonctions publiques, au lieu d'émaner de l'urne électorale, deviendront, comme autrefois, un apanage de la naissance ou de la faveur. — Dans le silence des chiffres statistiques, l'autorité ignorera qu'il y a :

Des villes où les hospices d'orphelins perdent aujourd'hui, comme pendant le xviiie siècle, deux nouveau-nés sur cinq ;

Des prisons où la moitié des décès se forme des détenus entrés dans l'année ;

Des communes rurales où la mortalité est, comme dans les Marais Pontins, d'un habitant sur seize ;

Des droits de douanes, qui prélèvent, comme au temps des Valois, 100 pour cent de la valeur des objets de consommation importés ;

Des octrois, qui, comme les péages féodaux, font payer 30 francs d'entrée pour un bœuf qui en vaut 200, ce qui enchérit la viande d'un 6e;

Un département où l'on compte, comme dans la Calabre, quarante-sept homicides sur 220,000 habitants, ou treize fois la proportion commune à toute la France.

Dans chacune de ces éventualités, la Statistique, dont le ministère est d'en révéler la perpétration, fournit à l'administration publique l'occasion de manifester ses talents et sa bienfaisance. Mais parfois il lui appartient de faire plus et mieux encore, en dirigeant, par ses chiffres, les graves résolutions, qui changent, pour les rendre meilleurs, les destins des nations. C'est elle qui a convaincu l'Angleterre que son Parlement, dont beaucoup de membres étaient nommés par une douzaine d'électeurs, tandis qu'il en fallait plusieurs milliers pour d'autres, devait être complétement réformé. C'est elle encore qui, montrant au même pays que, par l'effet de ses lois sur les céréales, il payait le blé 72 pour cent plus cher qu'en France, et 133 de plus qu'en Allemagne, l'a déterminé récemment à abolir le monopole dont l'aristocratie anglaise tirait un revenu annuel d'un milliard.

La Statistique, qui prend une part importante à ces grands événements, descend volontiers de leur hauteur, pour exercer son utile influence dans les plus basses régions de la société, celles où le bien ne peut être fait que par les soins vigilants d'une police sévère. L'exemple que nous allons rapporter, en terminant ces aperçus, prouvera quels avantages on peut obtenir des recherches statistiques, même en les appliquant aux objets les plus immondes.

La ville de Liverpool, parvenue, en 1838, à la plus éminente prospérité, comme place de commerce, port maritime et cité manufacturière, reconnut qu'avec sa richesse et la population exubérante qu'elle attirait, il s'était introduit une terrible démoralisation. Ses magistrats résolurent d'en constater toute l'étendue, au moyen d'une exploration statistique, conduite avec habileté et qui fit pénétrer la lumière jusque dans les recès du vice les plus profonds. Il fut établi officiellement que, sur 286,000 habitants, il y avait eu, dans le cours de l'année, 17,404 crimes ou délits de toute espèce, c'est-à-dire un sur 16. Le nombre des maisons de débauche était de 949; elles étaient habitées par 1902 prostituées, dont 1176 avaient été arrêtées dans l'année, sous la prévention de vol. Il y avait 105 maisons de receleurs notoires, servant à 2,611 voleurs, dont 1480 vivaient entièrement de ce métier, 916 y joignaient une autre profession, et 216 leur étaient seulement associés. Cette effrayante Statistique, que nous abrégeons, quoiqu'on puisse en tirer un curieux chapitre sur la dégradation de l'homme dans quelques sociétés civilisées, devint la base des mesures répressives des magistrats. Il y eut dans l'année deux condamnations à mort, 72 à la déportation, 200 à l'emprisonnement. Par suite des dispositions prises pour déraciner cette perversité, 69 voleurs reconnus s'amendèrent, et 1553 disparurent, abandonnant une ville dont la police était désormais trop bien faite, pour leur laisser aucune sécurité.

Un travail analogue est entrepris maintenant, en Angleterre, par la Statistique, non plus pour épurer les populations des villes, mais bien pour assainir les villes elles-mêmes, en éloignant les causes d'insalubrité, au moyen du concours de toutes les puissances de la civilisation.

En scrutant ainsi l'organisation sociale des peuples, la Statistique parvient de nos jours à en découvrir les vices secrets. Elle les révèle à la science et au Pouvoir, qui, de concert, y remédient, en prenant pour guides ses salutaires indications.

On racontait jadis, dans l'ingénieuse Italie, que la lance d'or d'Argail avait le pouvoir bienfaisant de guérir les blessures, qu'elle avait faites. Dans le monde des réalités, la Statistique est plus merveilleuse encore; car il lui suffit de quelques caractères arabes pour instruire un bon gouvernement, des maux publics, et pour en faire opérer soudainement la guérison.

CHAPITRE X.

Faits sociaux européens constatés par la Statistique.

La Statistique exige des travaux difficiles, multipliés et persévérants. Une expérience séculaire prouve incontestablement que ces travaux sont indispensables à l'administration et au gouvernement des pays civilisés. C'est beaucoup sans doute qu'ils puissent servir utilement de si grands intérêts, mais s'ils ne s'appliquaient pas à d'autres objets, les préventions du vulgaire qui les regarde comme des calculs d'arithmétique politique à l'usage exclusif du Pouvoir, seraient en partie justifiées, et la science se réduirait aux opérations nécessaires pour établir les impôts, lever les contingents militaires, tarifer les marchandises importées et exportées, énumérer les cas de répression judiciaire, et supputer au budget les besoins des services publics.

L'horizon de la Statistique est beaucoup plus vaste, il embrasse une foule d'autres objets importants et variés, et son exploration peut conduire à l'acquisition des connaissances les plus essentielles aux progrès sociaux. Il faut, il est vrai, pour y parvenir, rechercher, recueillir, agrouper et interro ger une immense multitude de chiffres enfouis et comme perdus dans les papiers d'État, les mémoires académiques, les annales et les lois des pays étrangers, les relations des voyageurs anciens et modernes, enfin dans des documents sans nombre, écrits en différentes langues, et dont beaucoup sont rares ou d'un difficile accès. Il faut, de plus, après avoir rassemblé ces matériaux, les classer, les choisir, les vérifier les uns par les autres, les traduire, et transformer en mesures métriques et en monnaie décimale, toutes ces mesures et ces valeurs dont l'expression varie à l'infini. En agroupant, dans des tableaux réguliers, les nombres obtenus par ces moyens, on arrive à des résultats intéressants, curieux, authentiques, et la plupart inédits, qui permettent de traiter, avec l'étendue qu'elles méritent, les plus grandes questions d'Économie sociale.

Ces questions posées comme des problèmes de mathématiques, peuvent être résolues par la logique des chiffres, avec une certitude propre à satisfaire les esprits les plus rigoureux. Leur ensemble, quelque complexe qu'il soit, se divise naturellement en deux grands sujets d'études, qui se ramifient collatéralement.

Le premier a pour objet : l'Homme. C'est la Statistique de la Vie humaine.

Le second : les Hommes. C'est la Statistique de la Société.

On ne saurait trouver assurément aucune investigation plus digne des soins et des méditations des

publicistes ; et nous avons désiré, depuis bien longtemps, pouvoir leur en fournir les éléments élaborés ; mais c'est une entreprise interminable. A son
défaut, nous en esquisserons ici le Programme,
comme un exemple des enseignements qu'on pourrait puiser dans la Statistique, traitée au point de
vue élevé de la philosophie des sciences.

I.

Statistique de la vie humaine.

PROGRAMME.

La vie humaine se compose de deux époques et
d'une période qui les sépare par un intervalle de
temps plus ou moins long. Les époques sont : la
naissance et la mort. La période est la durée de
notre existence. Ces choses nous regardent d'assez
près, pour que nous les sachions quelque peu. Nous
en dirons ce que nos travaux nous en ont appris,
en compulsant les Statistiques officielles.

I. — LA NAISSANCE des hommes est accompagnée
de tant de chances malheureuses, les unes naturelles, les autres sociales, qu'on doit s'étonner de l'accroissement des populations. L'enfant qui surgit en
ce monde, naît souvent mort ou mourant ; il vient
fréquemment avant terme, c'est-à-dire chétif et
malingre ; bien plus il advient parfois que c'est une

monstre. Il n'est pas rare qu'il coûte la vie à sa mère et qu'il soit enseveli avec elle ; dans ce cas, au lieu d'une augmentation, ce sont deux pertes qu'éprouve le pays. D'autres maux, dont l'action est plus étendue, sont produits par l'état de la société, malgré les efforts généreux faits pour les guérir. L'enfant doit la vie au vice ou à la misère : il doit alors naître à l'hôpital, et mourir aux Enfants-trouvés ; et il est presque toujours destiné à grossir ce nombre effrayant de créatures qui succombent avant d'avoir atteint la fin du troisième mois de leur existence. Ce n'est pas tout : une foule d'enfants naissent hors du mariage, et sont privés, la plupart, des soins, du nom et de l'héritage de leurs parents. Toute cette jeune population, quelle que soit son origine, le bonheur ou la fatalité de sa naissance, est soumise longtemps à payer à de terribles maladies le tribut de la mort. En France, ce sont la variole et la rougeole ; en Angleterre, c'est, de plus, le fléau des convulsions ; aux Indes, c'est le tétanos. L'âge diminue ces dangers, qui sont d'autant plus grands, que les enfants sont plus proches de leurs premiers jours.

Depuis soixante ans, des hommes bienfaisants se sont préoccupés de ces maux, et n'ont rien oublié de ce qui pouvait les conjurer. Lois, institutions, établissements charitables, opérations de la science, soins administratifs, dotations de l'État, beaucoup a été fait ; mais il y avait tant à faire qu'il reste encore une grande tâche à remplir. Quelques données statistiques inédites permettront d'en calculer l'étendue.

Les enfants mort-nés sont, pour ainsi dire, le déchet de la génération. En France, ils la privent, en 40 ans, de 1,200,000 personnes ; population qui surpasse celle de Paris. Il y en a :

En France	1 sur 33 naissances
Belgique	1 — 23.
Saxe	1 — 21.
Bavière	1 — 34.
Suède	1 — 24.
Danemark	1 — 24.

A l'hospice de la Maternité, à Paris, dans une période de 16 ans, il y a eu un enfant mort-né sur 21 naissances. Cette proportion montre que les circonstances, qui semblent devoir être les plus défavorables, n'ont pas l'influence qu'on leur attribue ; car, en supputant en masse les enfants mort-nés à Paris, on trouve que leur nombre égale ou même surpasse de beaucoup celui donné à l'hôpital, dans les accouchements de femmes abandonnées. Pendant une période de cinq ans, de 1840 à 1844 compris, il y a eu, sur 153,961 naissances, 9,263 enfants mort-nés, ou 1 sur 17 naissances. Au reste, il y a une énorme disproportion entre le nombre de mort-nés, dans les villes et dans la France considérée en général. Dans nos 363 chefs-lieux de départements et d'arrondissements, de 1836 à 1844, en neuf ans, on a compté comparativement à 1,472,640 naissances, 77,626 enfants mort-nés, ou 1 pour 19 ; tandis que dans tout le royaume, de 1839 à 1844, en cinq ans, il n'y a eu, pour 5,820,129 naissances que 177,741 mort-nés, ou 1 pour 33. Dans les chiffres de ces naissances ne sont point compris les enfants nés sans vie. Il résulte de ces faits que ce phénomène, nuisible à la population, est moitié plus fréquent à Paris, que dans tous les départements ensemble, et qu'il est un peu moins commun dans les autres villes qu'il ne l'est dans la capitale. Il semblerait que les rudes travaux de la campagne devraient le multiplier, et que la vie sédentaire et plus douce de nos villes devrait le rendre moins commun ; or, c'est précisément l'inverse qui se trouve établi incontestablement ; et c'est à d'autres causes que ce fâcheux phénomène doit être attribué. Quoi qu'il en soit, il n'y a nul fondement dans l'assertion que par des actions criminelles il y a, de jour en jour, plus d'enfants mort-nés à Paris. Entre 1840 et 1844, la proportion aux naissances est la même, sauf une fraction.

Les enfants nés avant terme forment une autre catégorie ; ils subissent le plus souvent le même sort, leur vie délicate ne pouvant résister à la moindre perturbation. D'après un calcul de cinq années, on en a compté, à Paris, 5,215 pendant cette période, ou 1 sur 30 naissances. En résumé, sur 30,000 enfants qui naissent à Paris, il y en a 1850 mort-nés, 1042 avant-terme, et deux à trois monstres (12 en cinq ans), qui ne sont pas viables. C'est presqu'un enfant sur dix qui court ces chances fatales.

Un sacrifice encore plus triste est celui des femmes qui périssent en donnant le jour à leurs enfants. Le nombre en est plus considérable qu'on ne l'imagine communément, trop rassuré qu'on est, en songeant qu'il s'agit seulement ici d'un fait naturel, qui s'accomplit journellement, depuis l'origine de la race humaine. A Paris, sous l'empire de la civilisation la plus avancée, il y a eu, de 1840 à 1844, en cinq ans, sur 153,961 naissances d'enfants vivants, 263 femmes mortes en couches. C'est une sur 585. Ce nombre n'a rien d'exorbitant ; mais sa répartition est déplorable. Sur 127,912 naissances à domicile, il ne meurt que 111 femmes en couches, tandis que sur 26,049 naissances aux hôpitaux, il en périt 152. Dans le premier cas, c'est une sur 1152, et dans le second, une sur 172 ou près de sept fois autant. Il faut laisser aux hommes de l'art la tâche de déterminer la cause de cette grande et funeste inégalité, qui fait courir six à sept chances de mort pour une, à la femme forcée de recourir à la charité publique. En considérant les soins qui l'entourent, et le savoir éprouvé des chirurgiens des hôpitaux de Paris, on croirait bien plutôt que la mortalité devrait être plus considérable à domicile, où ces avantages se rencontrent moins constamment.

Un fléau meurtrier, qui sévit particulièrement sur l'enfance, la variole, a été désarmé par l'admirable découverte de la vaccine; mais les préjugés, l'esprit de système et surtout la négligence coupable des parents ont paralysé, en partie du moins, les heureux effets de ce préservatif. En France, pendant six années récentes, de 1839 à 1844, la variole a enlevé 20,290 personnes sur une population totale de 34,230,000 habitants ou une sur 1690 personnes. Mais si l'on considère que la maladie frappe spécialement les enfants, on peut estimer qu'elle en a tué un sur 291 nés pendant la période quinquennale. Ses ravages se sont répartis ainsi qu'il suit :

	Villes	Campagnes.	Totaux.
Hommes	4,289	7,082	11,371.
Femmes	2,930	5,989	8,919.
Totaux	7,219	13,071	20,290.
Année moyenne	1,203	2,178	3,381.

C'est une perte d'un sur 660 dans les villes et seulement d'un sur 2,227 dans les campagnes. Ainsi, la mortalité de la variole est triple et au delà, dans les villes que dans les campagnes; elle est presque moitié en sus plus grande pour les hommes que pour les femmes, soit parce que celles-ci résistent mieux à la maladie, soit parce qu'elles y sont moins exposées.

A Paris, pendant la même période de six ans, il y a eu, sur une population d'environ 935,000 habitants, 1803 décès par effet de la variole, ou un sur 520 personnes; savoir : 1098 hommes et

705 femmes. C'est le triple de la proportion générale pour le royaume, d'où l'on peut conclure que la maladie est, dans la capitale, trois fois plus transmissible et plus meurtrière qu'ailleurs, ou bien qu'on n'y prend, pour s'en préserver, que des précautions infiniment moindres.

En Angleterre la mortalité de la variole a été ainsi qu'il suit :

En	1838	16,268	1	sur	925.
	1839	9,131	1	—	1,650.
	1840	10,434	1	—	1,500.
	1841	6,368	1	—	2,400.
	1842	3,075	1	—	5,000.

Cette immense diminution est attribuée aux effets des dispositions prises en vertu d'un bill, en 1840, pour propager généralement la vaccine, qui, dans le pays de cette bienfaisante découverte, avait été presque entièrement abandonnée. On voit que cette loi préserve de la mort jusqu'à 7,000 personnes dans une seule année.

Nous pourrions énumérer les pertes que renouvellent sans cesse, parmi les enfants, deux autres maladies qui sont, surtout à Londres, extrêmement meurtrières : la rougeole et les convulsions; mais ces détails seraient trop étendus; et, sans insister davantage sur les phénomènes naturels, qui rendent si difficile le passage des premiers âges de la vie, nous énoncerons rapidement les

causes sociales par lesquelles leur influence dangereuse est augmentée.

La première est l'indigence. Ce fléau, qui poursuit tant d'hommes pendant toute leur carrière,
commence pour beaucoup d'entre eux au moment où
ils voient le jour. Sur 153,961 enfants surgis en ce
monde, à Paris, en l'espace de cinq ans, 26,049 sont
nés à l'hôpital. C'est un sur six; terme, qui indique
la proportion de l'extrême détresse, dans la capitale, parmi les femmes de la dernière classe.
Pendant la période quinquennale précédente, le
terme n'était point différent.

Tous ces chiffres représentent des catégories de
malheurs publics qui se tiennent intimement les
uns aux autres par leurs causes ou par leurs effets.
Ainsi l'ignorance dans laquelle végètent les femmes
du peuple, par la privation de toute éducation rai-
sonnable, perpétue les préjugés contre la vaccine,
et protége les ravages de la variole. Non-seulement
cette cruelle maladie enlève, chaque année, trois à
quatre mille enfants, mais elle en défigure dix fois
davantage, laissant une partie d'entre eux aveugles
ou estropiés. Ainsi encore l'indigence, le vice et
des passions désordonnées donnent le jour à une
foule d'enfants, qui n'ont pour mère que la bienfaisance publique. Un hôpital est leur patrie; ils y
naissent, et presque aussi souvent ils y meurent;
génération stérile, qui languit et s'éteint, sans
avoir vécu. L'effrayante mortalité des Enfants trouvés rappelle involontairement à l'esprit les ca-

vernés du mont Taygète, où les Lacédémoniens précipitaient les enfants contrefaits. Ici, la difformité, c'est la misère des parents et un système de charité qui exige, non pas une réforme, mais une rénovation. L'institution des crèches, des salles d'asile et des ouvroirs a déjà commencé cette révolution bienfaisante.

A la fin de 1815, il existait dans les hospices de la France 85,808 enfants trouvés. De 1816 à 1841 inclusivement, il y en a été admis, en 25 ans, 794,831, ce qui donne un total de 880,639. Il en est mort 475,127 ou plus de la moitié, — exactement 54 sur 100. C'est une perte égale à la population de l'un de nos principaux départements, tels que Seine-et-Oise, la Sarthe ou la Loire-Inférieure. Les soins donnés dans ces derniers temps à cet important objet, montrent ce que peut, pour bien faire, la volonté des pouvoirs publics. En 1843, les enfants trouvés, provenant de l'année précédente, s'élevaient à 97,717 ; il en a été admis dans l'année aux hôpitaux, 25,472 ; ensemble : 123,472. Sur ce nombre il en est mort 15,138 ou 1 sur 8, — exactement 12 et demi sur 100. C'est 42 enfants sur 100, qu'on sauve maintenant de la mort inévitable à laquelle ils étaient condamnés, il y a peu d'années.

Si cette perte d'un huitième paraissait encore très-grande, voici des nombres historiques qui montreraient comparativement le passé et le présent, constatés pour la ville de Paris.

	Existant et admis.	Décès.	Rapp. propor.
1773 à 1778	31,951	27,240	10 sur 117.
1806 1811	56,215	14,900	10 — 37.
1833 1838	105,622	17,803	10 — 60.
1843	18,107	2,875	10 — 63.

Ainsi la mortalité est moindre de moitié qu'au temps de l'Empire; et elle était sextuple sous le règne des institutions de la vieille Monarchie.

Le nombre des enfants trouvés est si grand, qu'ils ont coûté en quinze ans plus de 133 millions; il mérite donc d'être calculé. Il y a eu, de 1816 à 1840, 794,831 enfants reçus aux hôpitaux. Le nombre des naissances totales ayant été, pendant ces 25 ans, de 24,186,818, c'est 1 sur 30 naissances. Cette proportion était :

En Portugal,	en 1819,	de 1 sur	9	naissances.
Pays-Bas,	1824,	1 —	10	—
Belgique,	1836,	1 —	17	—
Toscane.	1834,	1 —	21	—

En Angleterre, il y eut, en 1835, sur environ 375,000 naissances, 64,475 enfants mis à la charge des paroisses, ou 1 sur 6. Il est vrai que, par l'effet d'une réforme, le nombre de ces enfants fut réduit, en 1837, à 39,371, ou 1 sur 9 et demi.

Lorsque l'on compare Paris lui-même aux grandes villes de l'Europe, on lui reconnaît le même avantage.

		Naiss. totales.	N. d'enf. tr.	Rap. prop.
Londres,	1829	27,028	12,417	1 sur 2.2.
Milan,	1827	8,700	3,060	1 — 3.
Lisbonne,	1819	7,360	2,050	1 — 3.6.
Porto,	1819	3,603	1,847	1 — 2.
Dublin,	1797	6,600	1,922	1 — 3.5.
Madrid,	1827	5,412	1,071	1 — 5.
Naples,	1828	14,493	1,893	1 — 7.5.
Paris,	1770	19,549	6,918	1 — 2.7.
—	1780	19,617	5,568	1 — 3.5.
—	1790	20,005	5,842	1 — 3.4.
—	1843	30,616	4,628	1 — 6.6.

En prenant, comme on le doit, la population du
département de la Seine pour terme de comparaison, la proportion est à présent d'un enfant trouvé
sur 8 naissances et demie, ce qui revient au quart
du nombre indiqué pour Londres et pour Porto, et
à la moitié de celui des villes de Milan, Dublin et
Lisbonne. Relativement au nombre des naissances,
il y avait anciennement à Paris deux à trois fois autant d'enfants trouvés qu'aujourd'hui.

Ainsi cette population ne s'augmente point,
comme on le dit, comparativement aux naissances
totales; au contraire, elle diminue à Paris, comme
dans tout le royaume, et elle est inférieure à celles
de plusieurs autres États de l'Europe. La mortalité
qu'elle éprouve, est bien moins grande qu'autrefois,
et de beaucoup au-dessous de celle des pays étrangers; mais ce n'en est pas moins une plaie doulou-
reuse qui exige des remèdes difficiles et dispen-

dieux. Ce n'est pas, au reste, une maladie nouvelle. L'histoire est pleine de récits d'enfants trouvés, et cependant elle ne parle que de ceux échappés à la mort, comme Moïse sauvé des eaux débordées du Nil, Sémiramis nourrie par des colombes, Romulus par une louve, Orphée par des abeilles, et autres moyens merveilleux d'élever les enfants, plus poétiques que ceux de nos hôpitaux, mais qui valent encore moins.

Nous abrégeons le plus possible ce précis des accidents naturels et sociaux qui atténuent la fécondité des générations humaines, et nous nous hâtons d'arriver à l'examen de cette fécondité, dans ses éléments généraux, considérés dans leurs variations selon les temps et les différents pays.

Nos connaissances sur cet important sujet, sont pour ainsi dire récentes. On croyait, au milieu du dernier siècle, que le rapport des naissances à la population était invariable, et qu'il en était de même dans tous les pays de l'Europe. Sussmich supposait, d'après quelques données recueillies en Allemagne, que partout il naissait un enfant sur 28 personnes. Paucton reconnut plus tard que ce rapport était modifié selon les temps et les lieux; mais il adopta l'opinion que ses limites étaient très-circonscrites, et qu'il y avait toujours une naissance sur 26, 27 ou 28 individus. Les Statisticiens du xviiie siècle accueillirent cette erreur; mais depuis cinquante ans, des recensements ayant été faits dans beaucoup de contrées, et les actes civils tenus bien plus exactement, ayant permis de relever les mouvements de la population, on a pu comparer, dans une multitude d'endroits, le nombre des naissances annuelles et celui des habitants; et il a été facile de reconnaître que les rapports entre ces deux termes, sont plus étendus et plus variables qu'on ne l'avait imaginé.

Le maximum de ces rapports, pour une population considérable, est maintenant d'une naissance sur 22 à 23 habitants; terme qu'offrent une partie des contrées de l'Italie. Le minimum est d'une naissance annuelle sur 35 et même jusqu'à 44 habitants, comme en Écosse, en Norwège et dans les États Danois. Ainsi, dans les termes opposés et extrêmes, la fécondité humaine varie de moitié dans les différentes contrées de l'Europe. Elle peut être une fois plus grande ou moitié moindre, selon les divers pays; ce qui implique que la stérilité des femmes, la juvénilité des générations et l'étendue moyenne des familles peuvent différer dans cette énorme proportion.

Il y a, année moyenne, une naissance annuelle :

Sur 22. 5 habitants dans les provinces vénitiennes;
    23. 5   —   dans le royaume de Naples ;
    .24   —   en Lombardie, Toscane, Russie d'Europe ;
    24. 5   —   en Prusse ;
    25   —   dans les États héréditaires de l'Autriche;

Sur 26 habitants dans le Hanovre, le Wurtemberg, le Mecklenbourg ;

27 — en Pologne et dans l'Allemagne
proprement dite, la Suisse,
les États Sardes, l'Espagne,
le Portugal ;

28 — en Bavière, en Suède ;

29 — en Hollande, dans le canton de
Lucerne ;

30 — en Danemark, en Belgique ;

31 — en France, en 1811, 1817,
1820, 1821, 1822, 1826 ;

32 — dans les Iles Britanniques,
les États Romains ;

33 — en France, depuis 1828 ;

34 — en Norwège, dans le Holstein
et le Sleswic ;

35 — en Angleterre ;

36 — en Écosse, en 1831 et même
44 en 1801.

Il n'est pas facile d'assigner à ces variations
les causes qui les produisent, et qui semblent être
complexes et appartenir à des ordres différents. Les
unes sont des agents physiques et se rapportent
principalement à l'influence des climats. Les autres
tiennent au degré de civilisation des peuples et résultent de leurs institutions, de leurs mœurs et de
leurs habitudes sociales.

La douce température des pays méridionaux fa-

vorise la fécondité ou plutôt développe les circonstances qui l'accroissent. Dans les contrées boréales,
telles que la Norwège, la Suède, l'Écosse, les États
Danois, le nombre des enfants qui naissent annuellement est moindre d'un tiers, comparativement à
la population, que dans les pays situés, comme la
Lombardie, la Toscane, le royaume de Naples,
sous l'empire d'un beau climat. Il est vrai que la
Prusse et la Russie d'Europe, qui sont privées de
cet avantage, ont une population aussi féconde que
celle des pays méridionaux ; mais elles le doivent
à leur territoire encore faiblement peuplé, et sans
doute aussi à une industrie récente, qui offre aux
populations des moyens de travail et d'extension. Au contraire, malgré la protection du climat,
en France où une civilisation avancée ne permet
à rien de rester vacant, la population est main-
tenue, par cette digue, dans des limites que le
temps resserrera de plus en plus ; et déjà une
centaine de ses habitants ne donnent naissance
annuellement qu'à trois enfants, tandis qu'en Russie et en Prusse, le même nombre en produit
quatre.

Il semble toutefois, quand on agroupe les États
de l'Europe selon leur position géographique, que
l'influence du climat agit sur le nombre de naissances, avec une puissance non moins grande que
celle de la civilisation. Si, pour l'apprécier, nous
réunissons ensemble les pays les plus septentrio-

naux, la Suède, la Norwège, le Danemark et l'Écosse, nous trouvons que, par un terme moyen, le nombre des enfants qui y naissent, chaque année, n'est que d'un 32ᶜ de leur population, tandis qu'il s'élève au 26ᵉ dans les régions qui forment le midi de l'Europe, et qui obtiennent quatre enfants au lieu de trois, par chaque centaine de personnes.

Lorsqu'on choisit les quatre pays dont la civilisation est supérieure : la France, les Iles Britanniques, l'Allemagne et la Hollande avec la Belgique, on reconnaît qu'ils n'ont qu'une naissance pour 31 habitants. Il n'y en a pas moins d'une sur 23, quand on réunit la Russie, la Pologne, l'Empire d'Autriche et la vieille Prusse. Ainsi 40 enfants naissent dans ces dernières contrées, quand il n'en est produit que 32 dans les premières. La différence est pour chaque million de la population d'environ 8,000 naissances annuelles.

Il est donc certain que la reproduction de l'espèce humaine peut, en Europe, sous l'influence des effets du climat ou sous celle de la civilisation, s'augmenter d'un tiers en sus de son terme le plus bas ou diminuer d'une quantité égale au quart de son terme le plus élevé; résultats fort éloignés des idées de Sussmiech et des statisticiens de la vieille école.

Mais quels sont, dans le vaste assemblage des causes appartenant à l'état social ou à l'action du climat, les occurrences ou les agents physiques qui accroissent ainsi ou atténuent le nombre moyen des naissances?

Si l'on recherche d'abord comment le climat peut exercer une certaine influence sur la reproduction, l'observation ne tarde pas à montrer que ce n'est point par une action directe, qui rendrait les populations plus ou moins prolifiques. Toutes choses égales, d'ailleurs, sous une température plus élevée, les hommes ne sont pas plus aptes à la génération et les femmes ne sont pas plus fécondes. Entre les tropiques, les populations libres de nos colonies des Antilles, de la Guyane et de Bourbon n'ont eu, par la moyenne de huit années, qu'une naissance sur 28. 3 habitants, comme en Suède près du cercle polaire. Mais si le climat des pays chauds ne détermine pas, par une action directe, une procréation plus grande, il favorise néanmoins, par des effets indirects, la multiplication des hommes. Sous son influence la terre devient plus féconde et peut nourrir davantage d'habitants; la population étant plus condensée, le rapprochement des deux sexes est plus facile et plus fréquent; l'hiver ne confine point les familles dans leurs demeures pendant la moitié de l'année, et la disette n'est pas toujours à leurs portes, comme dans les contrées boréales où toutes les facultés humaines sont absorbées par les soins nécessaires pour subsister. En Norwège, par exemple, le blé ne produit que quatre pour un de sa semence;

mais aussi la province la plus peuplée ne compte-
t-elle que 108 habitants par lieue carrée, et le rapport des naissances à la population est seulement
d'une sur 34 individus. C'est tout autre chose dans
le royaume de Naples, du 40e au 38e degré. Dans
les provinces nommées : la Terre d'Otrante et celle
de Labour, le froment donne 20 pour 1 ; et la
condensation de la population est si grande qu'il y
a plus de 2,400 personnes par lieue carrée. Il s'ensuit que les naissances sont dans le rapport d'une
à 21, avec le nombre total des habitants.

Le climat, qui est l'origine de ces phénomènes
si divers, manifeste, par l'inégalité des températures
moyennes, la différence de l'action qu'il exerce sur
l'un et l'autre de ces pays du même continent. En
Norwège, la somme totale des températures jour-
nalières de toute l'année, divisée par le nombre des
jours, ne donne pour chacun de ceux-ci qu'un terme
moyen de 5 degrés 60 au-dessus de zéro, tandis
que, dans le royaume de Naples, une pareille opération a pour résultat le 19° centigrade; c'est-à-dire un
nombre de degrés thermométriques représentant
une chaleur trois fois et demie aussi grande. Ainsi
les effets du climat produisent de telles différences
entre les deux extrémités de l'Europe que, dans la
Péninsule italique, les récoltes sont quintuples de
celles données par la même quantité de semences
dans la Péninsule scandinave. La population y est
25 fois aussi condensée, et, par suite de l'abondance
des subsistances et du rapprochement des hommes,

les naissances y sont multipliées à ce point, que sur chaque centaine de personnes il naît annuellement cinq enfants dans les provinces du royaume de Naples, tandis qu'il en naît à peine trois en Norwège.

L'influence de l'état de la société sur la fécondité humaine est aussi certaine et aussi grande que celle du climat. Les causes qui, dans les pays où la civilisation est très-avancée, tendent à restreindre le nombre des naissances, sont principalement : La difficulté de soutenir une famille au milieu des exigences sociales; — les calculs de l'égoïsme et de l'ambition aussi bien que ceux d'une sage prévoyance; — la nécessité des convenances qui domine d'autant plus les alliances que la société est plus raffinée; — la concentration des populations dans les grandes villes, où les moyens de subsister sont plus difficiles et plus précaires; — la permanence et l'accroissement des armées, qui entraînent à leur suite le célibat de l'élite des nations; — les vœux monastiques qui, dans quelques contrées, font de la vie claustrale un mérite religieux; — la multitude des courtisanes que, dans toutes les capitales, enlève au mariage la puissance du besoin; — la polygamie qui, dans les provinces européennes de l'Empire ottoman, condamne presque toutes les femmes d'un harem à une stérile union ; — enfin, et surtout, la diminution gradative de la mortalité, par les effets réunis des progrès des sciences, de l'industrie et de la civilisation; ce qui met obstacle à ce qu'il surgisse des générations nouvelles, les plus anciennes restant dans la possession immobilisée des propriétés et des postes avantageux de la société.

On peut mesurer par le nombre des naissances les progrès de la société civile, et, par contre, on peut augurer, par ces progrès, quelle restreinte éprouvera la fécondité. La table suivante, formée de chiffres officiels, montrera, par l'exemple de la France, l'intime connexion de ces deux termes, et l'effet qu'exerce la civilisation sur la reproduction de l'espèce humaine.

	Population.	Naissances.	Rapport.
1772	22,672,000	923,107	1 sur 24.50
1784	24,800,000	965,648	1 — 25.70
1801	27,349,000	918,703	1 — 29.77
1811	29,092,000	926,904	1 — 31.40
1821	30,461,000	965,364	1 — 31.55
1826	31,858,000	992,266	1 — 32.11
1831	32,569,000	986,843	1 — 33.00
1836	33,540,000	979,820	1 — 33.75
1841	34,230,000	976,929	1 — 34.10

Deux résultats importants sortent de ces termes numériques. D'abord, une population de plus de 34 millions d'habitants, dans un temps de prospérité et dans un état d'aisance et de civilisation incomparablement plus grand, ne donne naissance qu'au même nombre d'enfants, qui étaient procréés, il y a 60 ans, par une population moins grande de dix millions. — Et à une distance de 70 ans, comprenant la période qui nous sépare du règne de Louis XV, il se trouve que, dans le même pays, la fécondité a diminué, comparativement à la population, de plus de deux cinquièmes ou 40 pour cent.

Cette atténuation progressive du nombre des naissances en raison de l'accroissement de la civilisation, n'a pas lieu uniquement en France ; seulement son maximum a été produit en ce pays par les heureux changements apportés, depuis soixante ans, dans la vie civile et domestique de ses habitants. Un travail dont les détails nécessitent un déploiement de chiffres trop considérable, pour être reproduits ici, nous a donné la preuve que la fécondité des populations a diminué :

En Allemagne, d'un 13ᵉ, en 17 ans ;
En Suède, d'un 9ᵉ, en 61 ans ;
En Russie, d'un 8ᵉ, en 28 ans ;
En Espagne, d'un 6ᵉ, en 30 ans ;
En Danemark, d'un 4ᵉ, en 82 ans ;
En Prusse, d'un tiers, en 132 ans ;
En France, d'un tiers, en 70 ans ;
En Angleterre, de plus d'un tiers en un siècle.

C'est probablement à leur étonnante fécondité que les peuples nouveaux et barbares doivent l'ascendant qu'on leur voit prendre dans l'histoire sur les vieilles sociétés civilisées ; et la destruction de l'Empire romain s'explique peut-être mieux par la diminution progressive des populations italiennes et par la pullulation des hommes dans les pays sauvages du nord de l'Europe et de l'Asie, que par l'amollissement des mœurs et les causes morales auxquelles on l'attribue communément. Ce qui se passe, de nos jours et sous nos yeux, donne à cette conjecture le caractère de la probabilité. Dans l'Empire russe, 57 millions d'habitants produisent annuellement, au moins 2,280,000 enfants, tandis qu'une population égale n'en donnerait, en France et dans les Iles Britanniques, que 1,630,000. La différence monte à 650,000 enfants chaque année ou 21 millions et demi par génération d'hommes. Sans doute cette fécondité si prodigieuse qu'un douzième des femmes russes sont perpétuellement à l'état de grossesse, demeure presque sans efficacité ; et un nombre immense d'enfants, qui, dans des pays où la civilisation les eût entourés de soins, fussent parvenus à l'âge viril, périssent presqu'en naissant. Mais ceux qui échappent forment encore une si grande multitude, que la différence entre les naissances et les décès ajoute annuellement 980,000 individus à la population, tandis qu'en France et dans les Iles Britanniques, cet excédant n'est, dans les deux pays réunis, que de 448,000 ou bien moins de moitié. D'où il suit que, dans l'hypothèse où cet état de choses se prolongerait, il ne faudrait pas quatre ans et demi aux populations slaves, pour obtenir, de leur seul accroissement annuel, une armée d'un million de soldats, en sus du nombre qu'elles peuvent fournir, pour égaler les forces militaires de la France et de la

Grande-Bretagne. Heureusement que la multitude des soldats n'est pas, de nos jours, une garantie plus certaine du succès, qu'elle ne l'était au temps de Xercès ou en 1792.

La différence entre les pays nouveaux et ceux parvenus à un état social perfectionné, peut être appréciée positivement par le calcul suivant. La France et les Iles Britanniques réunies n'ayant qu'un accroissement annuel de population d'un individu sur 118, il leur faudrait pour doubler le nombre de leurs habitants, une longue période de 83 ans, tandis que, dans l'Empire russe, l'accroissement étant d'un individu sur 66, la population peut doubler en 45 ans.

Mais, il ne faut pas oublier que ces périodes de doublement sont purement hypothétiques, car elles impliquent que les rapports des naissances et des décès à la population demeurent stationnaires. C'est le contraire qui est la vérité. Ces rapports varient perpétuellement avec des vitesses différentes, selon que les progrès de la société sont plus ou moins rapides. L'effet et la cause sont liés l'un à l'autre si étroitement, qu'on peut admettre que ces rapports sont invariables chez les peuples de la zone torride et des plateaux arctiques, qui sont condamnés par leur climat ou plutôt par le type de leur race, à vivre dans une éternelle enfance. C'est pourquoi, quand on parcourt les annales du globe, on ne voit, dans aucun temps, les races polaires ou équatoriales, les Esquimaux, les nègres, les Australiens, s'accroître par degrés, et déborder en torrents impétueux, comme les Celtes, les Germains, les Huns et autres populations exubérantes des régions septentrionales de la zone tempérée.

Le système de Malthus s'applique avec justesse à ces peuples barbares, car leurs transmigrations ont bien réellement pour cause primitive l'accroissement de leur nombre dans une proportion qui dépasse celle de l'augmentation de leurs moyens de subsistance. Mais ce système est sans fondement quand on en fait l'application aux peuples civilisés, puisque chez eux la fécondité diminue en raison des progrès de l'état social, tandis que les ressources alimentaires sont étendues et multipliées par tous les moyens que donne l'intelligence publique et qu'agrandissent les sciences et les arts.

II. — LA VIE DE L'HOMME est, comme sa naissance, pleine de douleurs. Les maladies, les passions, les infortunes la remplissent presque tout entière, et le nombre des gens heureux est infiniment petit. La durée de nos jours est très-courte, et Dieu sait cependant ce que nous en faisons. Sur les 8,760 heures dont se compose chaque année, nous en employons :

> 2,920 ou le tiers, à dormir ;
> 730 ou un douzième à manger ;
> 730 ou un autre douzième, en soins personnels.

Total 4,380 heures ou la moitié du temps.

L'ouvrier, qui est attaché 14 heures au travail, en prend deux sur ce compte; mais, s'il fête le dimanche et chôme le lundi, il ôte 104 jours à son salaire, et réduit pour lui l'année à huit mois et demi seulement. L'employé, qui n'est occupé que six heures, pendant 300 jours, donne uniquement 1800 heures à son travail; il lui en reste 2,580 ou sept mois qu'il dépense autrement. L'homme de loisir qui passe six heures de sa journée au spectacle, à la promenade ou en visite, dissipe également un tiers de son temps improductivement. Les événements publics, les maladies, les malheurs de famille prélèvent, en outre, dans une foule d'existences, une énorme part. Trop souvent, au lieu d'être accidentelles et momentanées, les maladies sont incurables et privent un homme dans la force de l'âge, de la plénitude de ses facultés. Les réformes opérées annuellement dans les contingents militaires nous montrent qu'il y a :

Un homme de faible constitution sur   24.
Un atteint de hernies. .   .   .   — 70.
Un boiteux. .   .   .   .   .   .   — 286.
Un ayant de mauvais yeux.   .   — 70.
Un de chétive taille. .   .   .   — 13.
En totalité, un infirme. .   .   — 4.

Et cela advient dans l'un des pays les plus favorisés de l'Europe. Comment en est-il donc dans les autres?

On ignore l'extension des infirmités morales;

et nous ne pouvons en signaler que trois sortes : l'aliénation mentale, l'ignorance et le crime. Il y a en France maintenant, année moyenne :

20,000 aliénés ou un sur 17,100 habitants.

121,000 jeunes gens de 20 ans, ne sachant ni lire, ni écrire, sur 292,000 inscrits et présents, ou 42 sur cent.

220,000 détenus, prévenus ou condamnés; un sur 1,500 habitants.

Le séjour des prisons abrége considérablement l'existence de cette masse d'individus des deux sexes.

Ces maux partiels étaient bien plus grands autrefois, puisque la durée moyenne de la vie était beaucoup moindre. Voici les termes de son acroissement progressif, pendant les deux dernières générations, en supposant avec M. Mathieu, que la population était à peu près stationnaire à chaque époque :

1772	24 ans 6 mois	1826	32 ans » mois
1784	25 — 8	1831	33 — »
1801	29 — 9	1836	33 — 9
1806	31 — »	1841	35 — »
1821	31 — 6	1845	36 — »

Ainsi, en l'espace de 73 ans, la vie a obtenu en France, une prolongation de moitié en sus. Cet accroissement extraordinaire est le plus grand et le plus magnifique résultat de la rénovation sociale, commenneéc en 1789. En 1757, la durée moyenne de la vie n'était que de 23 ans, dans les généralités de Tours et de Limoges; elle n'était même que de 20 ans dans l'île de Rée et dans celle d'Oléron.

De tous les pays de l'Europe, l'Angleterre seule est aussi favorisée; la Russie, l'Irlande, la Lombardie et la Toscane sont à cet égard dans la situation où la France était, il y a 60 ans. A Paris comme dans les autres grandes capitales, la vie est beaucoup plus limitée; mais on ne saurait guère en fixer le terme, attendu les mouvements perpétuels de la population.

Un statisticien distingué, Gasper, a recherché les différences apportées par la diversité des professions dans la durée de la vie. Il a trouvé les termes suivants :

Théologiens	65	ans	1	mois.
Négociants	62	—	4	—
Fonctionnaires	61	—	7	—
Agriculteurs	61	—	5	—
Militaires	59	—	6	—
Avocats	58	—	9	—
Artistes	57	—	3	—
Instituteurs	56	—	9	—
Médecins	56	—	8	—
Tous les hommes	29	—	6	—

On voit que dans la plupart de ces professions la vie est deux fois longue comme la vie commune.

C'est qu'il ne s'agit ici que de personnages qui ont échappé aux orages de la jeunesse, et qui, d'ailleurs, appartiennent aux classes riches ou aisées, pour lesquelles l'existence a bien moins de dangers.

L'opinion publique apprécie quelquefois fort mal les chances de mort qu'on encourt dans certaines professions. Par exemple, on suppose que tous les périls sont déchaînés contre les marins; c'est un préjugé. Il y eut, à Portsmouth, en 1812, un conseil d'amiraux anglais qui réunissaient, entre douze, une somme d'âges faisant au delà de mille ans; et, cependant, ils avaient figuré dans toutes les guerres maritimes de notre siècle et d'une partie du siècle précédent. Ce fait prouve qu'on aurait tort de ranger la navigation parmi les métiers insalubres.

L'indigence est la cause qui abrége le plus la vie. C'est elle qui, en 1772, réduisait à 24 ans l'existence moyenne de tous les habitants du royaume. Voici un exemple frappant de ses effets dans la Métropole; il ressort de la comparaison numérique de deux arrondissements : l'un riche, le deuxième, qui comprend la Chaussée-d'Antin, le faubourg Montmartre et le Palais-Royal; l'autre pauvre, qui renferme les faubourgs Saint-Jacques et Saint-Marceau.

POPULATION RECENSÉE.

	2ᵉ Arrondissement.	12ᵉ Arrondissement.
1817	65,523 hab.	80,079 hab.
1831	74,773	78,086
1836	85,374	83,952
Totaux	225,670	242,117
Moyennes	75,223	80,706

MORTALITÉ.

	2ᵉ Arrondissement.	12ᵉ Arrondissement.
1817	1,018 hab.	4,873 hab.
1831	1,231	6,255
1836	1,221	5,183
Totaux	3,470	16,311
Moyennes	1,157	5,437
	Un décès sur 65 hab.	Un décès sur 15 hab.

Ainsi, pendant une période de 20, et malgré les améliorations introduites dans la vie domestique, l'indigence plus puissante que tout le bien qu'on a pu faire, a quadruplé la mortalité dans l'arrondissement de Paris le plus pauvre, comparé au plus riche, et, par conséquent, elle a abrégé, dans cette terrible proportion, la durée de l'existence des habitants de cette partie de la Métropole.

Au milieu des perturbations qui menacent sans cesse de rompre le fil de nos jours, l'événement capital de la vie, c'est sa transmission. Car, dans l'ordre de la nature, les individus ne sont quelque chose que par leur participation au grand œuvre de la perpétuité des races. Le moyen social de cette transmission est le mariage. Cet acte civil constitue la famille; il régularise l'existence des deux sexes et la rend de plus longue durée qu'elle n'est dans le célibat. Il varie en nombre proportionnellement à la population et selon les temps et les lieux. Les mariages sont très-multipliés après les longues guerres et les épidémies meurtrières; ils diminuent de quantité aux époques où il devient difficile de vivre.

Sur environ 225 millions d'habitants que contient l'Europe, il se fait annuellement 1,855,000 mariages, ou 1 sur 121 personnes. Ainsi, un 60e de chaque sexe se marie chaque année. Le maximum est d'un sur 100 habitants; le minimum, un sur 163. Il se fait un tiers plus de mariages en Allemagne qu'en Espagne et en Portugal; il s'en fait à Paris deux fois autant qu'à Pétersbourg, proportionnellement au nombre des habitants. Le rapport général des naissances légitimes à la population de l'Europe, étant d'une sur 27 personnes, il naît, chaque année, 8,333,000 enfants. Les mariages contractés annuellement sont dans la proportion d'un à quatre et demi, avec cette production. Depuis un demi-siècle les mariages ont diminué généralement dans tous les pays de la société européenne. Leur décroissement a été :

En Suède, d'un 22ᵉ, en 30 ans ;
En Portugal, d'un 13ᵉ, en 30 ans ;
En Russie, d'un 9ᵉ, en 30 ans ;
En Angleterre, d'un 8ᵉ, en 70 ans ;
En Hollande, d'un 6ᵉ, en 36 ans ;
En Prusse, d'un 5ᵉ, en 127 ans ;
En France, de 2 cinquièmes, en 41 ans.

Cette diminution s'accroît comme les progrès de la civilisation, qui augmentent les besoins des hommes et rendent leur prévoyance plus inquiète. Les unions, qui ne sont pas légitimées par le mariage, se multiplient, surtout dans les grandes villes et dans les pays où les mœurs des populations agricoles sont remplacées par les habitudes de l'industrie. Un douzième des naissances annuelles appartient à ces unions dans la plupart des États de l'Europe ; et cette proportion s'élève au tiers ou même à la moitié, dans les capitales et dans quelques villes maritimes soumises à de pernicieuses influences.

Il y eut en France :

En 1784   229,827 mariages 1 sur 108 habit.
— 1844   279,667   —   1 — 122

Mais, de 1817 à 1824, la proportion fut d'un à 140 et même 145. La persistance de la prospérité publique a évidemment étendu ses effets sur le nombre des mariages et a permis de les multiplier ; elle a fait plus encore, elle a augmenté les soins dont les enfants ont besoin d'être entourés ; en as-

surant davantage leur existence, elle limite les naissances de ceux, procréés en foule autrefois, pour
ne remplacer que les morts. Voici des chiffres officiels qui témoignent de ce fait curieux.

1806 une naissance légitime sur 6 femmes mariées.
1821   —   6. 23
1831   —   6. 55
1826   —   6. 64

Ainsi, c'est pendant la guerre, comme dans le
temps d'épidémie et de détresse, qu'il naît le plus
grand nombre d'enfants ; et une influence contraire
est exercée par le bien-être de la paix ; mais alors
il en survit beaucoup plus aux épreuves de leur
premier âge, et la génération est à la fois plus assurée et plus forte.

Si l'on compare le nombre des naissances annuelles
à celui des mariages, à des époques anciennes et
récentes, les différences sont encore plus frappantes. En quatre ans, de 1781 à 1784, il y eut en
France, par un terme moyen :

964,924 naissances, et 229,963 mariages.

Et, de 1841 à 1844 compris, il y a eu annuellement :

977,518 naissances, et 282,339 mariages.

Conséquemment, il y a soixante ans, on comptait
4. 19 naissances par mariage, et aujourd'hui seulement : 3. 46. D'où il suit que la fécondité conju-
gale a diminué d'un sixième par chaque union.

Il y aurait bien d'autres faits sociaux à signaler

numériquement dans le cours de la vie humaine ; mais nous devons nous hâter d'arriver à parler de son fatal dénoûment.

III. — LA MORT renouvelle les populations vieillies, et met progressivement à leur place une autre génération dont l'aspect, le caractère et les passions ont un type tout différent ; elle est le moteur d'une multitude de révolutions qu'on attribue à d'autres causes, et ses effets sociaux sont fort mal connus. On croit, par exemple, qu'elle exerce partout la même puissance, ou du moins qu'elle diffère peu d'un pays à un autre ; il en est tout autrement. Tandis que la fécondité la plus grande est à peine double de celle qui a la moindre étendue, la mortalité d'une contrée, comparée à sa population, est presque triple de celle d'une autre contrée. Cette énorme proportion n'est pas, comme on pourrait le croire, un triste effet de la rigueur du climat et de la stérilité de la terre. C'est en Sicile et dans les provinces les plus méridionales du royaume de Naples, sous le plus beau ciel de l'Europe, que la vie descend à ce point qu'il meurt annuellement un habitant sur 22 ou 25, tandis qu'en Norwège, la perte habituelle est d'un sur 50 ou même 54. Les différences sont, il est vrai, moins extrêmes quand on examine de grandes masses de population, attendu que les moyennes se forment par compensation d'une province avec une autre. Voici la mortalité de plusieurs pays, d'après leurs documents officiels :

	Nomb. de décès.	
Russie, ...	1 sur 28 habitants.	
Royaume de Naples,	1 — 29	—
Italie en général, .	1 — 30	—
Autriche, ...	1 — 33	—
Hollande, ...	1 — 33	—
Espagne, ...	1 — 34	—
Prusse, ...	1 — 38	—
Belgique, ...	1 — 42	—
France, ...	1 — 44	—
Angleterre, . . .	1 — 45	—
Suède, ...	1 — 49	—
Norwège, ...	1 — 50	—

En examinant ces nombres on reconnaît que deux grandes causes, qui dominent les autres, déterminent le rapport de la mortalité à la population, c'est-à-dire fixent le nombre de chances fatales à la vie humaine. Ce sont l'influence du climat et celle de la civilisation.

Le climat favorise éminemment la prolongation de la vie lorsqu'il est froid, et même lorsqu'il est rigoureux, ou lorsqu'à une basse température se joint l'humidité du voisinage de la mer. La moindre mortalité de l'Europe a lieu dans les pays maritimes et voisins du cercle polaire : la Suède, la Norwège, l'Islande.

Les contrées où la chaleur est tempérée ne sont point, comme on pourrait le croire, au nombre des plus favorisées ; il leur faut, de plus, les avantages d'un ordre de choses perfectionné. On ne saurait se refuser à admettre que la Gaule et l'ancienne France ne fussent soumises à une grande mortalité, ce qui explique leur faible population.

Les contrées méridionales, dont le climat est si agréable aux hommes, sont les régions où la vie court le plus de hasards. Il y a dans la riante Italie moitié plus de chances de mourir que dans la froidureuse Écosse; et sous le beau ciel de la Grèce, la vie est moitié moins assurée qu'au milieu des glaces de l'Islande.

Les lieux de la zone torride, dont on a calculé la mortalité, montrent quelle influence pernicieuse est exercée sur l'existence des hommes, par l'action de la chaleur et de l'humidité réunies.

Latitudes.

6° 10'	Batavia,	1 décès	sur	26	habitants.
10° 10'	Trinité,	1 —		27	—
13° 54'	Sainte-Lucie,	1 —		27	—
14° 44'	Martinique,	1 —		34	—

Les effets produits sur la longueur de la vie, par les progrès de la civilisation, ne sont pas moins étendus que ceux dont la cause existe dans le degré de salubrité du climat. On peut les mesurer en comparant le rapport des décès à la population dans un même pays, à des époques dont l'intervalle a été marqué par des améliorations sociales. Voici une série de termes numériques qui présentent ce rapprochement instructif et encourageant :

Suède. . . . . . . 1754 à 1763 1 sur 34   1821 à 1821 1 sur 45

Danemark. . .	1751	1756	1 — 32	1817	1819	1 — 45
Allemagne. . .	1788		1 — 32	1825		1 — 45
Prusse.	1717		1 — 30	1821	1826	1 — 39
Autriche. . . .	1822		1 — 40	1828	1830	1 — 43
Hollande. . . .	1800		1 — 26	1824		1 — 40
Angleterre. . .	1690		1 — 30	1844		1 — 45
France.	1772		1 — 25	1844		1 — 44
États Romains.	1767		1 — 21	1829		1 — 28
Lombardie. . .	1769	1774	1 — 27	1828		1 — 31

Ainsi la mortalité a diminué :

En Suède, de près d'un tiers, en 61 ans ;

En Danemark , de deux cinquièmes, en 66 ans ;

En Allemagne, de la même quantité, en 37 ans ;

En Prusse, d'un tiers, en 106 ans ;

En Autriche, d'un treizième, en 7 ans ;

En Hollande, de moitié en 24 ans ;

En Angleterre, de moitié en un siècle et demi ;

En France, des trois quarts, en 72 ans ;

Dans les États Romains, d'un tiers en 62 ans ;

En Lombardie, d'un septième, en 56 ans.

La mortalité est restée à peu près la même en Russie et en Norwège ; elle s'est augmentée dans le royaume de Naples.

La diminution gradative de la mortalité a été opérée par les mêmes causes, dans les principales villes de l'Europe. Le nombre des décès, comparé à celui des habitants à des époques différentes, donne les populations ci-après :

Son décroissement a été :

A Paris, de près d'un tiers, en l'espace de 80 ans ;

A Londres de plus de moitié, en 178 ans ;

A Berlin, d'un quart, en 72 ans;

A Genève, de trois cinquièmes, en 261 ans;

A Vienne, d'un quart, en 80 ans;

A Rome, de moitié, en 63 ans;

A Amsterdam, d'un sixième, en 64 ans;

A Pétersbourg, près de deux tiers, en 40 ans;

A Stockholm, de plus d'un tiers, en 67 ans;

A Liverpool, de moitié, en 38 ans;

A Manchester de trois cinquièmes, en 64 ans, etc.

Les causes de la plus grande mortalité, dans les contrées de l'Europe et dans leurs cités, sont principalement :

L'humidité marécageuse de l'air, surtout dans les pays chauds; — Les effets de la misère, dans les dernières classes de la société; — La disette des subsistances ou seulement leur prix élevé comparé à celui du travail; — Les maladies pestilentielles ou épidémiques ; — Les intempéries des saisons, notamment les brusques changements de température; — L'étroitesse, la malpropreté et l'insalubrité des demeures particulières; — Des prisons et des salles des hôpitaux et des hospices; — L'usage excessif des boissons alcooliques et l'habitude de l'ivrognerie; — Les travaux insalubres ou sans relâche, surtout pendant l'enfance et la jeunesse; — Enfin, la guerre, mais bien moins par les effets des combats que par ceux de la fatigue, des marches forcées, et fréquemment par la mauvaise administration des armées.

Les causes de la diminution de la mortalité, dans

14

les lieux où la civilisation est progressive, sont :

Les desséchements des marais et l'embanquement des fleuves et des rivières ; — L'heureuse répartition de la fortune publique, qui donne, à chacun, des moyens de travail et de subsistance ; — L'abondance et la bonne qualité des aliments du peuple ;— Les soins protecteurs donnés aux enfants, depuis leur naissance, et continués, dans les écoles, dans les travaux des manufactures et dans tous les établissements publics ; — La vaccine et les dispositions sanitaires, qui empêchent l'importation ou le développement des contagions exotiques ; — Le bas prix des produits de l'industrie, qui permet aux classes les moins aisées, des habitudes de propreté jadis également inconnues et impossibles, et qui leur donnent les moyens d'échapper aux intempéries des saisons ; — Enfin, les mesures prises avec succès, pour faire cesser l'insalubrité des villes et spécialement celle des colléges, des spectacles, des hôpitaux, des prisons, des églises, et autres établissements publics, qui, cependant dans beaucoup d'endroits, manquent encore de moyens de ventilation, de chauffage et de nettoiement.

On peut apprécier d'une manière positive les résultats de ces améliorations, en recherchant quelle a été leur influence sur la mortalité, pendant le dernier siècle, dans les trois pays de l'Europe, dont les progrès ont été les plus sensibles. Si l'on réunit en un seul groupe l'Angleterre, l'Allemagne et la France, on trouve que le terme moyen de la mor talité, qui, dans les grandes et populeuses régions, était autrefois d'un habitant sur 30, n'est pas maintenant chaque année d'un sur 45. Cette différence réduit de moitié le nombre des décès dans l'ensemble de ces trois pays, et, chaque année, une multitude de vies humaines doivent leur conservation aux améliorations sociales, effectuées dans les trois États de l'Europe occidentale, dont les efforts, pour atteindre ce but, ont obtenu le plus de succès.

Ainsi la vie de l'homme n'est plus seulement embellie dans son cours par les progrès de la civilisation ; elle est encore prolongée par eux, et rendue moins incertaine. L'amélioration de l'état social a pour effets de restreindre et de diminuer, proportionnellement à la population, le nombre annuel des naissances, et beaucoup plus encore celui des décès ; et c'est, au contraire, un signe caractéristique de l'état de barbarie, qu'une grande quantité de naissances, égalée ou même surpassée par l'étendue de la mortalité. Dans le premier cas, les hommes arrivent en foule à la plénitude de leur développement physique et moral, la population est forte, intelligente et virile ; tandis qu'elle demeure dans une enfance perpétuelle, lorsque les générations sont emportées rapidement, sans pouvoir mettre à profit, l'expérience du passé, pour perfectionner l'économie sociale.

II.

Statistique de la Société civile.

PROGRAMME.

La Société civile est l'agglomération d'une multitude de familles, qui sont réunies afin de n'en former qu'une seule et de confondre leurs intérêts divers en un intérêt commun. Plus elle est compacte et similaire dans toutes ses parties, et plus est puissante et indestructible l'unité de l'État.

Cette unité est la garantie de l'indépendance nationale; car c'est elle qui fait la force du pays. Avant Louis XI et Richelieu, la France n'était qu'une confédération de grands vassaux toujours prêts à s'entre-dévorer. Avant l'Assemblée constituante et le comité de salut public, elle n'était qu'un assemblage de provinces et de castes profondément divisées d'intérêts et sans cesse en inimitiés implacables. On ne peut méconnaître que nous devons à ces terribles pouvoirs notre unité sociale et politique, qui est la plus parfaite de l'Europe.

Quand on examine dans ses détails la Société civile, on trouve qu'elle se compose de plusieurs catégories de personnes, très-distinctes et appartenant, les unes à l'ordre naturel, et les autres à l'ordre social. Nous allons en indiquer les éléments numériques le plus sommairement possible, comme il convient à un simple Compendium statistique.

I. — LA DIFFÉRENCE DES SEXES partage la Société en deux grandes divisions. On croit communément qu'elles sont égales en nombre, puisque chaque part du genre humain a de tels rapports avec l'autre, que leur inégalité doit tromper le vœu de la nature. Cette opinion, quoique très-plausible, manque de fondement. Par l'effet de quelque vue mystérieuse, dont l'objet nous échappe, quand nous voulons scruter les lois de la création, les mâles naissent en plus grand nombre que les femmes; mais, celles-ci, par une singulière compensation, ayant une vie plus longue, sont en majorité dans la société.

La supériorité du nombre des naissances d'enants mâles est prouvée par de longues séries de chiffres.

En Angleterre, de 1801 à 1830, il y a eu 9,887,466 naissances totales. Sur ce nombre, il y a eu 213,890 garçons d'excédant ou un 46e du chiffre des naissances. En 1840 et 1841, sur 1,034,120 naissances des deux sexes, l'excédant des garçons a été de 25,853 ou un 40e; d'où il suit que cet excédant s'est augmenté.

En France, de 1801 à 1836, les naissances totales se sont élevées à 33,226,422. L'excédant des en-fants mâles a été de 1,044,226, ou un 32e. Il a été plus grand que celui de l'Angleterre, presque de moitié en sus, toutes choses égales d'ailleurs; mais il a diminué dans ces derniers temps. En six ans, de 1839 à 1844, la France a eu 5,820,119 naissances des deux sexes; l'excédant des garçons a monté à 167,885 ou un 35ᵉ. En comprenant les enfants mort-nés, comme dans la période précédente, il n'excède pas un 36ᵉ des naissances, et reste encore au-dessous du terme qu'il atteignait précédemment.

On sait que les physiologistes croient que la prédominance des mâles tient à la vigueur des générations dont ils sont issus; or, l'état de paix laisse maintenant dans les familles, les hommes robustes que la guerre confisquait autrefois pour les armées; il s'ensuit que l'excédant des garçons devrait s'accroître; tout au contraire, il diminue; et la génération contemporaine de l'Empire, qu'on s'est plu à peindre dans un épuisement et une infirmité sans exemple, se trouve avoir produit beaucoup plus d'enfants mâles qu'on n'en procrée maintenant au milieu de toutes les bénédictions de la paix. Est-ce que l'exaltation de ces temps héroïques était plus favorable à ce phénomène que les douceurs du repos? Nous l'ignorons; et nous ajournons à quelque occasion future, une étude plus étendue de cette curieuse question d'anthropologie.

Une autre anomalie remarquable nous est offerte, dans la différence des sexes. C'est l'inégalité de leur nombre qui est générale et constante dans toute population. Partout il y a plus de femmes que d'hommes, et c'est uniquement la proportion de leur excédant qui varie. Les causes de cette exubérance sont évidemment : la guerre, les émigrations, les professions insalubres, les périls de la navigation, de la grande pêche, de l'exploitation des mines, et beaucoup d'autres destinations qui occasionnent parmi les hommes une mortalité supérieure à celle des femmes. Il faut que l'influence de ces causes soit très-puissante, puisqu'elle détruit d'abord l'effet du phénomène naturel, qui rend plus nombreuses d'un 17ᵉ les naissances mâles, et que, de plus, elle diminue la quantité des hommes, de manière à la rendre beaucoup moindre que celle de femmes. Voici quelques exemples de cette différence, qui affecte la société dans ses principaux éléments.

L'excédant du nombre des femmes était, en Angleterre, exclusivement à l'Écosse et à l'Irlande :

En 1801 de 355,564 un 11ᵉ
   1811 — 387,301 un 12ᵉ
   1821 — 310,543 un 18ᵉ
   1831 — 355,636 un 19ᵉ
   1841 — 360,306 un 21ᵉ

On voit que cet excédant a diminué de moitié depuis la paix. Cependant il est encore double ou presque triple de celui qui existe en France maintenant ; une telle différence entre deux pays voisins témoigne l'étendue de l'influence qu'exercent les professions sur la durée de la vie humaine. Voici quel est, d'après nos recensements, l'excédant du nombre des femmes, au delà du nombre des hommes.

Excédant des femmes.
1801,   727,233   un 35 5.
1821,   878,998   un 35
1831,   576,578   un 56 5.
1836,   619,508   un 54 5.

Ainsi, il est établi que les femmes sont constamment en plus grand nombre que les hommes dans la population de la France. Leur surabondance est considérable; elle surpasse le nombre des habitants d'un département du royaume; elle varie selon les époques; elle a diminué progressivement depuis le commencement du siècle; elle est moindre, à présent, de 60 pour cent.

Néanmoins, les hommes perdent d'abord l'excédant du nombre de leurs naissances, qui est de 168,000 individus, et ensuite un nombre égal à celui dont les femmes sont supérieures, s'élevant à environ 620,000, au total un déficit de près de 800,000. Cette mortalité a pour cause : les périls du premier âge, qui sont plus grands pour les garçons que pour l'autre sexe, et ceux qui sont réservés aux hommes, dans leur vie aventureuse.

L'exhubérance des femmes laisse irrémédiablement dans le célibat, ou dans le veuvage, plus d'un demi-million d'entre elles, qui ne rencontrent dans la société que des places déjà occupées. L'invasion qu'ont faite récemment les hommes de beaucoup de professions des femmes, notamment de leur emploi dans les magasins, dans la domesticité, et autres humbles positions, réduit à la détresse une foule de femmes qui ne peuvent, par défaut d'hommes disponibles, trouver à se marier. Il est juste, il est instant que les Pouvoirs publics les protégent contre ces usurpations dont les progrès s'augmentent chaque jour, et deviennent très-nuisibles à la société.

II. — LES AGES partagent naturellement les populations, en une centaine de séries, graduées d'année en année, depuis la naissance jusqu'à la mort. Ils forment, dans la société civile, des groupes de personnes qui ont des besoins semblables ou des droits et des devoirs analogues. Il y a des fixations légales pour chacun d'eux. On est militaire à 20 ans, électeur à 25, député à 30, vétéran à 60; mais les révolutions et le génie s'affranchissent des règles établies pour les âges. Voltaire faisait *OEdipe* à 17 ans, et Napoléon, général en chef de l'armée d'Italie, remportait, à 25 ans, les victoires de Montenotte, Millesimo et Mondovi.

Lorsqu'on partage plusieurs populations en différentes séries, selon les âges des individus qui les composent, on trouve qu'il existe de grandes et singulières diversités dans les séries correspondantes, et que des peuples contemporains, dont les territoires sont limitrophes, diffèrent essentiellement dans les éléments dont ils sont composés. Quelques-uns offrent une quantité d'enfants exubérante; chez d'autres, les vieillards occupent une place qui est proportionnellement beaucoup plus grande que chez des peuples voisins; il en est enfin où les classes formées par les personnes qui sont au milieu de la vie, sont bien plus nombreuses que dans la plupart des autres parties de l'Europe.

Ces différences sont réelles, ou seulement apparentes; celles-ci sont produites par l'imperfection des documents dont on est forcé de faire usage, pour explorer ce sujet; mais les premières résultent de causes physiques difficilement appréciables, et d'éventualités dont on ne peut nier l'action, quoiqu'on ne sache ni quelle est son étendue, ni quelle est sa durée. Une guerre longue et acharnée, comme celle qui a rempli les neuf dernières années du xviiie siècle et les seize premières de celui-ci, a pour effet de diminuer la partie virile des populations, et de réduire les générations à l'enfance. Une civilisation imparfaite, qui laisse les enfants sans soins, sans défense contre tous les maux dont leur existence est menacée, n'atténue point, comme on pourrait le croire, leur proportion à la masse générale. Au contraire, plus leur mortalité est grande, plus leur nombre s'accroît; et par exemple, puisqu'en 1780 il naissait en France autant et plus d'enfants sur 24 millions d'habitants, qu'il y a peu d'années pour une population de 33 millions, il est évident qu'alors la mortalité des premiers âges, et généralement celle de l'enfance était bien plus considérable qu'aujourd'hui, proportionnellement à la population.

Les effets d'une pareille différence sont évidents. Si dans deux masses d'hommes égales en nombre, il en est une où l'enfance et la vieillesse occupent une place plus grande que dans l'autre, celle-ci, qui conséquemment est supérieure aux classes arrivées au milieu de la vie, est nécessairement plus puissante sous les rapports physiques et moraux, quoiqu'elle ne soit formée que d'une même quantité d'individus. Il en est ainsi dans tout pays qui présente, à des époques différentes de son histoire, des différences semblables dans la composition de sa population.

Quelque important qu'il soit de savoir les âges des populations, on les connait fort mal. C'est la partie la plus imparfaite de la Statistique; il faut dire aussi que c'est l'une de celles qui rencontrait le plus d'obstacles. C'est donc sans pouvoir prétendre à une grande exactitude que nous adoptons les termes suivants, donnés par les meilleurs documents que nous ayons trouvés.

1° ENFANCE JUSQU'A QUINZE ANS.

Londres,	1 enfant sur	2 40 habitants.
Irlande,	1 —	2 44 —
Iles Britanniques,	1 —	2 52 —
Angleterre,	1 —	2 60 —
Écosse,	1 —	2 63 —
Suède,	1 —	3 —
France,	1 —	3 —
Paris,	1 —	3 30 —

2° MILIEU DE LA VIE, DE QUINZE ANS A SOIXANTE.

France,	59 individus sur 100		habitants.		
Suède,	59	—	100	—	
Irlande,	56	—	100	—	
Paris,	56	—	100	—	
Angleterre,	54	—	100	—	
Iles Britanniques,	54	—	100	—	
Londres,	53	—	100	—	
Écosse,	50	—	100	—	

3° VIEILLESSE, DEPUIS SOIXANTE ANS.

Paris,	1 vieillard sur 9 50		habitants.		
France,	1	—	12 15	—	
Suède,	1	—	12 40	—	
Écosse,	1	—	12 40	—	
Iles Britanniques,	1	—	15 70	—	
Londres,	1	—	18 20	—	
Irlande,	1	—	26 20	—	

Les résultats suivants sortent de ces chiffres :

En Irlande existe le plus grand nombre d'enfants eu égard à la population, et en France le moindre nombre. Il y a deux enfants sur cinq habitants, dans le premier de ces pays, et dans le second, deux sur six.

En Angleterre et en Écosse, les enfants sont presqu'également multipliés ; ils le sont moins qu'en

Irlande, mais beaucoup plus qu'en France et en Suède, où la proportion est à peu près la même.

La différence la plus considérable existe entre Londres et Paris; dans la première de ces capitales trois enfants correspondent à neuf ou dix habitants, et dans la seconde à sept seulement. L'usage d'élever les enfants à la campagne est sans doute l'origine de cette disparité.

Les classes qui forment le milieu de la vie sont plus nombreuses en France et en Suède que dans les Iles Britanniques, ce qu'il faut attribuer à la vie maritime et à la vie industrielle, qui ont une plus grande mortalité.

La vieillesse est presque semblable en France, en Écosse et en Suède, mais elle est moindre en Angleterre et surtout en Irlande, où une vie de souffrance et de misère ne permet pas une longue existence. Les vieillards sont moitié plus nombreux à Paris qu'à Londres. On n'en compte qu'un seul dans cette dernière ville sur 18 habitants, tandis que dans la première il y en a deux. La métropole de l'Angleterre est une ville d'affaires, d'activité, de mouvement; elle convient mal au vieil âge. Paris est, au contraire, un asile où chacun peut suivre ses goûts et se livrer, à son gré, au repos, à l'étude ou aux plaisirs.

On suppose qu'en France il y a, par approximation :

11,333,000 enfants jusqu'à 15 ans ou un tiers de la population.

15

20,060,000 personnes des deux sexes jusqu'à 60 ans ; 6 sur 10.

2,607,000 vieillards ou un 12e.

En admettant ces chiffres avec toute réserve, on trouve que l'enfance est presque égale à la moitié de la classe du milieu de la vie. Sur 13 personnes des deux sexes, il y a 4 enfants, 8 individus dans la plénitude de l'existence et un vieillard seulement. La levée en masse de la population mâle, de 16 ans à 60, sans distinction, s'élève à dix millions ; mais il y a une correction d'un vingtième pour l'excédant des femmes, et une autre d'un dixième pour les individus qui ne sont pas propres au service militaire. C'est une défalcation de 1,500,000, qui laisse neuf millions et demi pour la défense du territoire. C'est plus d'un quart de la population totale, proportion, qui existait déjà chez les peuples de la Gaule, du temps de Jules César.

III. — L'ÉTAT CIVIL DES PERSONNES divise les populations en catégories dont l'appréciation sociale est fort différente. Le mariage est l'origine de ces diversités ; sous son régime, les enfants qui naissent sont légitimes ; en dehors, ils sont naturels ; sous son autorité vivent les gens mariés des deux sexes ; en dehors les célibataires ; et, lorsque ses liens sont rompus, il fait encore surgir deux nouvelles classes : celles des veufs et des veuves. La propriété, la morale, le bien public sont intéressés à la connaissance statistique de ces subdivisions légales de la société. Nous les énumérerons rapidement.

Les enfants nés sous la protection du mariage, forment la grande masse de ceux qui, chaque année, renouvellent la population. Il y en a maintenant 929 sur 1,000 naissances. En 35 ans, depuis le commencement du siècle, cette proportion avait été, sur 33 millions de naissances de 936 sur 1,000. Conséquemment la moyenne de cette longue période donne un rapport un peu plus fort que celui existant aujourd'hui. Depuis plusieurs années, malgré l'accroissement progressif de la population, le nombre des enfants légitimes varie faiblement, ce qui l'atténue quand on le compare au chiffre des recensements. Il y a eu :

En 1801, une naissance légitime sur 31. 35 habit.
    1811, une   —   33. 42
    1821, une   —   33. 46
    1831, une   —   35. 59
    1836, une   —   36. 50
    1844, une   —   37. 01 *

Ainsi en l'espace d'une génération, le nombre des enfants légitimes, comparé à la population, a diminué d'un sixième. Ce changement considérable a trois causes, établies par le calcul : 1° L'atténuation de la fécondité des femmes mariées ; 2° la diminution du nombre des mariages eu égard à la population ; 3° l'accroissement du nombre des enfants naturels. L'importance de ces vicissitudes

---

* Y compris les enfants mort-nés, comme aux époques précédentes.

sociales exigerait un examen spécial, auquel nous nous livrerons ailleurs.

Les enfants nés hors du mariage étant comparés au nombre des naissances annuelles, on trouve qu'il y en a à peu près autant en France, en Suède, dans les Pays-Bas, en Norwége, en Bavière, en Hanovre, en Prusse, etc. Ils sont plus multipliés en Danemark, en Saxe, dans le Wurtemberg, en Bohême, dans l'archiduché d'Autriche et même en Islande, sous le cercle polaire. Il y en a moins en Italie, ce qui s'explique par le jeune âge auquel les filles sont mariées. En Angleterre, on a constaté, en 1842, la naissance d'un enfant naturel sur 15 naissances totales; et en France, à la même époque, le rapport d'un à 14.10. D'où il suit que le nombre des enfants, nés en France hors du mariage, n'a rien d'extraordinaire, ainsi qu'on le suppose, sans prendre connaissance des faits numériques; et qu'au contraire il est semblable à celui qu'offrent des pays qui, comme la Norwége, n'en jouissent pas moins de la réputation d'une grande moralité.

Suivant quelques censeurs du temps où nous vivons, le nombre des enfants naturels serait l'expression mathématique de la corruption des sociétés modernes. Cette opinion s'accorde mal avec les témoignages de la Statistique. Si l'on mesure par la proportion des naissances, la place que tiennent ces enfants dans la société, on trouve qu'en réunissant dix pays parvenus à une haute civilisation et peuples de 68 millions d'habitants, il n'y a pas moins, dans ce nombre, de 5,670,000 personnes nées en dehors du mariage, ou un 12e.

On ne saurait, avec vraisemblance, attribuer au libertinage une si grande masse d'hommes, car l'expérience de tous les siècles et de tous les pays nous enseigne que la débauche est frappée de stérilité. Les courtisanes de la Grèce n'avaient point d'enfants; parmi les filles d'honneur dont Catherine de Médicis faisaient servir les faveurs à des intrigues politiques, une seule devint mère; les trois à quatre mille filles publiques, qui existent à Paris, ne sont pas plus fécondes; et il faut bien qu'il en soit ainsi à Londres, puisque dans cette capitale, où l'on compte, dit-on, 80,000 prostituées, il y eut seulement, en 1830, 934 naissances d'enfants illégitimes, nombre égalant tout au plus le 30e des naissances totales.

Ce sont donc d'autres causes que l'immoralité des sociétés, qui multiplient les enfants naturels. En cherchant à les découvrir, on est bientôt convaincu qu'elles sont beaucoup plus compliquées et plus profondément enracinées qu'on ne le suppose. Ce sont principalement :

1° Les mariages tardifs, qui remplacent dans une grande partie de l'Europe, les unions précoces d'autrefois, et qui, laissant au célibat l'âge des passions, lui permettent de remplacer, par des enfants naturels, les enfants légitimes dont il prive la société;

2° Les difficultés, les délais, les dépenses qu'entraîne avec lui un double mariage civil et religieux, et qui en font, pour beaucoup de gens, un objet d'ennui, de répugnance et d'effroi;

3° Les exigences d'une civilisation avancée, qui, mettant le luxe au rang des besoins, condamnent au célibat, parmi les classes supérieures, toute fille qui n'a pas de dot, tout homme qui n'a pas de position sociale;

4° La concentration de la population dans les grandes villes, où les deux sexes vivent dans une indépendance dont le danger n'est diminué ni par la surveillance des familles, ni par la crainte du public.

Les chiffres suivants expriment l'action de cette dernière cause, en montrant comparativement quelle est la proportion des naissances d'enfants naturels, aux naissances totales annuelles, dans les villes et dans les campagnes.

NAISSANCES D'ENFANTS NATURELS.

		Dans les villes.	Dans les campagnes
Pays-Bas,	1824,	1 sur 8.	1 sur 18.
Suède,	1821,	1 — 6.	1 — 18.

Ainsi la différence est du double au triple.

5° Le rapprochement intime ou la promiscuité, que produisent forcément, entre les deux sexes, les travaux des manufactures. En voici les effets :

NAISSANCES D'ENFANTS NATURELS, EN ANGLETERRE.

	Dans les comtés manufact.		Dans les comtés agricoles.	
Lancastre	1 sur 13.	Bedford	1 sur 30.
Stafford	1 — 17.	Hertford	1 — 28.
Yorck. W. R.	1 — 18.	Cornwall	1 — 32.

La différence est du double au triple.

NAISSANCES D'ENFANTS NATURELS, EN FRANCE, EN 1835.

	Dans les départ. manufact.		Dans les départ. agricoles.	
Rhône	1 sur 6. 2.	Vendée	1 sur 27. 5.
Seine infe.	1 — 7. 6.	Morbihan	1 — 30. 5.
Nord	1 —10. 2.	Ille-et-Vilaine	1 — 32.

La différence est du quadruple, mais elle est augmentée par la concentration de la population dans les villes de premier ordre.

6° L'affaiblissement du sentiment populaire, qui faisait vénérer autrefois le mariage comme un acte essentiellement religieux, tandis qu'il est rangé très-souvent aujourd'hui parmi les conventions sociales dont la sanction légale peut être différée ou négligée.

7° Le célibat militaire auquel est astreint, dans toute l'Europe, un homme sur 50, ou même, comme en Prusse et en Russie, sur 35 ou 36. L'enfance et la vieillesse augmentent cette proportion de moitié; et les armées permanentes, entretenues pendant la paix actuelle, imposent à un 25ᵉ et jusqu'à un 17ᵉ de la population civile, l'obligation de s'abstenir du mariage.

Sans doute, une partie de ces causes a une origine récente; mais il ne faudrait pas en induire, comme on est communément disposé à le faire, pour vanter le passé aux dépens du présent, que jadis le nombre des enfants nés hors le mariage était beaucoup plus borné. A défaut des causes qui appartiennent à la civilisation moderne, il en existait d'autres, résultant de l'état dans lequel était alors la société :

1° L'esclavage, qui, dans l'antiquité, livrait aux maîtres la chasteté des femmes qu'ils avaient acquises par héritage, à prix d'argent ou par le droit du plus fort. On n'en peut douter en voyant Alexandre et Scipion exaltés pour leur continence et leur vertu, parce qu'ils n'avaient pas violé, l'un les femmes de Darius, et l'autre, la jeune espagnole que la fortune de la guerre avait rendue sa prisonnière, c'est-à-dire son esclave.

2° La servitude du moyen âge, qui avait les mêmes effets, et qui faisait naître également en dehors du mariage une multitude d'enfants. Le viol n'était puni alors que d'une manière illusoire, quand une fille dans l'esclavage en était la victime. D'après la loi salique on le rachetait pour 15 sols, tandis qu'il fallait en payer 62, ou le quadruple, quand la femme était libre. La loi Bavaroise n'exigeait que 4 sols de celui qui avait fait violence à la fille d'un serf. Cette amende s'élevait à 40, ou à une valeur décuple quand c'était la fille d'un homme libre. D'après les lois des Franks, on ne payait pas davantage pour avoir violé une esclave que pour avoir touché la main seulement de toute autre femme.

3° Les guerres barbares qui ne cessaient de désoler l'Europe, et qui étaient constamment accompagnées par le rapt, dans la marche des troupes à travers les campagnes, dans le saccagement des villes, et jusque dans la violation des sanctuaires par des sectes ennemies. Lorsqu'au XVIe siècle la Réforme appela les femmes à des mœurs plus sévères que celles du temps, les chefs des armées catholiques se complurent, dans toutes les occasions de la guerre civile, à les livrer à la brutalité de leurs soldats. Le duc de Montpensier, dit Brantôme (t. III, p. 364), ne permettait pas qu'une seule de ses prisonnières fût épargnée.

4° Le célibat clérical et monastique, dont l'influence était encore fort puissante, il y a 60 ou 80 ans. La proportion des individus soumis à des vœux était alors, ainsi qu'il suit, à la population totale et au nombre des adultes :

A Rome. . .	1760	1 sur 10 habitants.	1 sur	5 adultes.
En Portugal. .	1788	1 — 15 —	1 —	7.5 —
En Sicile. . .	1827	1 — 27 —	1 —	13.5 —
En Espagne. .	1740	1 — 30 —	1 —	15 —
En France. .	1667	1 — 74 —	1 —	35 —
—	1788	1 — 80 —	1 —	40 —

15.

Ainsi que plus est grand le nombre des voleurs, plus les vols sont multipliés, il y a certainement un rapport proportionnel entre le nombre des célibataires et celui des enfants naturels et des enfants trouvés. A Lisbonne, de 1815 à 1819, en présence du célibat monastique le plus étendu, les deux cinquièmes des enfants naissaient hors le mariage. A Mayence, de 1825 à 1828, sous l'influence du célibat militaire d'une forte garnison, la moitié des enfants nés annuellement étaient illégitimes.

On voit, par ces aperçus rapides, que les causes qui multipliaient autrefois les enfants naturels, ne le cédaient en rien à celles qui agissent sur les sociétés modernes; et qu'il n'y a nul fondement à prétendre que c'est un effet de la démoralisation du temps et du pays. Les bâtards, comme on les appelait alors, occupaient une si grande place dans toutes les populations soumises au joug de la féodalité, que, dans chacune des 400 coutumes qui tenaient lieu, en France, de Code-civil, on retrouve une foule de dispositions tendantes à assurer la propriété de leurs biens, au roi ou au seigneur, au détriment de leurs héritiers naturels. Si leur nombre et leurs dépouilles n'eussent pas été considérables, on n'eût pas pris tant de soins à établir cette injuste législation.

Il est très-vraisemblable que la seule différence entre les temps anciens et les nôtres, c'est que jadis on ignorait le nombre des enfants naturels, tandis qu'on le sait en France avec précision, depuis l'institution des registres de l'état civil.

Les célibataires n'étant point recherchés comme jadis à Rome, pour le crime de refuser des citoyens à la patrie, on n'établit pas séparément leur nombre, dans les recensements, et ils y sont confondus, sous les titres de non-mariés, avec les enfants des deux sexes. En cherchant à les en séparer, on trouve qu'il y en a plus de sept millions ou environ un tiers de la population adulte.

Les individus non-mariés paraissent être maintenant plus nombreux qu'autrefois. On en comptait, en 1789, 48 pour cent habitants, et aujourd'hui 55. Ce dernier terme a très-peu varié depuis le commencement du siècle. Il est plus élevé dans quelques autres pays; et par exemple en Danemark, l'année 1834 offrait le terme de 62 à 100, et en Angleterre celui de 60. En général, cette classe comprend chez nous plus de la moitié de la population.

Celle des gens mariés des deux sexes en renferme un grand tiers ou même deux cinquièmes. On supposait, en 1790, qu'elle était de 46 pour cent habitants; elle est à présent de moins de 36 comparativement au même terme; ce qui fait une différence considérable, se rapprochant de 25 pour cent, et montrant un avantage proportionnel pour notre temps.

Le veuvage laisse dans la viduité, un plus grand nombre de personnes qu'on ne l'imagine communément; il n'y a pas moins, en France, de 2,358,000 veufs et veuves, ou presque 7 sur 100 habitants.

Cette proportion est invariable, et n'est pas éloignée de celle des pays voisins. Mais, il faut remarquer que les deux éléments qui forment ce terme, sont fort inégaux. Les veuves sont en bien plus grand nombre que les veufs, sans doute à cause de la difficulté qu'elles trouvent à se remarier. Il y a toujours en France deux veuves pour un veuf, et en Angleterre il y en a quatre et plus.

En résumé, on peut admettre que sur 5 habitants d'un pays il y a un couple d'époux.

Les enfants, les célibataires, les veufs et les veuves forment trois cinquièmes de la population.

Il y a, dans le veuvage, deux fois plus de femmes que d'hommes.

L'état civil des personnes varie, selon les époques, tant dans le nombre que dans la proportion des classes qui composent la population; il diffère même selon les conditions sociales. Suivant les recherches de Nicander, en Suède, c'est parmi les bourgeois que se fait le plus grand nombre de mariages, et parmi les nobles qu'il y en a le moins. Plus les rangs sont élevés, et plus est considérable le nombre des personnes qui restent dans le veuvage. On compte en Suède un veuf sur 20 nobles, tandis que cette proportion se réduit à un sur 34 paysans. Il y a une veuve sur 7 femmes nobles, et une pour douze paysannes. Si les affections de la famille font le bonheur de la vie, il y a d'autant moins de chance d'être heureux qu'on appartient à un rang plus élevé.

En comparant à deux époques fort différentes l'état du veuvage des deux sexes dans la ville de Paris, nous trouvons les chiffres suivants :

	Veufs.	Veuves.	Total.
1806	1 sur 40 hab.	1 sur 14	1 sur 10.3
1841	1 — 60 —	1 — 17	1 — 13.5

Il s'ensuit que le veuvage est bien moindre à Paris qu'il ne l'était il y a 40 ans, et qu'il a diminué d'un tiers, sans doute par l'effet d'une plus grande aisance domestique.

IV. — LES CONDITIONS SOCIALES partagent la société en une multitude de castes, d'ordres, de classes, de rangs superposés, qui fondent leur supériorité sur le pouvoir, la propriété, la tradition, la richesse, la science et tous les autres avantages réels ou fictifs dont il est possible de se prévaloir.

L'inégalité parmi les hommes remonte aux premiers jours du monde; il y avait déjà des grands avant le déluge, et même ils s'emparaient des filles du peuple quand elles étaient belles[*], ce qui donne une date de quarante-huit siècles à l'origine du droit féodal du seigneur. Dès lors, la société, qui venait de naître, était divisée par castes distinctes, héréditaires et séparées, savoir : les bergers, qui descendaient d'Abel; les laboureurs attachés à la glèbe, en punition du crime de Caïn, leur aïeul; et les industriels, dont le plus renommé fut Tubal-

---

[*] Genèse, VI, 1 et 4.

cain. Ces derniers étaient probablement des esclaves, car on ne peut douter qu'il n'y en eut, dans ces temps, puisque Noé en parle comme d'une chose légale et commune, dans sa malédictiou contre son petit-fils Chanaan *. Si l'on joint à cette hiérarchie primitive, le sacerdoce, qu'exerçaient les chefs de famille, on reconnaît que, presqu'au sortir de l'Éden, l'espèce humaine était déjà soumise au même ordre social, qui a régi les peuples anciens et modernes jusqu'à nos jours. Il a fallu la révolution de 1789, pour renverser cette institution antédiluvienne, détruire le privilége des castes et briser le terrible joug de l'esclavage. Ce sera la gloire immortelle de la France d'avoir abattu cette vieille forteresse où s'abritaient les tyrannies, qui ont opprimé les hommes pendant plus de 4,000 ans.

Nous ne ferons pas, ici, l'histoire des castes qui ont arrêté si longtemps l'essor des peuples vers de meilleures destinées ; mais nous établirons par des termes numériques, quelle est l'étendue des effets d'une révolution, qui change progressivement l'organisation de notre vieille société, et qui déplace la richesse territoriale et la puissance publique, dans tous les États de l'Europe, quel que soit leur gouvernement. Cette révolution imminente s'opère principalement : par le décroissement plus ou moins rapide du nombre des membres de la no-

---

* Genèse, VIII, 25.

blesse et du clergé, et par la perte des anciens priviléges de ces corps, ainsi que par la diminution
de leurs biens fonciers.

1° — LA NOBLESSE, qui a regné mille ans sur la
société européenne, a perdu sa toute-puissance,
dans sa lutte contre le génie du xviii⁰ siècle dont
la révolution française n'est que la manifestation.
Cependant elle forme encore, malgré ses pertes
immenses, un corps riche et nombreux. Il y a plus
de trois millions de nobles des deux sexes ou un
sur 60 habitants, dans les États de l'Europe principaux et secondaires; dans ceux du Nord, au
nombre de huit seulement, il y en a un sur 52
personnes, et un sur 67, dans les États du Midi.
On compte, par approximation :

En Espagne	732,000 nobles	1 sur	12 hab.
Pologne	280,000	—	1 —	12 —
Prusse	900,000	—	1 —	13 —
Autriche	634,000	—	1 —	43 —
Portugal	72,300	—	1 —	50 —
Russie d'Eur.	600,000	—	1 —	70 —
Italie	100,000	—	1 —	200 —
Suède	10,000	—	1 —	255 —
Allemagne	32,000	—	1 —	300 —
Danemark	5,000	—	1 —	386 —
Iles Britanniq.	15,620	—	1 — 1,400 —

Il n'y a point de noblesse en Norwége, en Suisse
et en Grèce. En France, en Belgique, en Prusse, en
Italie, la noblesse est purement honorifique, et a

cessé d'être féodale, privilégiée, et en dehors du droit commun. En perdant en France l'hérédité dans la chambre des pairs, elle a même cessé d'être politique.

On voit que le nombre des nobles varie considérablement; il est 118 fois aussi grand en Espagne, en Pologne et en Prusse que dans les Iles Britanniques; il y a quatre fois autant de nobles en Portugal qu'en Italie, et six fois autant qu'en Allemagne, proportionnellement à la population.

Partout ce corps est d'origine militaire, et descend d'une race qui a dû au succès de ses armes sa superiorité sur les autres habitants du pays, et la possession des biens territoriaux qui l'enrichissent. C'est sur les droits de la guerre, sur la conquête et sur l'asservissement des populations que fut fondée d'abord la puissance de la noblesse dans les différentes parties de l'Europe. L'ancienne noblesse française se rattachait aux conquêtes des Franks; celle d'Espagne, à l'invasion de la Péninsule par les Visigoths; celle de Russie et de Pologne, aux irruptions des Slaves; enfin, celle d'Angleterre descend des chevaliers normands, compagnons de Guillaume de Normandie. Les émirs, qui forment en Turquie une sorte de noblesse d'environ 350,000 hommes, ont la prétention d'être du sang de Mahomet. Ils sont en partie propriétaires des Zaïmes et des Timariots, fiefs militaires érigés lors de la destruction de l'empire grec.

Les révolutions ont rassemblé dans le même territoire plusieurs noblesses d'origines différentes, tandis que, d'un autre côté, plusieurs pays ont la même noblesse. Ainsi, la noblesse germanique est la souche de la moitié des noblesses de l'Europe ; elle s'étend en Allemagne, en Prusse, et dans une partie de l'Autriche, de la Russie et de la France. La plus nombreuse après elle est la noblesse slave, qui compte plus d'un million d'individus. On doit considérer ces races, ou du moins une grande partie d'entre elles, comme existant plutôt historiquement que physiologiquement. Plus les peuples auxquels elles appartiennent se sont tenus éloignés de la civilisation, et plus l'orgueil du sang les a conservées sans mélanges. Les nobles tartares, les émirs, les magnats, les boyards, les gentilshommes bretons, et les chefs des clans écossais ont manifestement, de nos jours, le même type que dans les temps les plus reculés. En créant des intérêts contraires à la distinction des castes, la civilisation tend à diminuer à la fois la pureté des races nobles et le nombre des individus qui les composent. Au rapport de Montgaillard, Chérin, le généalogiste officiel de la France, déclarait publiquement qu'il y avait tout au plus 300 familles pouvant prouver leur noblesse par titres authentiques, et faisant remonter leur ascendance jusqu'au xive siècle. Sur quinze à seize mille familles nobles, il admettait, en 1738, qu'il y en avait :

1,500, ou un dixième seulement provenant de l'état militaire ;

0, ou la moitié, anoblies par des charges
?s ;

6,000, ou deux cinquièmes, sorties de la roture
par des lettres d'anoblissement vendues ou accordées.

Quant à la diminution du nombre de la noblesse,
elle est très-grande et très-rapide. Les faits numériques que voici, pris à des sources authentiques,
permettent de fixer les idées à cet égard. On comptait :

					hab.				hab.
En Suède. .	en 1760	1	noble sur	230	en 1817	1	sur	270
Saxe. . . .	1775	1	—	80	1814	1	—	174
Russie. . .	1782	1	—	59	1815	1	—	70
Allemagne.	1788	1	—	150	1815	1	—	300
Pologne . .	1760	1	—	16	1829	1	—	37
Espagne. .	1778	1	—	7	1812	1	—	16
Venise. . .	1581	1	—	22	1788	1	—	410
Angleterre.	1066	1	—	42	1401	1	—	88
—	1401	1	—	88	1688	1	—	175
—	1688	1	—	175	1811	1	— 12500
France. . .	1500	1	—	50	1700	1	—	80
—	1700	1	—	80	1757	1	—	133
—	1757	1	—	133	1788	1	—	160

Ainsi la diminution du nombre des nobles, proportionnellement à la population, a été :

En Suède, d'un sixième en 57 ans ;
Saxe, de moitié en 39 ans ;
Russie, d'un sixième en 67 ans ;
Allemagne, de moitié en 31 ans ;
Pologne, des quatre cinquièmes en 69 ans ;

Espagne, de près de moitié en 34 ans ;

Venise, de dix-huit dix-neuvièmes en 207 ans ;

Angleterre , de plus de moitié, de 1086 à 141,
en 315 ans ;

   —   de moitié, de 1401 à 1688, en
287 ans ;

   —   des deux sixièmes , de 1688 à
1811, en 123 ans ;

En France, d'environ moitié, de 1500 à 1700,
en 200 ans ;

   —   de beaucoup plus de moitié, de 1700
à 1757, en 57 ans ;

   —   d'un cinquième, de 1757 à 1788, en
31 ans.

Au total :

En Angleterre, de 1401 à 1811, de 47,500 nobles en 410 ans.

En France, de 1500 à 1788, de 200,000 nobles en 288 ans.

Le corps de la noblesse qui était, en Europe, il y a 60 ans, de cinq millions et demi de personnes, ou d'un sur 30 habitants, n'est plus que d'environ 3,700,000 ou un sur 57 personnes. Il a donc éprouvé une diminution absolue d'un tiers, et une diminution relative à la population, de près de moitié.

On peut admettre, par une approximation vraisemblable, qu'il y a 340 ans les nobles de l'Europe, c'est-à-dire les barons, les chevaliers, les écuyers et tous les gentilshommes d'autres titres, formaient avec leur famille le quart de la population du continent. D'autres calculs permettent de croire qu'un second quart était formé par le clergé régulier et séculier, et par les bourgeois des villes. Le reste, s'élevant à la moitié de la population, consistait en serfs, hommes de corps, paysans et autres classes assujetties à la servitude. C'est ce qui explique comment les insurrections des Jacques, des Pastoureaux et autres levées en masse des campagnes, étaient si facilement comprimées par la nombreuse gendarmerie que pouvait rassembler la noblesse.

Les causes du déclin d'une puissance si longtemps formidable aux peuples et aux rois, méritent d'être énumérées; les unes sont physiologiques, les autres économiques ou éventuelles.

Les révolutions violentes ne sont pas la seule puissance qui attaque les castes héréditaires; il en est une autre qui les mine sourdement, et les détruit plus sûrement. C'est l'extinction naturelle des familles par l'excédant des décès sur les naissances, phénomène unique dans la race humaine, et qui semble un châtiment infligé par la Providence éternelle, en punition de l'orgueil et de l'abus du pouvoir. Cinquante maisons patriciennes seulement s'étaient conservées, lorsque la République romaine fut engloutie dans l'Empire[1]. Quand le Stathoudérat fut établi, il ne restait en Hollande que quatre ou cinq familles nobles, et dans la province de Zélande, l'ordre équestre était entièrement

---

[1] Denys d'Hal. lib. 85, c. 72.

éteint. A Venise, le nombre des nobles, chefs de famille, était d'abord de 2,000. En 1775, il était réduit à 1530 et en 1785 à 1262. A Berne, sur 487 familles possédant les droits de la haute-bourgeoisie, entre 1583 et 1654, il s'en éteignit 379 en l'espace de deux siècles. En France, les 70,000 familles nobles, qui existaient en l'an 1500, n'étaient plus qu'au nombre de 3,000 en 1735, et, en deux siècles et demi, une seule sur 23 avait échappé à la destruction. Il était reconnu que les neuf dixièmes de la noblesse ne devaient leur titre qu'à des substitutions. Enfin, des 700 barons qui suivirent Guillaume-le-Conquérant en Angleterre, il ne restait, au témoignage de Hume, en 1775, au bout de 710 ans, qu'une seule famille, celle de d'Arcy, dont le lord Holderness était le dernier et unique héritier.

Les causes éventuelles, qui ont eu pour effet de diminuer ainsi le nombre des nobles, sont principalement : les croisades qui en firent périr une multitude et ruinèrent la plupart des autres; les établissements européens dans les deux Indes, qui ne furent pas moins meurtriers; en Angleterre, les guerres civiles entre les maisons d'York et de Lancastre; en France, les guerres de religion, et en Italie, celles entre les Guelfes et les Gibelins; l'ascendant du commerce dans la Lombardie; la politique de Louis XI et de Richelieu; l'émancipation de la Suisse et des Pays-Bas, et surtout la prépondérance de l'industrie, qui a créé de nouvelles richesses et multiplié les propriétaires, dans d'autres classes que la noblesse, qui jadis les renfermait tous. L'action de cette dernière cause continue maintenant d'agir dans toute l'Europe, avec une activité redoublée ; elle tend à diminuer de plus en plus le nombre des nobles, dans les pays où ils conservent encore une partie de leurs anciennes prérogatives.

L'effet économique de cette diminution est de reverser, après une possession séculaire, les biens immenses, que possédait le corps de la noblesse, dans la masse des propriétés communes de chaque pays. Voici un inventaire de ces biens, borné aux fiefs ou terres inaliénables et privilégiées, exemptes de tout impôt et autres charges publiques, et appartenant à la noblesse et parfois au haut-clergé, aux époques ci après indiquées :

Suède,	1748	80,205 fiefs.
Danemark,	1788	964
Russie d'Europe,	1814	800,000
Pologne	1760	22,032
Hongrie,	1785	217,018
Bohême,	1775	1,415
Autriche, Tyrol,	1775	1,551
Bavière,	1775	61,515
Saxe,	1784	1,591
Mecklembourg,	1780	12,545
Allemagne,	1770	2,000 fiefs immé-
Silésie,	1775	4,883 [diats

Suisse,	1350	1,200
France,	1750	70,000
Angleterre,	1066	63,637
Espagne,	1750	84
Portugal,	1789	66
Roy. de Naples,	1793	12,238
Sardaigne,	1826	376
Turquie d'Europe,	1720	12,578 fiefs milit.

TOTAL :   1,365,898

Plusieurs parties de l'Allemagne et de l'Italie ayant échappé à ces recherches, on peut admettre qu'il existait, en Europe, plus de 1,500,000 fiefs, supposant sept millions et demi de nobles, possesseurs de biens territoriaux privilégiés. Or, un tableau détaillé de la noblesse qui existe maintenant, ne s'élève qu'à 3,700,000 personnes ; il y a donc une réduction de plus de moitié, dans le nombre des possesseurs de biens féodaux, même en supposant que toute la noblesse actuelle conserve des propriétés territoriales, hypothèse fort éloignée de la vérité.

Les fiefs avaient une étendue immense : ceux de la Bavière occupaient 648 lieues carrées, ou le tiers du territoire ; ceux du Mecklembourg comprenaient 110 lieues carrées, ou la moitié du pays. En 1818, les 29 terres féodales du grand duché de Bade avaient 250 lieues carrées, faisant le tiers des propriétés ; celles de la Sicile avaient, en 1809,

165 lieues carrées, ou presque les deux tiers des biens territoriaux ; celles du royaume de Naples ont 2,992 lieues carrées, ou les trois quarts du territoire. Chacune des propriétés nobles de la Russie d'Europe a, en terme moyen, 1000 hectares de surface. En Angleterre, après la conquête, les 34,100 fiefs nobles avaient 3,540 lieues carrées ; les 28,115 fiefs ecclésiastiques 2,930, et les domaines royaux 155. En Pologne, les terres féodales du second ordre ont 2 à 3,000 hectares ; celles du premier en ont 12 à 16,000. Les terres de la couronne comprenaient quatre millions d'hectares, ou un tiers du royaume. En France, l'étendue de chacun des anciens fiefs était primitivement d'environ 750 hectares ou plus d'un tiers de lieue, y compris les friches et les bois, qui en formaient les trois quarts.

Mais, bien peu de temps après l'établissement de la féodalité, dans chaque pays, les nobles les plus puissants parvinrent à avoir plusieurs fiefs et ne tardèrent pas à en réunir un grand nombre, en dépossédant les plus faibles d'entr'eux. En Angleterre, sous la dynastie normande, le comte de Mortaigne avait 963 manoirs, et nous trouvons dans le Domesday-Book que les propriétés territoriales du roi se composaient de 1422 fiefs, avec 68 forêts et 781 parcs.

En France, le comte de Champagne avait, l'an 1200, 1800 fiefs ; le duc d'Orléans en avait 1109 ; le comte de Toulouse avait pour vassaux 110 châtelains et, de plus, 50 villes et 60 bourgs, dont les habitants lui devaient le service militaire. Matthieu Pàris dit que les Templiers avaient 9,000 manoirs, les chevaliers de Saint-Jean de Jérusalem, 19,000, et les chevaliers de Rhodes, 30,000. On conçoit qu'il dût y avoir des nobles extrêmement pauvres, dès qu'il y en eut d'extrêmement riches ; et les chroniques les signalent par leurs surnoms, tels que Gauthier-sans-Avoir, Olivier-sans-Terre, Gérard-sans-Argent.

Les événements qui contribuèrent le plus puissamment à diminuer les richesses territoriales de la noblésse et à la dépouiller de ses priviléges, sont, en grande partie, ceux qui ont fait décroître le nombre des individus de cette classe ; nous devons cependant y ajouter ceux-ci :

En Suède, la loi adoptée, en 1748, qui rend les terres nobles aliénables ;

En Danemark, les ordonnances de 1761 et 1792, qui accordent aux paysans des domaines royaux, les terres qu'ils cultivaient, et qui donnent des avantages considérables aux propriétaires nobles, qui consentiraient à morceler leurs fiefs, et à les vendre en détail aux laboureurs.

En Russie, l'édit de 1801, assurant aux paysans de la couronne le droit d'acquérir des terres, ce qui était auparavant le partage exclusif des nobles.

En Prusse, l'égalité des charges publiques, qui sont réparties depuis 1806, sans distinction de cástes.

...rance, l'abolition de la féodalité et de tout ...e nobiliaire.

...uisse et en Norwége, la suppression complète de l'ordre de la noblesse.

Dans la haute Italie et dans la plupart des pays réunis ou attachés à la France, pendant la période impériale ou auparavant, la destruction des priviléges politiques, territoriaux et financiers de la noblesse, qui est réduite à des titres honorifiques.

Enfin, en Grèce, la confiscation des fiefs militaires des Turcs qui a été effectuée, et les dîmes féodales abolies.

Dans les contrées orientales de l'Europe, en Russie, en Hongrie, en Pologne, la noblesse a conservé, dans leur intégrité, ses biens territoriaux et ses anciens priviléges ; mais elle a été dépouillée par la couronne de toute sa puissance politique. Dans un seul pays, l'Angleterre, elle a gardé son pouvoir aristocratique et ses domaines dont elle a même augmenté l'étendue. Après la conquête, chaque fief de chevalier était de quatre hides de terres, ou 162 hectares. En 1800, le ministre Pitt estima que l'Angleterre et le pays de Galles, ne contenaient, exclusivement aux maisons, que 32,000 propriétés territoriales, toutes possédées par la noblesse, à bien peu d'exceptions près. Ce nombre donne à chacune de ces terres une surface de 500 hectares, et suppose seulement quatre propriétaires par lieue carrée. Ainsi les nobles anglais sont moitié moins nombreux qu'au temps de

Guillaume-le-Conquérant, mais leurs biens sont trois fois aussi vastes.

A ces exceptions près, la noblesse ancienne, issue des temps féodaux, a périclité partout et rapidement, surtout pendant le dernier siècle. Elle est cependant dans chaque État, et même en France, malgré la confiscation des biens des émigrés, la classe la plus riche en propriétés territoriales ; ce qui lui assure un grand ascendant politique, quand ce genre de propriété donne -exclusivement les droits civils. Mais la perte irréparable de ses dîmes seigneuriales et de ses exemptions d'impôts, la destruction de ses priviléges, comme caste gouvernementale, la réduction de ses biens fonciérs par l'effet des révolutions et leur démembrement par l'introduction de l'égalité du partage des héritages, la diminution gradative du nombre de ses membres, et s'il faut le dire, la vie de loisir, adoptée par ses meilleurs rejetons, au lieu de prendre part à l'activité du siècle, tout annonce que la noblesse féodale est une institution dont la ruine est inévitable et prochaine, dans tous les États de l'Europe, où elle a résisté jusqu'à ce jour à tant de causes de destruction.

2° — Le clergé, considéré dans sa généralité, sans distinction d'églises, continue, de nos jours, dans une grande partie de l'Europe, d'être le premier corps de l'État. Ce haut rang lui est donné par la sainteté de ses fonctions, l'antique tradition de sa suprématie, sa richesse territoriale et dans quelques pays, les vestiges de son ancienne puissance politique. Il possédait encore, il y a seulement 60 ans, le tiers ou même la moitié des propriétés foncières; il partageait autrefois avec la noblesse la souveraineté féodale, et régissait au même titre d'immenses domaines, peuplés d'une multitude de serfs; il siégeait à la plus haute place, dans nos États généraux, au Parlement d'Angleterre, à la Diète de Pologne et à celle de l'empire d'Allemagne, aux cortès d'Espagne, et dans toute les autres assemblées représentatives du pays; enfin, il donnait aux rois leurs premiers ministres, ceux qui, comme Richelieu et Mazarin, ne quittaient le pouvoir qu'avec la vie.

L'omnipotence du clergé avait pour base et pour appui la multitude de ses institutions et de ses ministres. Beausobre a calculé qu'au milieu du xvie siècle, l'Église romaine avait seule, en Europe, 288,000 paroisses et 44,000 couvents. Un témoin oculaire du concile de Constance rapporte qu'il était composé de 18,000 prélats ou théologiens. Dans le concile de Latran, qui, en 1139, déclara que les dîmes étaient de droit divin, il n'y avait pas moins de 1,000 évêques; et l'évêque Lecamus écrivait à Belley, au milieu du xviie siècle, qu'alors l'Église romaine renfermait 600,000 moines répartis entre 98 ordres, dotés ou mendiants.

En France, l'abbé de Saint-Pierre exprimait le nombre des ecclésiastiques, en 1757, par les chiffres suivants :

Clergé séculier	40,000 curés	}100,00\
	60,000 autres prêtres	
Clergé régulier	100,000 moines	}200,000
	100,000 religieuses	

Total   300,000 1 sur 67 habitants.

Nous sommes assurément bien loin de cette époque. Cependant, il ne faut pas croire, comme on l'assure, que le clergé soit réduit en Europe, à des nombres minimes; il n'en est ainsi que relativement à ceux auxquels il s'élevait jadis. Le tableau suivant permettra d'en juger.

Suède et Norwége. ...	1825	6,176 ecclés.	1 sur 600 hab.
Danemark.	1820	6,980 —	1 — 350
Russie et Pologne. ..	1822	301,000 —	1 — 153
Iles Britanniques.. ..	1821	37,000 —	1 — 570
Hollande et Belgique. .	1820	8,304 —	1 — 650
Allemagne prop. dite..	1815	22,870 —	1 — 580
Prusse.	1827	34,000 —	1 — 360
Emp. d'Autriche. ...	1827	45,600 —	1 — 610
France.......	1829	108,000 —	1 — 280
Suisse.	1827	6,600 —	1 — 310
Portugal.......	1819	38,000 —	1 — 91
Espagne.	1826	150,000 —	1 — 90
Italie.., ...	1828	100,000 —	1 — 200
Grèce et I. Ioniennes.	1832	10,000 —	1 — 100
Turquie d'Europe. ..	1820	500,000 —	1 — 20

Total. 1,374,000   1 sur 153

En récapitulant ces nombres dont nous pourrions donner les détails, on trouve qu'il y a :

16.

515,000	ministres catholiques.	37 sur 100 ecclés.
115,000	— des cultes protestants.	8 — 100
230,000	— du rite grec.	18 — 100
510,000	— de l'Islamisme.	37 — 100

Ces chiffres nous apprennent que les prêtres catholiques forment plus d'un tiers de la totalité des ecclésiastiques de l'Europe. Les ministres musulmans, qui remplissent en même temps les fonctions d'hommes de loi, sont presque dans la même proportion. L'église grecque constitue un 6ᵉ de toute la classe sacerdotale; et les communions protestantes réunies en composent seulement un 12ᵉ

D'autres faits statistiques, dignes de l'intérêt des historiens et des philosophes, sortent pareillement de ces chiffres.

1° Le nombre des ecclésiastiques varie considérablement dans les diverses parties de l'Europe. Parmi les pays chrétiens, il y en a qui, proportionnellement à leur population, ont 22 fois autant de prêtres que d'autres pays, où cependant la religion ne fleurit pas moins.

2° Les contrées qui possèdent le plus grand nombre d'ecclésiastiques sont d'abord ceux où règne l'Islamisme; ensuite ceux où le Catholicisme a perpétué les institutions monastiques et conservé à l'Église ses anciennes richesses; enfin, les pays où domine aujourd'hui la religion grecque.

3° Les États qui ont, au contraire, le clergé le moins nombreux, sont ceux dont les peuples ont embrassé le protestantisme : l'Allemagne, la Suède, la Norwége, une partie de l'Autriche, des Pays-Bas et des Iles Britanniques.

4° Il est bizarre que ce soient les pays dont le culte offre le plus de dissidence avec le Catholicisme, qui aient, comme lui, le nombre le plus grand d'ecclésiastiques, par exemple l'Islamisme et la religion grecque; tandis que le protestantisme, qui en est bien moins éloigné, n'a besoin pour l'exercice de son culte que d'un nombre de ministres six fois ou même dix fois moindre.

5° En cherchant comment se partagent, selon les différents cultes, la totalité des ecclésiastiques existant maintenant en Europe, on trouve les termes numériques ci-après :

115 millions de catholiques, qui forment un peu plus de la moitié des habitants de notre continent, ont 515,000 prêtres. C'est un ministre pour 224 personnes.

45 millions de protestants, qui sont loin d'égaler le quart de la population de l'Europe, ont 115,000 ministres, ou un seulement pour 400 personnes.

44 millions de chrétiens grecs, qui font aussi moins d'un quart de la population européenne, ont 230,000 ministres, ou un sur 180 individus.

Enfin, 5 millions de musulmans, qui n'excèdent pas la 42e partie des habitants de notre continent, ont 510,000 prêtres ou moines; ce qui fait tout au moins un iman ou un derviche sur 10 sectateurs de Mahomet.

6° Ainsi, le clergé musulman est 22 fois aussi nombreux que le clergé catholique, eu égard à la population. Le clergé grec est plus considérable presque d'un quart; mais le clergé protestant, pris en masse, sans distinction de pays, et comparé au clergé catholique, est moitié moins nombreux relativement à la quantité de chrétiens qu'il dirige.

7° Cependant, le Catholicisme qui était, il y a 323 ans, le culte unique et exclusif de l'Europe, et dont l'Eglise prenait le titre d'universelle, n'est professé maintenant que par la moitié de la population de ce continent; et son clergé excède à peine le tiers du nombre total des ministres existant dans cette partie du globe. Ce n'est pas seulement, comme on pourrait le croire, la réformation qui l'a fait descendre à ces proportions inférieures. C'est non moins encore les progrès immenses de la domination russe pendant le dernier siècle, et l'agrandissement de l'église grecque favorisée par les vastes conquêtes des czars et par l'étonnante multiplication de leurs sujets.

8° Si l'on en excepte la Turquie où le nombre des ministres du culte n'a souffert aucune diminution, le clergé de l'Europe a subi, depuis un demi-siècle, le décroissement le plus grand et le plus rapide dans le nombre de ses membres. En voici un aperçu succinct d'après les documents officiels. On comptait :

ecclésiastique.

A Rome......	en 1760	1 sur	10 hab.	1825 1 sur	26.
En Portugal.....	1788	1 —	15 —	1819 1 —	91.
En Bavière......	1787	1 —	22 —	1815 1 —	510.
En Saxe........	1788	1 —	26 —	1814 1 —	600.
En Sicile.......	1737	1 —	28 —	1888 1 —	40.
Dans le r. de Naples.	1793	1 —	47 —	1826 1 —	127.
En Italie.......	1788	1 —	43 —	1828 1 —	200.
En Espagne......	1800	1 —	50 —	1827 1 —	90.
En France.......	1762	1 —	52 —	1829 1 —	280.
En Suisse.......	1790	1 —	103 cath.	1827 1 —	312.
En Angleterre.....	1688	1 —	105 —	1821 1 —	350.
En Russie.......	1782	1 —	134 grec.	1815 1 —	109
En Danemark.....	1800	1 —	700 —	1830 1 —	1250.
En Suède.......	1760	1 —	530 —	1826 1 —	175.

Ainsi, la diminution du nombre des ecclésiastiques, proportionnellement à la population, a été de nos jours, ainsi qu'il suit, dans les principaux États de l'Europe :

A Rome, en 65 ans, de trois cinquièmes ;

En Portugal, en 31 ans, de cinq sixièmes ;

En Bavière, en 28 ans, de 22 vingt-troisièmes ;

En Saxe, en 26 ans, de 22 vingt-troisièmes ;

En Sicile, en 51 ans, de plus de moitié ;

Dans le royaume de Naples, en 37 ans, de plus de trois cinquièmes ;

En Italie, en 40 ans, des quatre cinquièmes ;

En Espagne, en 26 ans, de près de moitié ;

En France, en 67 ans, de plus des quatre cinquièmes ;

En Suisse, en 37 ans, d'un tiers ;

En Angleterre, en 133 ans, de près des deux tiers ;

En Russie, en 33 ans, de beaucoup plus d'un tiers ;

En Danemark, en 20 ans, de moitié et au delà ;
En Suède, en 60 ans, d'un tiers ;

10° La diminution absolue du clergé a été ainsi qù'il suit :

A Rome, en 65 ans, de 10,530 ecclésiastiques séculiers ou réguliers ;
En Portugal, en 31 ans, de 192,000 ;
En Bavière, en 28 ans, de 35,025 ;
En Saxe, en 26 ans, de 31,201 ;
En Italie, en 40 ans, de 275,000, dont 54,825 en 33 ans, dans le royaume de Naples, exclusivement à la Sicile ;
En Espagne, en 26 ans, de 53,000 ;
En France, en 67 ans, de 298,000 ;
En Suisse, en 37 ans, de 1,600 ;
En Angleterre, en 133 ans, de 20,500 ;
En Danemark, en 20 ans, de 1,124.

11° Au total, dans dix États de l'Europe chrétienne, et par un terme moyen en chacun d'eux, pendant une période de 42 ans, le clergé des différentes communions catholique, anglicane et protestante, a diminué, à très-peu près, des deux tiers. Il s'élevait, en 1788, dans ces dix États réunis, à 1,454,500 ecclésiastiques ; il n'en compte pas aujourd'hui, dans l'ensemble de ces mêmes pays, plus de 536,700. Il a donc éprouvé une perte de 917,700 ministres séculiers ou réguliers en l'espace de moins d'un demi-siècle.

12° Si l'on joignait à ces nombres la diminution du clergé en Autriche, en Suède, dans une partie de l'Allemagne, en Prusse et dans les Pays-Bas, on trouverait qu'il y a 50 ans l'Europe comptait 11 à 1,200,000 ecclésiastiques de plus qu'aujourd'hui, ce qui élevait la classe sacerdotale au delà de deux millions et demi de ministres en fonctions, ou le double du nombre total qui en existe à présent.

13° Le mariage des prêtres admis par l'Islamisme, la religion grecque et plusieurs communions protestantes, augmentait la caste sacerdotale de 6 à 800,000 individus, et la portait au cinquantième de la population entière de l'Europe, c'est-à-dire au triple de ce qu'elle est maintenant.

14° La plus grande partie, ou pour être plus exact, la presque totalité de ces pertes a été éprouvée par le clergé catholique. Le nombre de ses ministres a diminué, en 50 ans, dans six États de l'Europe, de 855,000 prêtres, moines ou religieuses. De 1,265,000 il est tombé à 410,000, demeurant fort au-dessous d'un tiers seulement de ce qu'il était autrefois, et ne laissant qu'un seul ministre où l'on en comptait trois il y a un demi-siècle.

15° Les événements qui ont réduit ainsi le nombre immense d'ecclésiastiques dont se formait autrefois, en Europe, le clergé de toutes les communions chrétiennes sont principalement :

La réforme de Luther et de Calvin au commencement du XVIe siècle ;

L'établissement de l'église anglicane par Henri VIII ;

L'incorporation des terres des couvents et des églises au domaine de la couronne de Suède, prescrite en 1537 par la diète du royaume, sous le règne de Gustave Vasa ;

La confiscation des biens des évêques et des églises, ordonnée, en 1536, par les États généraux de Danemark, et l'application de leurs revenus à des objets d'utilité générale, tels qu'hôpitaux, écoles, etc.

La suppression des ordres monastiques en Angleterre par Henri VIII, en Autriche et dans les Pays-Bas par Joseph II, en Toscane par Léopold, en Silésie par Frédéric II, et en Russie par Catherine II, qui ôta au clergé grec 400,000 serfs qu'il possédait ;

L'abolition de l'ordre des Jésuites, en 1759 en Portugal en 1762, en France, et dans toute la chrétienté en 1773, par le pape Clément XIV, Ganganelli ;

Enfin, la révolution française et son influence en Allemagne, en Belgique et dans toute l'Italie.

En considérant la noblesse et le clergé comme des corps politiques qui ont partagé avec les rois, pendant tout le moyen âge, la puissance sociale, et qui souvent l'ont exercée entièrement, on se demande quand on les voit décroître rapidement en puissance et en nombre, si ces deux classes liées si longtemps aux intérêts publics, ne sont pas un élément nécessaire de l'organisation civile et politique des États de l'Europe, et si leur intervention dans le gouvernement des nations, n'est pas une garantie essentielle à la conservation du repos des peuples, à l'empire salutaire des sentiments religieux et même au maintien de la royauté.

Les témoignages de l'histoire résolvent complétement ces doutes.

Ils montrent comme une nécessité des temps d'ignorance et d'anarchie ces deux classes d'élite, dominant le pays pour le servir; l'une cultivant les lettres et les sciences, près de l'autel, qui était alors le seul lieu inviolable, distribuant des aumônes et des consolations aux affligés, et s'efforçant d'adoucir, par la parole de Dieu, les passions cupides et cruelles qui gouvernaient alors le monde; l'autre forte, intrépide, riche et habile, seule capable de résister à des oppresseurs et de défendre l'indépendance nationale, au champ de mai et sur le champ de bataille. Grâce au Ciel, ces nécessités des siècles de barbarie sont inconnues depuis longtemps en Europe; les connaissances humaines n'ont plus besoin de l'abri d'un cloître pour se développer; l'innocence n'est plus réduite à chercher un refuge dans le sanctuaire; et la conscription est une meilleure garantie de la défense du pays que les chevaliers bardés de fer si aisément vaincus à Crécy, par les archers anglais, à la Massoure par les Sarrasins, et à Granson par les paysans Suisses.

Mais peut-être la puissance de ces grands corps politiques est-elle une digue contre les révolutions civiles et religieuses, et repousse-t-elle leurs effets funestes. Les enseignements de l'histoire sont loin de confirmer cette opinion commune. Les pays de l'Europe qui ont répudié le catholicisme et ébranlé l'immense édifice de l'Église romaine, sont précisément ceux où le clergé et la noblesse étaient les plus nombreux, les plus riches et les plus puissants, l'Angleterre et l'Allemagne, qui comptaient un ecclésiastique sur 40 habitants et un noble sur 60. En France, lorsque la monarchie s'écroula, il y avait 150,000 nobles et 316,000 prêtres ou moines, possédant ensemble 5,264 lieues carrées de domaines, et 600 millions de revenus dégrevés d'impôts et égalant la moitié du produit net de la masse entière des biens fonciers du royaume.

La noblesse anglaise, encore plus riche et plus puissante, n'a pas mieux garanti le trône qu'elle environne. De 1066 jusqu'à nos jours, en l'espace de moins de huit siècles, l'Angleterre a changé huit fois de dynasties ; elle a passé successivement sous le sceptre des rois Normands, des Plantagenets, des Lancastres, des Yorks, des Tudors, des Stuarts, de Cromwell et de Guillaume d'Orange. Chacune de ces dynasties a été imposée par la violence, et n'a pas duré trois générations. L'aristocratie et l'Église n'ont pas eu le pouvoir d'en prolonger la durée ; et cependant aucun corps politique n'a jamais possédé autant de trésors, ni exercé une action souveraine aussi grande sur la société.

En Turquie, où les Émirs, les Zaïms, les Timariots forment la 30ᵉ partie de la population, et le clergé la 20ᵉ, sur 37 monarques qui ont régné depuis Otman, 18 seulement sont morts naturellement ; neuf ont été déposés et ont péri par le poison, le poignard ou le lacet.

Les peuples ne sont pas mieux défendus que les rois par l'aristocratie et le sacerdoce. La Hongrie et la Pologne, qui ont la noblesse la plus nombreuse et la plus intrépide, et le clergé politique le plus énergique et le plus dévoué, sont tombées sous un joug étranger, et n'auront bientôt plus de nom que dans l'histoire. L'Espagne a été conquise de nos jours, malgré ses 800,000 nobles et ses 200,000 prêtres, seuls possesseurs de toutes les terres fertiles de la Péninsule ; et, si l'invasion a été repoussée par une guerre nationale, ceux qui ont soutenu la lutte avec tant de courage et de persévérance n'étaient pas des hidalgos ; c'étaient des contrebandiers, des muletiers, des gardeurs de troupeaux et de pauvres curés de village.

En résumé, il en est de ces hautes castes privilégiées, comme des autres institutions des temps de barbarie, qui suivirent, au moyen âge, l'invasion et l'asservissement de l'Europe par les races scythiques ; elles appartiennent à un ordre de choses qui n'est plus, et qui ne renaîtra jamais.

3° — LES PROPRIÉTAIRES. Dans les sociétés libres et éclairées, la propriété et l'intelligence sont les bases du Pouvoir public, et le gage exigé pour y participer. Chez les Athéniens, ce peuple qui s'est immortalisé par toutes les supériorités humaines, il fallait être censitaire et orateur pour posséder les droits de citoyen, et pour les exercer dans toute leur plénitude à la tribune de l'Agora. En France, c'est aux mêmes conditions qu'on obtient aujourd'hui les mêmes avantages. On pourrait même dire qu'autrefois si la noblesse et le clergé formaient seuls les assemblées nationales, c'était parce que, maîtres de toute la terre du pays, ils en représentaient la propriété. Quand les communes furent admises, en 1302, aux États généraux, elles y furent les mandataires de la petite propriété des villes, de même que les députés des Universités y représentèrent l'intelligence. C'est encore à ce titre qu'elles siégent dans le Parlement britannique et dans les États des contrées d'Allemagne.

On voit que les immunités des propriétaires fonciers et même celles accordées à la science, sont loin d'être des innovations; mais jadis la concentration de tous les biens territoriaux et leur possession immobilisée dans les deux classes privilégiées rendaient illusoire toute autre représentation que la leur, et pendant mille ans, les intérêts de la noblesse et du clergé furent les seuls qui purent prévaloir.

Cette cause, que la révolution a détruite en

France et dans les pays où notre influence a modifié la société, continue d'agir, dans la plus grande partie de l'Europe, avec divers degrés de puissance, qu'on peut mesurer, dans le tableau suivant, par l'étendue de la quote-part de propriété revenant à chaque habitant.

	Époque.	N. des propriétaires.	Rapport à la population.	Étendue approximative.
Suède et Norwège * .	1815	120.000	1 sur 34 [hab.]	250 [hect.]
Danemark	1824	80,000	1 — 25	45
Russie et Pologne.. .	1818	870,000	1 — 42	475
Iles Britanniques. . .	1821	50,000	1 — 420	600
Hollande et Belgique.	1818	600,000	1 — 10	10
Allemagne prop. dite.	1825	112,000	1 — 110	220
Prusse..	1816	200,000	1 — 60	130
Emp. d'Autriche. . .	1802	650,000	1 — 40	130
France **	1840	4,000,000	1 — 9	12
Suisse.	1818	200,000	1 — 12	24
Portugal.	1818	124,000	1 — 30	50
Espagne..	1802	400,000	1 — 30	100
Italie.	1825	1,341,000	1 — 15	23
Grèce.	1820	35,000	1 — 30	150
Turquie d'Europe ***.	1820	350,000	1 — 30	120
Europe septentrionale. .		2,682,000	1 sur 50	250
— méridionale. . .		6,420,000	1 — 12	25
Europe entière.		9,102,000	1 — 21	85

Ces chiffres, quoique tirés de sources officielles ou authentiques, laissent des incertitudes de plu-

* Sans la Laponie.

** Déduction faite de la propriété bâtie.

*** Par une approximation dont les éléments ne sont que vraisemblables.

sieurs sortes, même en ce qui concerne la France ; mais sur ce sujet, c'est déjà beaucoup que d'avoir obtenu, par un immense travail, des approximations suffisantes, pour rendre évidentes les déductions ci-après :

Le nombre des propriétaires territoriaux varie considérablement dans l'Europe moderne ; et par exemple, la France a 47 fois autant de propriétaires que les Iles-Britanniques, toutes choses égales d'ailleurs. L'étendue de chaque propriété diffère encore plus ; elle n'est en Hollande et en Belgique que d'un 60e de sa surface moyenne dans le Royaume-Uni. Ces prodigieuses diversités résultent de l'abolition ou de la conservation des possessions féodales et de celles de main-morte. Il importerait peu à la société que les biens ruraux fussent en grande masse ou en médiocres héritages et qu'ils appartinssent à quelques riches propriétaires ou fussent partagés entre beaucoup de cultivateurs peu fortunés, si d'ailleurs, le travail et la production étaient les mêmes ; mais il n'en est nullement ainsi. Plus les propriétés sont vastes et moins elles produisent ; leurs maîtres ne sont pas, comme le petit propriétaire, enseignés par la nécessité, pressés incessamment par le besoin. Aussi, lorsque la France était divisée en cent mille fiefs ou terres de l'Église, ayant chacune 500 hectares, la famine revenait-elle, tous les trois ans, décimer la population. L'Angleterre ne peut, aujourd'hui même, nourrir ses habitants, malgré toute la perfection de

son agriculture, parce que chacun de ses propriétaires de terres n'a pas moins de 470 hectares dont
il dispose à son gré, sans prendre aucun souci de
la subsistance publique, faisant, des champs de
blé qu'elle réclame, tantôt, comme Guillaume-le-
Roux, un parc pour ses bêtes fauves, tantôt,
comme lady Strafford, une pâture pour ses mou-
tons, et détruisant, comme eux, trente villages,
pour faire place à ces animaux.

La France, qui, depuis 1788, a multiplié ses habitants de moitié en sus, ne pourvoit à les nourrir
que parce que les événements de la révolution ont
fait tomber les propriétés féodales et cléricales dans
le domaine commun et les ont divisées quarante
fois plus qu'elles ne l'étaient. L'intérêt du petit
propriétaire rural, son travail personnel et son intelligence appliqués à l'exploitation de son propre
bien ont produit cette merveille de nos jours, vraiment digne de notre admiration, puisque la même
terre donne maintenant une production 50 fois
aussi grande que celle qu'on en obtenait, il y a 60
ans.

Loin d'être touchés par ce bienfait signalé, des
esprits chagrins ou prévenus prétendent que rien
n'est plus nuisible que la division du sol, attendu
que la pauvreté des petits propriétaires ne leur
permet ni amélioration, ni exploration nouvelle ;
ils stigmatisent le Code civil, pour avoir accordé
une part égale à chaque enfant, dans l'héritage
de son père ; et ils voient dans l'accroissement du

nombre des cotes foncières, un témoignage assuré du morcellement progressif du sol, qui doit être arrêté, selon eux, par une loi pour reconstituer la grande propriété.

Toutes ces assertions sont des erreurs.

Sous le régime de la grande propriété, le blé ne produisait, en France, que six pour un de semence; sous le régime de la petite propriété, il donne 12, en moyenne générale. Ainsi l'amélioration, loin d'avoir manqué, comme on le dit, est de cent pour cent.

Le fait capital de la progression du morcellement n'est pas plus vrai; mais pour être réfuté, il exige plus de détails.

On sait que le nom de *cote* exprime, sur les cartes cadastrales, le numéro assigné à toute propriété quelconque. Le relevé de ces cotes a donné pour leur nombre total :

En 1815 — 10,083,528
— 1842 — 11,511,841

Accroissement en 27 ans   1,428,313.

On induit de ces chiffres que nos champs ont perdu, pendant cette période, 14 pour cent de leur étendue. Il y a là des méprises que nous ne qualifierons point, malgré leur étrangeté, parce que les coupables sont des gens de mérite et habitués à mieux dire.

Et d'abord, le nombre de cotes attribué à 1815, est sans valeur. Il est prouvé, par le rapport sur le cadastre, en date de 1817, qu'alors les opérations ne s'étaient étendues que sur un quart du territoire; 74 centièmes n'avaient point encore été cadastrés. On n'avait donc établi le chiffre de dix millions de cotes que par induction, et ce n'est point un terme spécifique sur lequel on puisse fonder des comparaisons rigoureuses. C'était uniquement un chiffre provisoire, qui laisse douter s'il y avait dix millions de cotes ou davantage. Les mêmes objections s'élèvent contre les nombres formulés postérieurement; seulement le cadastre ayant fait des progrès, on a pu se rapprocher de la vérité, sans toutefois qu'il soit possible de prendre les termes assignés au nombre des cotes, comme étant réels et positifs. Ainsi tous les raisonnements établis sur cette base, n'ont aucune solidité. Admettons cependant qu'il y eut, en 1815, dix millions de cotes. Parce que postérieurement on en a trouvé davantage, est-il juste de l'attribuer au progrès du morcellement des terres? Nullement.

Une expérience constante montre que toutes les fois qu'on institue une enquête de chiffres, ceux qu'on obtient la première année et même au delà, sont toujours au-dessous de la vérité; ils sont atténués par de nombreuses omissions; et ce n'est que par degrés qu'on parvient à rassembler les nombres, qui avaient échappé au début des opérations. Conséquemment l'augmentation du nombre des cotes peut provenir tout simplement d'une recherche plus prolongée et plus

17.

exacte. Mais elle provient en réalité d'une autre cause dont on n'a tenu aucun compte dans l'interprétation des chiffres officiels; c'est la multitude de constructions nouvelles, élevées depuis que la paix a répandu une plus grande aisance dans la société. D'après les documents cadastraux, il y avait :

En 1815. . . .	5,564,000	maisons imposables,
1835. . . .	6,805,402	—
Accroissement en 20 ans	1,241,400	
Jusqu'en 1842. . .	372,000	
Total.	1,613,400	

Ainsi, l'accroissement du nombre des cotes foncières résulte, non pas d'une plus grande division du sol, mais bien de l'augmentation du nombre des maisons, qui, en 26 ans, a gagné 30 pour cent. Comment des publicistes ont-ils pu méconnaître cette cause? C'est que leur talent dédaigne de condescendre à consulter les documents statistiques, et que, faute d'y recourir, ils sont tombés dans une incroyable confusion; ils ont supposé que les cotes du cadastre ne comprenaient que les propriétés rurales, tandis qu'elles rassemblent dans leur total, sans distinction, toutes les propriétés rurales et bâties et même les propriétés de l'État, qui n'étant pas employées à un service public, sont imposables comme les autres biens.

Il ne semblait pas qu'il fût possible de se tromper davantage; et cependant d'autres écrivains ont encore dépassé cette erreur ; ils ont compté le nombre des propriétaires par celui des cotes de propriété, et, par conséquent, ils élèvent à onze ou douze millions cette classe, qui probablement se réduit à quatre ; ils en ont conclu que le royaume est lacéré en parcelles, et qu'on ne saurait assez tôt arrêter législativement le partage des héritages, et rétablir le droit de primogéniture. On est tenté de croire qu'au lieu de faire sortir des faits cette conclusion, c'est elle qui a fait imaginer les faits. Pour se convaincre qu'il n'y a point, comme on le soutient, un morcellement de plus en plus grand du domaine rural, il suffisait, sans même évoquer la Statistique, d'observer ce qui se passe continuellement sous nos yeux, dans la société.

Chaque famille de propriétaire est composée, par un terme moyen, d'un aussi grand nombre de filles que de garçons. Lorsqu'ils partagent l'héritage de leur père, les premiers de ces enfants ont une surface de terre égale à celle que reçoivent les seconds. S'ensuit-il que l'héritage partagé demeure dédoublé, parce qu'il est divisé entre une fille et un garçon ? Non, car l'un et l'autre, en se mariant, bientôt acquièrent des biens à peu près égaux sinon plus considérables ; et la propriété amoindrie par le décès des parents, est reconstituée sans retard par le mariage de leurs enfants. Ce n'est que dans le cas, où les familles seraient très-nombreuses que l'équilibre serait rompu ; mais, en France, il n'y a rien de pareil ; la population s'y accroît, de nos jours, avec une extrême lenteur, ce qui montre que les enfants remplacent leurs père et mère , sans excéder pour ainsi dire le nombre de leurs ascendants.

On oublie, dans la supposition du morcellement, que beaucoup de personnes, qui appartiennent aux familles de propriétaires ruraux, prennent d'autres professions que celle de cultivateur, et participent aux fortunes que créent, chaque jour, le commerce , l'industrie, les fonctions publiques. Personne aujourd'hui n'est enchaîné dans sa caste, et n'est condamné à y vivre et y mourir. L'éducation publique permet à toutes les aptitudes d'entrer avec succès dans de nouvelles carrières, et de s'y créer des positions sociales avantageuses.

La division des propriétés, telle que l'a faite la révolution, et telle qu'elle se maintient, n'est point, comme on l'a dit, une calamité ; la France lui doit, au contraire, les progrès de son agriculture et la possibilité de nourrir douze millions d'habitants de plus ; elle lui doit une population attachée par les intérêts les plus puissants à la terre qu'elle cultive, et au pays qu'elle sert et défend ; et, ce que le philosophe et le moraliste apprécieront comme un bienfait précieux, elle lui doit d'avoir élevé le paysan mercenaire, le serf d'autrefois, à la dignité de propriétaire-cultivateur, et d'avoir doublé l'abondance de nos récoltes, par le développement de son intelligence et l'habileté de son travail *.

* M. Hippolyte Passy s'est occupé de l'important sujet de la

Le cadre étroit d'un programme ne nous permet pas de suivre ainsi l'examen des éléments statistiques de chacune des autres classes de la société; et nous devons nous hâter d'arriver au terme de cette esquisse, en exposant quel est maintenant l'accroissement des populations, et en le comparant, autant que possible, à celui qui avait lieu autrefois.

V. — ACCROISSEMENT DES SOCIÉTÉS. La puissance de la reproduction est immense, dans une multitude d'espèces végétales et animales. Une seule feuille de tabac en produit 360,000, une araignée aviculaire pond, d'une seule fois, 2,000 œufs, une abeille 6,000, une perche 380,000, et une morue près d'un milliard *. Il est évident que les animaux qui jouissent, depuis 40 siècles, de cette effrayante fécondité, auraient envahi entièrement la terre et les eaux, si mille causes de destruction n'arrêtaient le prodigieux accroissement de leur population. Ces alternatives d'une vie surabondante et d'une mort anticipée sont une loi générale de la nature organique; et le genre humain ne peut lui échapper. L'influence qu'elle exerce sur ses destinées, est l'objet d'allusions mythiques, dans les livres des Indous dont les récits remontent, dit-on, à trois ou quatre cent mille ans. La Statistique en

---

division des propriétés, et l'a traité avec cette raison supérieure qu'on retrouve dans tous ses écrits.

    * Leuwenhoeck M. de J. Travaux de l'Académie des Sciences.

fournit de meilleurs témoignages, en montrant ce que le globe possède d'habitants, et ce qu'il en posséderait si les populations étaient libres des obstacles qui s'opposent à leur extension.

On ne saurait en douter, la puissance prolifique de notre espèce permet à chaque mariage de produire, en l'espace d'une seule génération, six enfants, dont deux meurent ordinairement en bas âge, et quatre survivent à leurs père et mère. Ceux-ci se mariant à leur tour, deviennent la souche d'une génération nouvelle, double, en nombre, de celle, qui l'a précédée. Ainsi la descendance directe d'un seul couple donne au pays, qu'il habite, six personnes en 33 ans, 12 en 66, 24 en un siècle, 192, en 200 ans, plus de 98,000 en 500, et au delà de trois milliards en mille années. Suivant cette proportion, s'il n'eût existé aucun obstacle à l'ordre naturel des choses, une famille unique, du temps de Philippe-Auguste, aurait suffi pour produire, par sa filiation, toute la population qui couvre le sol de la France. Les habitants actuels de l'Europe pourraient provenir d'un seul couple, vivant sous le règne de Hugues Capet; et le globe entier aurait pu recevoir sa population totale d'une famille existant sous Charlemagne, et dont les générations se seraient succédé régulièrement jusqu'à nos jours, sans trouver aucune entrave à leur développement. C'est par un calcul analogue qu'on est arrivé à supputer que, l'an 1500 de la création, il y avait, vers l'époque du déluge, 550 milliards d'habitants sur la terre *. Un savant jésuite, le père Pétau, adoptant cette donnée, a prétendu que, 283 ans après Noé, le globe avait 155 fois autant d'habitants qu'au temps de Louis XIV. Mirabeau et Montesquieu avaient quelque préoccupation semblable quand ils prétendaient, l'un que, du temps de Jules-César, l'Espagne avait 52 millions d'habitants, l'autre, qu'à la même époque le monde était trente fois plus peuplé qu'il ne l'est de nos jours **.

L'existence d'une quantité d'hommes plus grande jadis qu'aujourd'hui n'est nullement attestée par l'histoire, et c'est bien plutôt le contraire qui s'y trouve établi. Quant aux calculs, qui montrent quelle est l'immense reproduction de l'espèce humaine, ils prouvent seulement combien de calamités meurtrières se succèdent de siècle en siècle, puisque les sociétés, au lieu de s'accroître graduellement, restent souvent stationnaires ou n'éprouvent qu'une augmentation lente et incertaine. La Statistique peut en donner des témoignages puisés dans les annales des peuples anciens et modernes.

La société la plus grande et la plus puissante de l'antiquité, l'Empire romain, avait sous Vespasien, lorsqu'elle était dans toute la splendeur de sa prospérité, un domaine territorial d'environ 208,000 lieues carrées moyennes et une population de 75

---

* Whiston. Theory of the earth. W. Petty, etc.
** Lettr. persannes, 108,

millions de personnes libres. Si les esclaves étaient aussi nombreux, ce qui est improbable, il y avait 720 habitants par lieue carrée, ou un peu plus de la moitié de la densité de notre population en 1847. C'est là le maximum des effets de la civilisation antique la plus parfaite, de cette unité romaine, qui résista mille ans aux vicissitudes de la destinée, et qui est l'œuvre la plus merveilleuse que le génie de l'homme ait enfanté.

Il n'y a rien de comparable dans l'histoire des autres peuples du monde. L'Asie, elle-même, cette mère féconde des nations, n'a point eu de monarchie peuplée d'autant d'habitants. En voyant Xercès attaquer la Grèce avec 1,800,000 combattants, on ne doit pas se faire illusion sur la population de ses vastes États, car, en se rappelant qu'alors les levées militaires étaient de la moitié des hommes d'un pays ou autrement du quart de ses habitants, on est conduit à ne donner qu'une population de huit à neuf millions à l'Empire des Perses.

Mais c'était là un ennemi formidable, irrésistible pour les États de la Grèce, privés d'union, et n'ayant pas tous ensemble plus d'un million d'habitants libres. Cependant, pour sauver leur patrie de la servitude, il suffit, à Marathon, du courage de 10,000 de leurs citoyens. Les populations de ce pays, qui vivra éternellement dans la mémoire des hommes, étaient si peu nombreuses, qu'en les comparant au territoire qu'elles habitaient, on ne trouve que 460 habitants par lieue carrée. Aucune contrée civilisée de l'Europe n'est maintenant aussi mal peuplée; et pour découvrir un pareil exemple, il faut le rechercher parmi les provinces de la Turquie.

Les pays barbares étaient encore bien moins habités. La Gaule, par exemple, au moment de sa conquête, n'avait, d'après les chiffres de César, qu'une population de huit millions, qui, répandue sur la surface de 33,000 lieues carrées, qu'elle avait alors, ne fournissait pas, pour chacune, 250 personnes. Elle était cinq fois moins condensée que celle qui vit, de nos jours, dans le même territoire, et ressemblait à la population des provinces polaires de la Suède et de la Russie.

Les recensements de la république romaine nous offrent les moyens de calculer quel fut pendant huit siècles l'accroissement du peuple-roi. Voici les curieux résultats de ce grand travail officiel.

	Périodes	Accroiss. ann. de la popul. moyenne.	
1er siècle...	37 ans,	un sur 21 citoyens.	
2e......	148 —	un — 262	—
3e......	109 —	un — 135	—
4e......	67 —	un — 417	—
5e......	79 —	un — 135	—
6e......	98 —	un — 98	—
7e......	77 —	un — 233	—
8e......	75 —	un — 150	—

En écartant le premier terme, qui comprend la

réunion des peuples voisins, cet accroissement est d'une lenteur extrême. Les trois termes qui donnent le maximum de cette lenteur, et qui embrassent 450 ans, n'ont point d'analogue parmi les populations de l'Europe moderne. Les autres termes, qui expriment une lenteur moins grande, mais encore très-considérable, sont pour ainsi dire exceptionnels, et n'ont guère d'exemple qu'en France et en Suisse.

Cependant on ne peut douter que le faible accroissement de la population romaine ne fût formé, non-seulement de l'excédant des naissances sur les décès, mais encore de l'admission des habitants des pays conquis, au nombre des citoyens. L'utile politique de ces incorporations consolida la puissance de Rome; une politique contraire empêcha le développement des Hébreux, qui, pour maintenir la pureté de leur race et de leur religion, refusaient de recevoir, parmi eux, les peuples vaincus, et n'hésitaient pas à les exterminer. Cette coutume féroce nous garantit que leur population, libre de toute intervention étrangère, ne s'augmentait que par l'excédant des naissances sur les décès. Des chiffres positifs nous permettent de fixer le terme de cette augmentation. Le recensement fait par Moïse, sur les rives du Jourdain, au sortir du désert, constata une population de 2,452,000 personnes. Celui du roi David, exécuté à une distance de 640 ans, porta ce nombre à 6,787,000. Ainsi l'accroissement total fut de 4,335,000 et l'accroissement annuel de 6,770. La population moyenne étant de 4,620,000, la proportion de cet accroissement fut d'un sur 682.

Si Voltaire avait fait ce calcul, il ne se serait pas récrié si malignement sur cette multiplication ; au lieu d'être, comme il le suppose, un prodige d'étendue et de rapidité, elle en est un d'exiguïté et de lenteur.

En effet, rien de pareil n'a lieu, de nos jours, dans aucun des États de l'Europe. L'accroissement de la population y est trois à quatre fois plus rapide ainsi que le témoigne le tableau suivant :

Minimum d'accroissement des populations.

États-Romains,	1800 à 1835 un sur 264 habitants.			
France,	1831	1838 un — 170	—
Empire russe,	1831	1838 un — 137	—
Suisse,	1826	1838 un — 140	—
Lombardie,	1827	1838 un — 128	—

Maximum d'accroissement.

Bade,	1817 à 1838 un sur 49 habitants.		
Hongrie,	1815	1838 un — 55	—
Belgique,	1822	1838 un — 60	—
Hollande,	1826	1838 un — 62	—
États-Sardes,	1825	1838 un — 62	—

On voit que le moindre nombre de l'augmentation annuelle de la population a lieu dans les États-Romains, et le plus grand, sur les bords du Rhin, dans un État allemand renommé pour son agriculture perfectionnée. Il est vrai qu'ici les périodes sont peu étendues, et qu'à mesure qu'on les accroît, les chiffres de l'augmentation du nombre des hommes diminuent beaucoup, attendu qu'en remontant le cours des temps, on rencontre bientôt ces siècles de barbarie où tout était conjuré contre la vie humaine. Nous en citerons seulement deux exemples.

En recherchant quelle est l'augmentation moyenne et annuelle de l'Angleterre pendant les 464 ans compris entre 1377 et 1845, on trouve qu'elle n'a été, depuis Édouard III, que d'un individu sur 312 habitants. En France, elle a été limitée à un sur 306, en l'espace de 275 ans compris entre 1566 et 1841, c'est-à-dire depuis Charles IX jusqu'à nos jours *.

Ces deux termes donnent un résultat remarquable; ils montrent que l'accroissement si lent de la population de la France et de l'Angleterre pendant ces périodes était encore moitié plus rapide que celui du peuple hébreu. Quoiqu'il soit difficile d'imaginer des temps plus funestes que la domination absurde et sanguinaire des Tudors et des Stuarts et celle des Valois, il est évident que les Israélites furent soumis à des épreuves encore

---

* Angleterre. Population.		France. Population.	
1841,	15,927,000 habit.	1841,	34,214,000 habit.
1377,	2,353,000	1566,	13,000.000
Populat. moyenne	9,140,000	Populat. moyenne,	23,607,000
Accroiss. annuel,	29,250	Accroiss. annuel,	77,000
— individuel,	1 sur 312	— individuel,	1 sur 306

plus terribles, puisqu'elles tarirent leur population dans une proportion encore plus grande, et que les progrès en furent deux fois aussi lents que ceux des populations de la France et de l'Angleterre dans les plus mauvais jours de leur histoire.

Ces faits statistiques prouvent l'illusion de ceux qui prétendent que jadis les hommes étaient beaucoup plus multipliés qu'ils ne le sont maintenant. Mille preuves, tirées de plusieurs autres ordres de traditions anciennes, appuient les chiffres que nous venons de présenter. Lors de leur fondation, les métropoles des premiers peuples de l'antiquité furent toutes construites dans des solitudes; il en fut ainsi de Rome, Carthage, Alexandrie et même des villes phocéennes bâties sur les rivages de l'Espagne et de la Gaule. Cependant leur position était si avantageuse qu'on ne peut douter que les nations indigènes ne s'y fussent établies, si leurs populations eussent été considérables, comme on l'a prétendu. On ne trouve de nos jours aucune plage déserte, même dans l'Océanie; et c'est ce qui rend si difficile de fonder une colonie de déportation.

Les causes qui s'opposaient à l'accroissement de la population de la France, sous le règne des Valois, se sont prolongées jusqu'à la révolution, avec la même puissance sous Louis XIV et Louis XV que sous Charles IX et Henri III. Sans doute, une brillante civilisation s'était introduite parmi les classes supérieures de la société; mais le régime du peuple n'avait point changé; il était tout aussi funeste à la conservation de la vie des hommes. En voici la preuve :

La population de la France était :

En 1700, sous Louis XIV, de. . . . 19,669,000 hab.
En 1784, sous Louis XVI, de. . . . 24,800,000
Ainsi l'accroissement total fut de. . . 5,131,000.
en l'espace de 84 ans.
Et l'accroissement annuel ne fut que de   61,800
La population moyenne ayant été de. . 22,234,000
L'accroissement individuel fut seulement de 1 sur 360 h.

Il est d'un haut intérêt de comparer ces termes historiques à ceux d'une période embrassant la révolution tout entière, l'Empire, la restauration, et s'étendant jusqu'au dernier recensement. En voici les chiffres positifs :

La population du royaume était :

En 1784, de. . . . . 24,800,000 hab.
Et en 1841, elle s'élevait à. 34,230,000
Ainsi, en 57 ans elle s'est accrue de. . 9,430,000
Nombre total, qui fait par année. .   168,000
La population totale, entre les deux
époques extrêmes étant de. 29,515,000
L'accroissement individuel a été de   1 sur 175 hab.

Ces supputations, basées sur des nombres officiels, établissent que pendant 84 ans, dont 14 appartiennent au siècle de Louis XIV, 59 au règne de Louis XV et 10 à celui de Louis XVI, la population ne s'accrut que de 5,131,000, faisant 61,800 par année. Calculé sur la population moyenne, c'était seulement un accroissement d'un sur 360 habitants; terme qui suppose que pendant la moi-

tié du temps cette population demeurait stationnaire, ou même restait en perte. En admettant que
la fécondité fût néanmoins très-grande, par exemple d'un 25ᵉ du nombre des habitants, il fallait que
la mortalité lui fût à peu près égale, comme dans
le type suivant, qui doit être fort rapproché de la
vérité.

Naissances. . .	990,000	une sur	25 hab.
Décès.	928,200	un —	24
Accroissement.	61,800	un sur	360

Il fallait bien qu'il en fût ainsi, puisque l'accroissement n'était que d'un individu sur 72 familles
de cinq personnes chacune, et que par conséquent,
pour un enfant qui survivait à sa première année,
il y en avait une multitude qui périssaient par les
maladies ou la misère. Dans cette situation, le dou-
blément de la population ne pouvait être espéré
qu'à l'extrémité d'une immense période de 250
ans.

Quand on examine les temps écoulés entre 1784
et 1841, on dirait qu'il ne s'agit plus du même
pays. Dans un espace de 57 ans, la population s'est
accrue de 9,430,000 individus ou 168,600 chaque
année. Proportionnellement au nombre moyen des
habitants, c'est un accroissement annuel d'un sur
175, ce qui fixe à 122 ans la période du doublement. Le pays a acquis chaque année un nouvel
habitant sur 35 familles de cinq personnes; et cela
malgré 24 ans de guerres civiles et étrangères et

les plus terribles vicissitudes dont l'Europe moderne ait été témoin. On peut savoir avec certitude et précision comment s'est opérée cette augmentation étonnante. Sur une population moyenne de 29,515 habitants, il y a eu pendant 57 ans :

Naissances. . . .	952,000	une sur 31 hab.
Décès.	783,000	un — 38
Accroissement annuel	168,600	un sur 175

Voici en peu de mots les différences distinctives et caractéristiques de ces deux périodes mémorables de notre histoire.

Dans l'ancienne monarchie, jusque vers la fin du règne de Louis XVI, la société était soumise à des influences qui multipliaient ses mouvements intérieurs d'une manière étonnante. Les naissances et les décès étaient extrêmement nombreux ; la fécondité humaine était vraiment prodigieuse, mais elle était stérile, car il mourait presqu'autant d'individus qu'il en naissait. Il y avait beaucoup plus de naissances pour une faible population moyenne de 22 millions, qu'il n'y en a eu, de 1784 à 1841, pour une population de 30 millions, c'est-à-dire plus forte de 37 pour cent. D'autre part, la mortalité était infiniment plus grande. Il y avait plus de décès en un an qu'il n'y en avait en 15 mois, pendant la seconde période, lorsque la population était plus grande d'un tiers et au delà. Au juste, il mourait ordinairement, dans la vieille société, plus de 4 personnes sur cent. Dans la société nouvelle, ce tribut est réduit à 2 et demi; et si, comme on doit l'espérer, les progrès des sciences physiques et économiques continuent, au commencement du siècle prochain, la mortalité n'excédera pas annuellement un cinquantième de la population, et sera moindre de moitié que sous Louis XIV, et même sous Louis XVI.

L'accroissement de la population était autrefois nul, ou limité à un très-petit nombre, puisque les décès égalaient presque les naissances. Comparé à celui de la deuxième période, il lui fut inférieur, chaque année, pendant trois générations, de 107,000 personnes ou 151 pour cent.

C'est pourquoi il n'y avait pas 20 millions d'habitants en France au commencement du xviiie siècle, et 25 millions à la fin. Et cependant, 4,440,000 familles produisaient 990,000 enfants chaque année, ou 23 par 100; tandis que, de nos jours, cette production n'est plus que de 952,000, pour six millions de familles, ce qui ne donne qu'une fécondité de 15 à 16 pour cent, ou inférieure d'un tiers à celle d'autrefois. C'était comme en Irlande, où plus la détresse est grande, plus il survient d'enfants. Mais, ici, la culture de la pomme de terre permet, dans les temps ordinaires, de les nourrir, et la population s'accroît considérablement, tandis que jadis, en France, étant privée de ce secours, elle s'augmentait à peine. Quand les naissances avaient comblé ce déficit, causé par les décès, il ne restait plus qu'un enfant sur 17 nouveau-nés.

Ces phénomènes, qui modifiaient si puissamment la vie civile et domestique, avaient leur origine dans la constitution vicieuse de la société, et dans l'abjection où l'agriculture était restée en sortant de la servitude féodale.

En recherchant dans les archives de la Statistique de l'Europe les recensements et les mouvements de la population dans chaque État, on peut établir, par la moyenne de plusieurs années récentes, quel est le terme de l'accroissement individuel, et l'étendue de la période de doublement du nombre des habitants. Les résultats de ces supputations sont énumérés ci-après :

	Accroiss. ann.	Période de doublem.
Belgique.	1 sur 60 habitants,	41 ans.
Hollande.	1 — 62	— 42 —
États-Sardes.	1 — 62	— 42 —
Norwége.	1 — 73	— 50 —
Irlande.	1 — 72	— 50 —
Autriche.	1 — 74	— 52 —
Pologne.	1 — 74	— 52 —
Espagne.	1 — 82	— 57 —
Écosse.	1 — 82	— 57 —
Suède.	1 — 85	— 59 —
G.-Bretagne et Irl.	1 — 90	— 62 —
Italie.	1 — 94	— 66 —
Prusse.	1 — 103	— 70 —
Royaume de Naples.	1 — 108	— 75 —
Angleterre	1 — 112	— 78 —

Allemagne. . .   1 — 116   —   79 —
Danemark. . .   1 — 120   —   83 —
Empire russe. .   1 — 137   —   95 —
Suisse. . . . .   1 — 140   —   97 —
Portugal. . . .   1 — 140   —   97 —
France. . . . .   1 — 170   —   118 —

Ces chiffres sont plus nombreux que nous ne l'eussions voulu; mais on nous en pardonnera peut-être la multiplicité, en considération de l'importance de leurs enseignements. Ils tracent l'horoscope des sociétés européennes, et réfléchissent l'image de l'avenir, dégagée des ténèbres par les lumières du présent.

Un fait frappant sort d'abord de leur tableau; c'est la diversité des termes de l'accroissement des peuples; sur vingt-un on n'en trouve pas plus de deux qui soient semblables. On ne saurait produire un témoignage plus convaincant de la complexité des éléments dont se composent les sociétés modernes. Les naissances, la vie, la mort, s'expriment, dans chacune d'elles, par des nombres qui donnent des proportions tout à fait différentes. Ainsi la fécondité des générations, leur durée, leur accroissement gradatif ne sont point semblables, et même varient dans des rapports singulièrement éloignés. Ces différences manifestent que l'état physique et économique de chaque pays, l'état physiologique et social de chaque population se ressemblent bien moins qu'on ne l'imagine en remarquant que les territoires sont souvent contigus et que leurs habitants paraissent de la même famille.

La Belgique, par exemple, qui est adjacente à la France, dont la population a la même origine, les mêmes institutions et beaucoup d'autres affinités, accroît annuellement le nombre de ses habitants d'un sur 60. C'est une proportion dont la rapidité est triple de celle de la France, et qui la menace de voir doubler sa population en l'espace de 41 ans. En prenant des moyennes très-basses, on trouve qu'en 1880 elle doit avoir sept millions d'habitants ou plus de 4,000 par lieue carrée moyenne; ce qui ne donne pas un demi-hectare à chacun pour toute chose : cultures, forêts, chemins, rivières et propriétés bâties. Encore n'est-ce là qu'une supputation très-réservée, car un calcul plus large promet à la Belgique 6,000 habitants par lieue carrée. Or, il n'y a pas d'exemple qu'un peuple puisse subsister avec une telle accumulation d'hommes. L'Attique avait jadis 5,000 personnes par lieue carrée de son petit territoire; mais Athènes était alimentée par son commerce, et dégagée par ses colonies, du trop plein de sa population. De nos jours l'île de Ré dont la surface n'est pas de quatre lieues carrées, a plus de 17,000 habitants, ou 4,400 pour chacune. Mais la moitié de cette population est composée de marins, qui séjournent bien plus souvent sur l'Océan que dans leurs foyers. Il faut essentiellement à la Belgique des ressources quelconques, qui lui permettent une transmigration annuelle d'environ 60,000 personnes ; mesure dont l'urgence ne peut souffrir aucun retard.

La Hollande et les États-Sardes éprouvent un accroissement de leur population presqu'aussi grand, et qui leur donnerait la triste expectative de la voir doubler en 42 ans, s'ils étaient bloqués, dans leur territoire, comme les provinces Belges ; mais la Hollande est comme l'Attique; elle est nourrie par son commerce maritime, qui, avec ses colonies, absorbe une partie de ses habitants. Quant à la Savoie et au Piémont, leur population est bien moins agglomérée, et d'ailleurs ses habitudes cosmopolites lui font trouver partout du travail et une nouvelle patrie.

La Norwége, la Pologne et l'Autriche ne possédant encore que la moitié des populations que leur sol peut faire subsister, le doublement qui en est promis en 50 ou 52 ans, n'a rien qui puisse exciter l'inquiétude. Il en est autrement de l'Irlande. Les moindres termes qu'on puisse assigner à l'accroissement de ses habitants, est un 72e ; ce qui ne laisse qu'un demi-siècle à la période capable de conduire leur population à 14 ou 15 millions. En défalquant du territoire utile les bogs ou marécages, la population serait, en 1890, de 4,000 personnes par lieue carrée. Rien, parmi toutes les calamités qui affligent les peuples, ne peut égaler le malheur d'un tel avenir. L'ouragan des Antilles, qui renverse les villes, exerce sur les campagnes une ventilation salutaire ; il fait cesser l'infection des marais et arrête les épidémies dans leur cours meurtrier. — Le fleuve, dont les eaux débordées viennent de dévaster ses rivages, est à peine rentré dans son lit, que déjà les blés verdoient dans les champs qui, la veille, étaient couverts de vingt pieds d'eau. — Un peuple dont la patrie est envahie par des ennemis formidables, peut trouver son salut dans le courage et le dévouement des citoyens. — Enfin, les révolutions elles-mêmes, qui, pour rajeunir les nations, les baignent dans leur propre sang, sont des remèdes héroïques, dont le succès parvient, avec le temps, à faire oublier ou pardonner la violence. Il n'est point, comme on le voit, de fléau, quelque terrible qu'il puisse être, qui ne soit accompagné d'une espérance et même suivi d'une consolation.

Il ne faut rien attendre de semblable dans les malheurs dont un pays est accablé quand sa population excède les limites de la production possible de son territoire. Alors, le temps lui-même, qui guérit tous les autres maux de la société, ajoute chaque année à la détresse publique, en multipliant le nombre des habitants et en agrandissant le cercle de leurs besoins. Les subsistances devenant plus rares, leur prix s'élève ; et les classes pauvres qui ne peuvent plus les acheter, sont réduites à vivre d'aliments malsains, qui affaiblissent leur constitution et joignent la maladie à la misère. Les salaires qui, dans la disette, devraient s'augmenter, diminuent au contraire considérablement par la concurrence que se font les travailleurs, rendus plus nombreux par la nécessité de vivre. Bientôt le frein des lois est impuissant pour détourner l'indigence de la voie du crime. La faim ne s'arrête plus devant le droit de propriété; elle ne recule point devant l'homicide; elle brave l'autorité publique et ses châtiments; et l'intelligence populaire qui devait servir à la prospérité sociale, n'est employée qu'à organiser le pillage, le meurtre et l'incendie.

Ce triste tableau est tracé avec des couleurs historiques. C'est la peinture fidèle de l'Irlande, la plus belle des îles de l'Océan après la Grande-Bretagne. Sans doute une partie de ses souffrances proviennent du joug de fer qui pèse sur elle depuis si longtemps, mais ses malheurs sont aggravés et éternisés par l'accroissement sans bornes de sa population, qui a déjà doublé trois fois de nombre en 150 ans, et qui menace de doubler une quatrième fois avant qu'un demi-siècle soit révolu[*].

Assurément aucun des autres pays de l'Europe n'est dans cet état de délabrement; cependant les chiffres de l'accroissement de la population de plusieurs d'entre eux montrent évidemment qu'ils sont en proie à la même cause de ruine. Il ne faut

---

[*]	Pop. de l'Irlande.	Accroissement.		Autorités.
92	1,034,000 hab.	»		»
1712	2,099,000	— 1,065,000	en 20 ans.	South.
1792	4,088,000	— 2,000,000	80	Beauford.
1841	8,205,000	— 4,117,000	49	Rec. off.

pas se faire d'illusion sur cette plaie de la société européenne : elle est incurable. Tous les moyens essayés, non pour guérir le mal, seulement pour le pallier, n'ont abouti qu'au désappointement. Les colonies d'indigents de la Hollande et de la Belgique ont disparu peu d'années après leur création. Les établissements anglais, à la Nouvelle-Zélande, à Sierra-Leone, dans l'Afrique méridionale, sur la côte nord de l'Australasie, n'ont éprouvé que des revers. Ceux des Belges, sur le littoral américain, et les nôtres, aux Marquises et aux îles de la Société, ne peuvent échapper au même sort. Les transmigrations volontaires d'Irlande au Canada, n'ont produit aucun effet perceptible. L'invasion de nos départements du Nord, par les ouvriers belges, et celle des provinces occidentales de l'Angleterre, par les paysans irlandais, n'opèrent qu'un faible soulagement individuel, et n'exercent aucun bien général. Ces émigrations sont fort nuisibles aux pays qui les reçoivent, et ne sont point secourables aux pays d'où elles sortent *. Qu'est-ce donc que le départ de 30 à 40,000 hommes quand un ou deux millions surchargent la société? et quelle assistance la population peut-elle éprouver parce qu'un homme sur cent mille aura renoncé librement à sa patrie. Remarquez que, dans ce cas, ce sont tou-

---

* Il y a 25,638 étrangers dans les bagnes et les maisons centrales de détention, condamnés pour crimes par les cours d'assises; c'est 1 sur 18 détenus; savoir : dans les bagnes 581, ou 1 sur 13; et dans les maisons de détention 766, ou 1 sur 23.

jours les gens d'élite, les travailleurs qui émigrent ; et que, derrière eux est laissée, dans l'abandon, la population improductive et nécessiteuse des vieillards, des femmes et des enfants.

Lorsque les peuples de l'antiquité étaient affligés de cette funeste surabondance d'êtres humains, ils chargeaient sur leurs chariots leurs familles et un approvisionnement de blé, qui pût les nourrir pendant plusieurs mois , et ils allaient à la recherche de terres vacantes, dont l'étendue et la fertilité promissent de satisfaire à leurs besoins. L'histoire de nos ancêtres, les Gaulois, nous les montre souvent, au nombre de 400,000 , entreprenant ainsi de transporter leur patrie dans une nouvelle région [*]. Cette cruelle nécessité se reproduit, de nos jours, avec une fatalité plus grande encore , car il est impossible de la combattre par les mêmes moyens. On ne peut changer de place en Europe, on ne peut y faire un pas sans trouver les clôtures de la propriété et les délimitations des États. Ce sont vraiment bien d'autres barrières que la grande muraille de la Chine. Si la Belgique, qui est trop à l'étroit dans le territoire que la politique lui a fait, prenait seulement quelques arpents dans les bois déserts du Luxembourg , le monde serait mis en combustion par la diplomatie. Il n'y a point, pour les transmigrations modernes, d'autre chemin que

---

[*] Les Helvétiens, Cæs. l. 1, c. 30. Les Cimbres, les Teutons, Plutarq. v. de Marius.

celui des mers, ni d'autres pays que ceux situés dans un autre hémisphère, à la distance des antipodes. C'est dire assez que leurs projets sont impraticables, car comment transporter si loin de grandes populations? Chacun des 80,000 criminels que l'Angleterre a envoyés à Botany-Bay, lui a coûté bien plus qu'il ne faudrait pour soutenir une nombreuse et honnête famille. Pour créer une population de 1,500,000 esclaves aux Antilles, il a fallu, pendant trois siècles, le concours de tous les négriers des marines de l'Europe, avec l'intérêt mercantile le plus stimulant qui ait jamais été offert au commerce, puisqu'il donne encore aujourd'hui quatre capitaux pour un, en présence des flottes de France et d'Angleterre, combinées pour s'opposer à ce trafic odieux.

Il suffit de cet exemple pour montrer l'impossibilité de transporter, dans les contrées lointaines d'outre-mer, les populations dont l'Europe occidentale est surchargée et qui, d'ici à dix ans, s'élèveront probablement à vingt millions. Sans doute les mêmes obstacles ne s'opposent point à ce que ces populations s'établissent en Afrique, et qu'elles rélèvent les colonies romaines, depuis le Nil jusqu'au Maroc, dans ces régions, qui n'attendent, pour redevenir fertiles, que le retour de la civilisation. Mais il faudrait, pour cette œuvre grande et bienfaisante, une entente cordiale, sincère et durable, entre les principales puissances du monde politique; et quelque urgente qu'elle soit dans cette question de vie ou de mort, ce serait se faire illusion que de ne pas en désespérer.

La France n'a pas à redouter le fléau d'une population plus grande que la production de son territoire; il existe un parfait équilibre entre le nombre de ses habitants actuels et l'étendue des terres qui doivent les nourrir. La preuve vient d'en être donnée par deux mauvaises années successives, dont les récoltes incomplètes ont suffi cependant à la subsistance du pays ; car il faut reconnaître qu'une importation de céréales de quatre millions d'hectolitres ou seulement un 30ᵉ de l'approvisionnement nécessaire, est une mesure encore plus politique qu'économique, et plutôt destinée à rassurer les esprits qu'à pourvoir à la consommation. Toutefois, il est évident que si, au lieu de 1,300 personnes par lieue carrée, nous en avions eu 2,100, comme l'Angleterre et la Hollande, la famine eût été inévitable, puisque trois personnes auraient dû vivre de la part de deux. Il est également certain qu'avec une population moindre d'un tiers, nous aurions encore été réduits à la famine, si nos cultures n'avaient rapporté que huit hectolitres par hectare, comme sous Louis XIV, au lieu d'en produire treize. Il faut donc, pour arriver à l'équilibre qui résulte d'un heureux ordre de choses, non-seulement que la population se maintienne dans une proportion rationnelle avec l'étendue du pays, mais, de plus, que ses progrès soient suivis pas à pas par ceux de l'agriculture; condition qui implique la division des propriétés, puisque une grande production dépend de l'intérèt qu'apportent à bien cultiver leurs champs un grand nombre de propriétaires. En Angleterre, où il n'y en a pas 600,000, il y a tant de terrains détournés de la production alimentaire, que la quote-part de chaque habitant dans le domaine agricole, ne s'élève pas à 30 ares; elle est, en France, de 82 ou presque triple.

Pour atténuer les mauvais effets de cette insuffisance, l'agriculture anglaise déploie une grande habileté; mais ses efforts sont impuissants pour produire seulement les trois cinquièmes de la consommation du blé : il en faudrait 48 millions d'hectolitres, elle n'en peut donner que 27; et encore, la science qu'elle y met, rend-elle le pain si cher que les classes laborieuses sont presque constamment dans une cruelle disette. Cette détresse paraît d'autant plus grande et plus extraordinaire, qu'elle se montre au milieu de tous les raffinements de la civilisation, dans une société parvenue au plus haut degré de richesse, de luxe et de splendeur. Deux causes concourent à la produire. L'une est la conservation ou même l'agrandissement de l'ancienne propriété féodale, dans un pays dont la population a décuplé depuis le temps de l'institution des fiefs. L'autre est un accroissement prodigieux des classes indigentes, qui semblent d'autant plus prolifiques qu'elles sont plus misérables. On dirait vraiment qu'elles préparent, en se multipliant, des projets de vengeance, tels que la guerre servile des Romains, ou l'insurrection sanglante des serfs de Gallicie.

Le phénomène de ce débordement de créatures humaines, vouées, dès leur naissance, par la pauvreté et le malheur, à une mort prématurée, mérite que nous cherchions à fixer son origine en appelant, pour l'éclairer, le secours de chiffres historiques inédits.

La Statistique, en sondant la profondeur du passé, découvre avec surprise que, du xive au xvie siècle, la société féodale demeurait immobile, comme si elle était privée de vie. Dans chaque génération, le père et la mère étaient remplacés par deux de leurs enfants, les autres périssaient sans qu'on eût le temps de les compter; la famille restait donc héréditairement la même, et la population n'éprouvait aucune augmentation. Les guerres intestines, les famines périodiques, la peste noire, la suette contagieuse, le mal des ardents dévoraient les hommes à mesure qu'ils surgissaient en ce monde, et ne laissaient rien de cette multitude qui, de nos jours, double en 50 ans les populations des États européens. En voici des témoignages certains.

En 1328, sous Philippe de Valois, la France avait, d'après un état de subsides, 2,500,000 feux, ou 10 millions d'habitants. 472 ans après, en 1700, sous Louis XIV, un recensement fait connaître qu'elle en possédait 19,600,000. L'accroissement annuel, comparé à la population moyenne, n'avait été que de 14,200, ou un sur 680 ; il devait être naturellement cinq à six fois aussi grand. L'extrême mortalité absorbait la différence.

En 1570, sous Élisabeth, l'Angleterre avait une population de 5 millions d'habitants. En 1688, sous Guillaume d'Orange, elle en comptait 5,500,000. L'accroissement n'avait été, pendant cette période de 118 ans, que de 4,300 chaque année, ou un sur 1220. Il était moindre de moitié que celui de la France. Au XIXe siècle, nous le verrons devenir 21 fois aussi grand. La révolution, qui délivra le pays de la dynastie des Stuarts, opéra un grand changement dans la population de l'Angleterre ; elle lui donna plus de liberté, de sécurité, d'aisance, et son accroissement tripla. C'était encore bien peu, car il n'excédait pas 12,000 personnes par an, ou un sur 447. Ce terme fut celui du temps de la reine Anne ; et quoiqu'il soit sextuplé aujourd'hui, il ne doit pas nous surprendre, puisque c'est celui qui nous est donné pour la France, sous les règnes de Louis XIV et de Louis XV, pendant une période de 71 ans.

Sous la domination des trois Georges, l'accroissement s'augmenta irrégulièrement, selon les événements, variant entre un sur 245 et un sur 115 ; mais tout à coup il retomba à la proportion des temps désastreux, entre 1790 et 1801, pendant la guerre acharnée et chanceuse que la République française fit à l'Angleterre. Pendant cette ère de batailles navales aussi terribles pour les vainqueurs que pour les vaincus*, il ne resta annuellement au pays qu'un excédant de 19,700 personnes, au delà des décès. C'était la même proportion d'un sur 445, qui avait eu lieu lors des campagnes de Marlboroug contre Louis XIV; et le peuple anglais paya exactement au même prix que les lauriers de Blenheim le ministère de William Pitt. Il faut toutefois reconnaître que les succès de l'homme d'Etat surpassèrent immensément ceux de l'homme de guerre. On peut même dire qu'aucun souverain n'exerça sur l'Europe une influence aussi grande, aussi prolongée et, en même temps, aussi désastreuse. Le système de Pitt remua le monde, comme s'il eût été le levier d'Archimède. C'est l'argent qui lui servit de point d'appui; mais il fit payer cher à son pays la force qu'il en obtint. Il endetta l'Angleterre de neuf milliards et demi, pendant les guerres contre la République, et de 24, pendant celles de l'Empire, non compris un milliard et demi de papier-monnaie. C'était 34 fois le revenu de l'État sous Georges III, et 200 fois celui de son prédécesseur. Pour tirer du peuple une si prodigieuse richesse, il fallut, par mille artifices, lui arracher jusqu'à son der-

---

* Dans la bataille navale du 13 prairial an II (1er juin 1794) le vaisseau *le Jemmape*, à bord duquel l'auteur était artilleur, eut 600 hommes tués ou blessés à mort, sur 1000 hommes d'équipage et de garnison. Il n'avait pas 100 hommes capables de faire la manœuvre lorsqu'il arriva devant Brest, sans mâts, sans gouvernail et près de couler bas. En rentrant à Portsmouth, la flotte anglaise était dans le même état.

nier schelling, engager éternellement son avenir, et qui pis est, réduire les classes inférieures à la plus cruelle misère, celle qui n'a d'autre terme que la mort. Il fallut, pour alimenter cette multitude, créer une liste civile des pauvres, qui s'élevait, en 1822, à 222 millions de francs. Les documents parlementaires énuméraient, en 1803, par localités, 1,041,000 indigents soldés, qui faisaient un huitième de la population. Encore cette proportion était-elle doublée, dans plusieurs provinces, et les pauvres officiels s'y élevaient-ils au quart des habitants. On calculait qu'il y avait :

Dans le Wiltshire. . . un pauvre stipendié sur 4.38 hab.		
— le Berkshire. . . un —		4.91
— l'Oxfordshire. . . un —		5.07
— le Buckinghamshire un —		5.58

Le temps, qui adoucit les malheurs des hommes, n'a pas eu le pouvoir de cicatriser ces plaies douloureuses; et la détresse des prolétaires s'est perpétuée, malgré une longue paix, jusqu'à ce jour. En 1837, les paroisses de Londres avaient à leur charge 77,186 pauvres patentés, ou le 20ᵉ des habitants de la capitale, non compris aucun des indigents, qui n'étaient pas reconnus comme tels, et qui auraient doublé cette population. Il y avait, parmi les premiers seulement :

13,972 individus atteints de la fièvre intermittente 1 sur 5.5		
7,017 — de la fièvre continue 1 — 11.		
5,692 — du typhus 1 — 14.		

On comptait donc 37 personnes sur cent, attaquées par ces maladies, exclusivement à toutes les autres. Aussi, dans les paroisses de la métropole, habitées plus particulièrement par les pauvres, la mortalité était-elle du quadruple de celle du reste de la ville.

Dans la plupart des grandes cités de l'Angleterre, les loyers étant d'un prix trop élevé pour les ouvriers, ce sont les caves qu'ils habitent. A Liverpool, un septième de la population demeure dans 7,862 caves. A Manchester, un huitième des ouvriers n'a pas d'autre asile. A Glascow, c'est également la retraite de 30,000 journaliers irlandais. En 1837, la fièvre ayant atteint cette colonie, il mourut 21,800 personnes ou 72 sur cent. On voudrait pouvoir dire que ce fut une année malheureuse, mais les mèmes faits se reproduisent continuellement. De 1838 à 1844, sur un nombre moyen de 21,152 enfants au-dessus de cinq ans, recensés à Manchester, il y eut une mortalité de 20,726, causée par la mauvaise nourriture, l'air vicié des logements, la malpropreté, et surtout l'usage meurtrier d'empêcher les cris des enfants, et de se délivrer du soin de les garder, en leur administrant des narcotiques.

Tant de causes de mortalité réunies sembleraient devoir diminuer la population. Loin de produire cet effet, elles font de la vie une sorte de jeu effréné, dans lequel, à force de multiplier les chances, on obtient le triste avantage de faire excéder le nombre des morts par celui des vivants. Plus la misère est grande, plus cet excédant s'accroît et plus la société est surchargée d'êtres humains, qui sont pour elle un fardeau, et qui, tôt ou tard, deviendront un danger. On conçoit mal d'abord comment cette foule affamée, maladive, émaciée, peut s'abandonner à un tel penchant, au lieu de concentrer toutes ses facultés dans la recherche des moyens de subsister. On s'étonne de voir sortir, d'une pareille source, une surabondance d'hommes trois à quatre fois aussi grande que la reproduction ordinaire des peuples qui vivent dans l'aisance domestique, au milieu de tous les biens de la civilisation. On est tenté de révoquer en doute la possibilité de ces effets de la misère publique, qui, à la fois, déciment les populations et doublent le nombre des individus qui les composent. C'est cependant un phénomène social dont on ne saurait douter; et l'Angleterre, comme l'Irlande, en fournit, dans sa Statistique, des témoignages irrécusables.

Dans la dernière moitié du xviiie siècle, lorsque sa situation était analogue à celle de la France, l'accroissement décennal de ses habitants ne différait pas essentiellement du nôtre. Il fut diminué énormément, de 1790 à 1801, par les pertes de la guerre; mais, dans la période suivante, entre 1801 et 1811, l'Angleterre étant réduite aux dernières extrémités, privée de numéraire, de commerce, de subsistances, payant le blé 50 francs l'hectolitre, par un terme moyen, et nourrissant 971,000 familles de pauvres, il se fit alors une révolution sociale fort étrange et dont l'histoire n'offre sans doute pas un autre exemple. Les prolétaires, sous l'excitation de la loi qui les stipendiait, commencèrent à se multiplier prodigieusement; et ils ont continué de le faire jusqu'à présent, malgré même les restrictions tardives apportées à ce fatal système de charité. On pourra juger de l'étendue et de la persistance de ce fléau, par le tableau suivant, qui montre l'accroissement de la population de l'Angleterre, depuis le commencement de ce siècle.

Périodes.		Pop. moy. ann.	Accroiss. ann.	Rapp. proport.
1801 à	1811	9,017,000	129,100	1 sur 75 habit.
1811	1821	11,070,000	181,500	1 — 61
1821	1831	12,936,000	191,600	1 — 67
1831	1841	14,897,000	200,700	1 — 74
En 40 ans.		11,980,000	175,725	1 sur 68.

Ainsi, pendant cette longue période de quarante ans, l'accroissement de la population de l'Angleterre, comparée au nombre moyen, annuel de ses habitants, a été d'un individu sur 68. C'est presque trois fois celui de la population de la France, pendant la même étendue d'années. Maintenant, l'Angleterre doit posséder 17 millions d'habitants, ou cent pour cent de plus qu'en 1801.

Le gouvernement anglais, justement alarmé de cette invasion menaçante, a pris de nombreuses mesures pour en diminuer les effets; il a ouvert à l'émigration : le Canada, la Nouvelle-Écosse, l'Afrique méridionale, le Honduras; il a même favorisé celle aux États-Unis. Rien n'a réussi; l'accroissement gagne de plus en plus, comme une inondation désastreuse; et M. Farr vient de calculer qu'en 1851, le Royaume-Uni sera peuplé de plus de 30 millions d'habitants, ce qui élève à trois millions l'accroissement naturel de dix années. C'est un homme sur neuf.

Il est évidemment impossible que la production des terres, les débouchés extérieurs pour l'industrie manufacturière, la fortune publique et jusqu'aux établissements religieux, charitables, répressifs s'agrandissent dans cette énorme proportion; et il faut avouer qu'il y a, dans cette funeste multiplication de l'espèce humaine, une cause de ruine entièrement nouvelle pour les contrées de l'Europe moderne, et bien plus redoutable que tous les autres désastres, puisqu'on n'a aucun moyen de la prévenir ou de la détourner.

A quoi tiennent cependant les destinées des nations! Si l'illustre Fox fût resté dépositaire du pouvoir, le germe de ces maux ne se serait point développé; mais son rival l'emporta, et fit régner sur l'Angleterre son dangereux système. Depuis soixante ans, deux générations d'hommes d'État, admirables par leur talent, leur caractère et leur courage, ont pris ce système fatal, pour but de leurs nobles et patriotiques efforts, l'une en l'attaquant, l'autre en cherchant à arrêter les calamités dont il est la source. C'est par leurs soins réparateurs que la taxe des pauvres a été réduite à moitié ; — les maisons de travail organisées ; — l'émigration rendue moins difficile ; — les lois céréales abolies ; — les objets de consommation dégrevés ; — la contribution foncière établie ; — et la Chambre des communes réformée.

Notre plus respectueuse vénération est due aux auteurs de ces lois bienfaisántes ; mais, nous le disons à regret, ces remèdes n'agissent qu'avec une lenteur désespérante ; ils n'empêchent de s'accroître ni la population ni la misère des classes inférieures ; et l'on peut croire, non sans raison, qu'ils sont impuissants pour guérir la gangrène profonde, qui, sous le régime des vieilles institutions de l'Angleterre, continue de ronger le corps social. Quelles que soient les modifications partielles qu'ils ont produites, comment espérer qu'on puisse occuper sans cesse et faire vivre de son travail, cette tourbe de prolétaires des fabriques, qui n'était, en 1800, que de la moitié de la population, et qui, maintenant, en forme plus des trois quarts ? — Comment arrêter la désertion des campagnes dont les ouvriers étaient à ceux des villes, en 1790, comme deux sont à un, tandis qu'en 1841, c'était déjà l'inverse ? — Comment repousser de l'enceinte de Londres, ces hordes de provinciaux, qui viennent y chercher à gagner leur vie, et qui, en 40 ans, en ont doublé la population, l'élevant à la proportion monstrueuse du septième des habitants de l'Angleterre ? — Comment rétablir la famille avec sa surveillance, ses traditions, ses bons exemples, parmi tous ces ouvriers isolés, abandonnés à eux-mêmes dès leur enfance, et entraînés à mal faire par leur inexpérience ou par la contagion de la perversité? — Comment éviter la promiscuité des sexes et des âges, dans les caves où se blottit cette malheureuse population, dans les échoppes à genièvre où elle va s'enivrer, dans les fabriques où elle est à rangs serrés, et surtout dans les mines où travaillent pèle-mêle, hommes, femmes, enfants, réduits, par la chaleur de ces lieux souterrains, à ne porter absolument aucun vêtement? — Comment nettoyer les cloaques de cette vaste Babylone, qui renferme, dit-on, 80,000 femmes publiques, parmi lesquelles, si l'on en croit la Société formée pour donner un asile aux jeunes filles, se trouvent 14,000 prostituées au-dessous de quinze ans, et même un grand nombre, qui n'en ont pas douze? — Comment surtout remédier à l'abrutissement que causent la misère et l'usage des liqueurs alcooliques, et dont le premier effet est d'ôter à l'homme, toute prévoyance du lendemain, toute retenue dans ses instincts égoïstes et grossiers et même toute affection pour ses propres enfants qu'il multiplie à outrance, comme s'il s'agissait de repeupler la terre après le déluge? — Comment enfin restreindre cette funeste multiplication, qui est passée dans les habitudes populaires et qui est érigée en devoir social et religieux, lors même que l'enfant qui va naître n'aura pour gîte qu'un terrier, pour nourriture, que le sein desséché d'une femme malade, pour apaiser ses cris, qu'un poison stupéfiant ; et, s'il échappe à la mort, un travail, à l'âge de cinq ans, de quatorze heures par jour, au fond d'une mine de houille ou dans l'atmosphère empestée d'une boyauderie ?

Il faut l'avouer : aucun fléau n'égale celui d'un accroissement désordonné de la population. C'est une source intarissable de calamités. Mais, n'oublions pas que la bienfaisance a des inspirations imprévues pour calmer les douleurs de l'humanité. Jamais assurément elle ne pourra trouver un objet plus digne de ses pieux efforts.

Quand on rapproche des chiffres qui expriment l'accroissement de la population de l'Angleterre, ceux fournis, pour les mêmes périodes, par la Statistique de la France, on trouve des différences extraordinaires et d'autant plus frappantes qu'elles se produisent à l'égard d'un phénomène naturel et social, commun à deux pays, dont les affinités sont grandes et nombreuses. On en pourra juger par le tableau suivant, qui énumère l'accroissement de la population de la France, depuis le commencement de ce siècle.

Époques.		Pop. moy. ann.	Accroiss. ann.	Rapp. proport.
1801 à 1811		28,220,000	174,373	1 sur 262 hab.
1811	1821	30,277,000	136,914	1 — 221
1821	1831	31,515,000	210,734	1 — 150
1831	1841	33,399,000	166,095	1 — 200
En 20 ans.		30,845,000	172,029	1 sur 180.

Ces nombres sont d'accord avec les grands événem. nemcnts historiques de chaque période. Le moindre accroissement de la population de la France eut pour époque 1801 à 1811, pendant les guerres sanglantes de l'Empire contre l'Europe. La période suivante comprend encore cinq ans de guerre, mais elle embrasse aussi cinq ans de paix ; et ce fut assez, pour réparer vingt-quatre ans de batailles meurtrières, en élevant l'accroissement de 18 pour 100.

Mais l'accroissement le plus considérable eut lieu, sous la restauration, de 1821 à 1831 ; il répara toutes les pertes faites par un quart de siècle dont chaque jour fut marqué par des destructions d'hommes. L'augmentation fut de 72 pour 100 du terme de la période précédente.

De 1831 à 1841, l'accroissement s'est ralenti, dans la proportion d'un tiers, par les irruptions du choléra, par l'émigration militaire et civile en Algérie, et surtout par les progrès de la prospérité publique, qui atténuent la multiplication des hommes, en imposant des conditions plus difficiles à leur existence sociale. L'augmentation n'est, année moyenne, pour cette dernière période que d'un sur 200 habitants. C'est la plus lente qu'il y ait maintenant en Europe ; elle donne 139 ans à la période de doublement de la population de la France, tandis que celle de l'Angleterre sera doublée avant un demi-siècle. Le calcul indique que, dans l'hypothèse de la persistance de l'ordre actuel des choses dans les deux pays, la France aurait, en l'an 1980, 66 millions d'habitants ou moins de 2,500 par lieue carrée, tandis que l'Angleterre est menacée d'avoir, dès l'an 1915, une population de 30 millions, qui fait 4,000 personnes par lieue carrée moyenne. La quote-part de chaque habitant, y compris les terres stériles et toute autre sorte de surface, serait encore en France de 80 ares; elle ne serait plus que de 50 en Angleterre; terme dont l'insuffisance est manifeste et exclut toute possibilité de laisser se prolonger encore longtemps l'ordre social qui conduit à une telle issue.

Mais plutôt que de spéculer sur l'avenir, examinons le présent, et recherchons jusqu'à quel point agit sur sa prospérité, l'accroissement actuel de la population.

Une estimation rapprochée des terres cultivées de l'Angleterre leur attribue une étendue de 4,650,000 hectares ou 2,351 lieues carrées. C'est pour une population de 15 millions, 31 ares par personne, c'est-à-dire bien moins que le nécessaire, dans les années moyennes.

En France, les constatations cadastrales et statistiques attestent que les cultures ont 27,654,000 hectares ou 14,000 lieues carrées. C'est pour 34 millions d'habitants, 81 ares chacun ou, comparativement à l'Angleterre, 266 pour 100. Ce serait trop si le blé donnait 20 hectolitres par hectare; mais c'est assez puisqu'il en donne 13. La différence entre ces deux termes est la réserve de l'avenir, et sera certainement son ouvrage. Mais rien ne presse dans un pays qui, au lieu d'accroître sa population, chaque année, comme l'Angleterre, de 14,500 individus par million d'habitants, ne l'augmente tout au plus que de 5,000 ou d'un tiers seulement. Ce pays n'éprouve, dans les temps ordinaires, ni la nécessité d'interroger sans cesse, avec crainte, les marchés publics, pour savoir s'ils peuvent fournir à la subsistance de la population, ni la crainte plus grande encore qu'inspire l'énorme accroissement de cette population, lorsqu'on prévoit que le terme qu'elle doit bientôt atteindre, ne laisse aucun espoir de pouvoir la nourrir.

Rendons grâces à Dieu de l'ordre admirable qui, dans notre société civile, résulte de la pondération de ses éléments et du parfait équilibre existant entre l'étendue de notre territoire, la production de nos cultures et le nombre des habitants de la France. Ces trois éléments constituent, par les rapports numériques, qui les lient et les combinent, les principes vivifiants de la prospérité publique et de la puissance nationale. Leurs proportions qui proviennent du hasard des événements, semblent avoir été réglées par les plus sages prévisions.

1° Le pays est assez vaste pour contenir un grand peuple; il était bien moins riche et bien moins peuplé quand il sut résister à l'Europe et même la dominer.

2° La culture surpasse par l'abondance de ses produits, par leur variété et par leur richesse, celle de toutes les grandes puissances, à la seule exception de l'Empire russe, en ce qui concerne la quantité des céréales ; elle donne, année moyenne, à chaque personne, trois hectolitres de grains et un hectolitre de vin, lorsque l'Angleterre, malgré son agriculture supérieure, ne peut fournir, à chacun de ses habitants, que deux hectolitres de céréales, dont plus de la moitié est convertie en bière et en eau-de-vie.

3° L'industrie crée une richesse égale à la moitié de celle de l'agriculture. Sa fortune doubla une première fois, de 1788 à 1812, puis une seconde fois, de cette dernière époque jusqu'à présent. Elle pourvoit à presque tous nos besoins, et rien n'empêche qu'elle puisse un jour, comme maintenant celle de l'Angleterre, devenir l'usine où se fabriqueront les produits consommés par les peuples du monde entier. Mais le Ciel nous préserve d'un tel succès, qui ne peut s'acheter que par la misère la plus déplorable des classes inférieures.

4° La population n'est pas assez grande pour surcharger l'État du plus pesant de tous les fardeaux publics, celui des hommes. Mais elle est assez nombreuse pour armer, encore, un million de volontaires et quatre millions de gardes nationaux. C'est plus qu'il ne faut pour garantir efficacement l'indépendance du pays.

La Statistique constate complétement les faits sociaux que nous venons d'énumérer sommairement ; en interrogeant les chiffres qui les expriment, elle en conclut un résultat général, digne de prendre place parmi les plus grands événements de l'histoire des sociétés humaines. C'est que la France, par les effets bienfaisants de son organisation civile, de ses libertés politiques et des progrès de l'intelligence de ses populations, joints aux dons naturels de son territoire et de son climat, est devenue, de nos jours, l'État le plus prospère de l'Europe et le pays du monde civilisé qui possède au plus haut degré les éléments de la félicité publique.

Après avoir exposé succinctement, dans ce programme, quels sont les éléments statistiques de la Société civile, il nous serait possible d'énumérer, de la même manière, les éléments de la Société politique de l'Europe. Mais ce sujet a trop d'importance pour être resserré dans les limites étroites qu'il faudrait lui tracer. D'ailleurs, il suffit au but que nous nous étions proposé d'avoir donné des exemples nombreux et choisis des applications de la Statistique à l'histoire et à l'Économie sociale, et d'avoir indiqué les études utiles que l'on peut faire pour obtenir, des chiffres épars dans les annales des peuples anciens et modernes, des lumières propres à éclairer une foule de questions du plus grand intérêt. C'est là l'unique objet de l'esquisse que nous venons de présenter, et qui n'est rien de plus qu'un sommaire. Il faudrait, pour traiter ce curieux sujet comme il mérite de l'être, des développements numériques étendus, avec leurs déductions et la citation des sources authentiques d'où proviennent les faits, détails dont nous avons dû nous abstenir ici. Cependant, nous espérons que, malgré notre extrême brièveté, les esprits studieux et intelligents discerneront, dans cette analyse, quels services la Statistique est appelée à rendre aux peuples qui feront, de ses opérations, un moyen usuel de rechercher la vérité, et quelles habitudes de logique et de précision acquerront les affaires publiques, quand elles seront traitées avec le secours de termes numériques scrupuleusement exacts. C'est une impérieuse nécessité dans tout pays de libre examen; car, ainsi que l'a remarqué l'illustre Goëthe, non-seulement les chiffres gouvernent le monde, mais encore ils enseignent comment le monde est gouverné.

ERRATA :

Page 301, ligne 11, *au lieu de :* Une seule feuille de tabac en produit, *lisez :* Une seule semence de tabac en produit.

BIBLIOGRAPHIE STATISTIQUE

DE L'EUROPE.

I. SUÈDE ET NORWÈGE.

Mémoires de l'Académie des sciences de Suède. Recherches statistiques de Wargentin, Nicander et autres sur la population, la culture, etc.

Rapports officiels de la Commission de statistique sur les recensements et les mouvements de la population.

Forsell (comte de). Statistique de la Suède, en suédois et en allemand.

Graberg. Essai sur la Statistique de la Suède.

Cateau. Tableau général de la Suède, 1790. 2 vol. in-8°.

De Buch. Voyage en Norwège, 2 vol. in-8°, 1810.

Cantzler. Mémoires économiques, 1776, 2 vol. in-4°.

Cateau. Tableau de la mer Baltique, 1813. 2 vol. in-8°.

Blak. Voyages en Norwège et en Laponie, in-4°, 1813.

Swinton. Voyage en Norwège, 1794, 2 vol. in-8°.

Drevon. Voyage en Suède, 1789.

Daumont. Voyage statistique en Suède, 2 vol. in-8°, 1837.

Schmidt. Tableau statistique des 20 années du règne de Charles-Jean.

Granberg. Aperçu d'une statistique de Suède, 1816, in-8°.

Conway. Voyage en Norwège et en Suède, in-8°.

Thomson. Voyage en Suède, 1812, in-4°.

Acerbi. Voyage en Suède.

II. DANEMARK.

Thaarup. Statistique du Danemark, 1825, in-8°, en danois.

Nyerup. Description historique et statistique du Danemark, 1803, 5 vol. in-8°, en danois.

Gliemann. Description géographique des Etats-Danois, 1817, in-8°.

Randolf. Observation sur l'état du Danemark, etc., 1784, in-8°.

Baggesen. États-Danois. Leur géographie et leur statistique.

Tobler. Mouvements de la population du Danemark.

Statistique industrielle et commerciale du Holstein et du Sleswic, d'après les documents officiels.

Schouw. Météorologie danoise.

Consett. Voyage en Danemark, Suède et Laponie.

Jackson. Relation du Danemark et de la Suède.

Macdonald. Voyage en Danemark, 1814, 2 vol. in-8°.

Revue du Nord. Mouvement de la population d'Islande.

Thiele (Prof.). Description du royaume de Danemark.

Mémoires de la Société islandique, 14 vol. in-8°.

Andersen. Le Danemark esquissé, in-8°.

III. EMPIRE RUSSE.

Strahlenberg. Description de l'empire russe, 1757, 2 vol.

Heyme. Encyclopédie de l'empire russe.

Sergey Ptelscheyef. Recherches sur l'empire russe. 1792.

Comeyras. Tableau général de la Russie moderne, 1801, 2 vol., Paris.

Took. Aperçu de l'empire russe, en anglais, 1802, 3 vol. in 8°.

Storch. Tableau historique et statistique de la Russie, 1800, 3 vol. in 8°.

Vsevolsjski. Description géographique de la Russie d'Europe, 1813, 1 vol. in-4°.

Porter (Ker). Voyage en Russie, 1809, 2 vol. in-4°.

Lyal. Voyage en Russie, 2 vol. in-8°.

Hupel. Mélanges sur le nord. Population de la Russie.

Pallas. Voyages dans l'empire russe.

Gebhardi. Histoire des peuples Slaves.

Peyssonel. Commerce de la mer Noire, 1782, 2 vol. in-8°.

Gimelin. Voyage en Sibérie, 2 vol. in-8°.

Georgi. Description des nations de l'empire russe.

Mémoires de l'Académie de Pétersbourg. De nombreux et curieux travaux statistiques de Storch, Hermann et autres savants académiciens.

Abeille du Nord. Les résultats statistiques des mouvements de la population de l'empire russe.

Karamsin. Histoire de Russie.
Eckard. Tablettes statistiques de la Russie.
Potocky. Voyages dans les steppes, 2 vol. in-8º.

IV. ILES BRITANNIQUES.

G.-R. Porter. Tableau du revenu du commerce, des finances, etc. Statistique officielle. Publication annuelle, depuis
1833, vol. petit in-fº.

George Graham (le major). Rapport sur les mouvements de la
population de l'Angleterre. Publication annuelle, depuis
1839, vol. petit in-fº.

Redgrave. Tables de la justice criminelle d'Angleterre, du
ministère de l'intérieur. Publication annuelle, petit in-fº.

Documents statistiques parlementaires, recueillis et publiés
officiellement ou reproduits dans l'*Annual Register.*

Porter. Progrès de la nation. Statistique du Royaume-Uni,
2 vol. in-12. Une nouvelle édition est préparée.

Mac Culloch. Dictionnaire d'économie politique et de Statistique.

Domesday-Book. Traduction de Bawden, 3 vol. in-fº.

Hollingshed. Chroniques d'Angleterre.

Campbell. Exploration politique de la Grande-Bretagne,
1774, 2 vol. in-4°.

Entick. Description de l'empire anglais, 4 vol. in-8º.

Baert. Tableau de la Grande-Bretagne, 4 vol. in-8º.

Chalmers. Estimation des forces de la Grande-Bretagne,
1808.

Capper. Statistique de la population, et consommation de
l'Angleterre, 1801, 1 vol. in-8º.

Cleland. Relation statistique de l'Écosse, 1822.

Young (Arthur). Arithmétique politique. Annales d'agriculture.

Gentz. Richesse et finances de la Grande-Bretagne, 1800.

Montvéran. Histoire des finances de l'Angleterre, 5 vol.
in-8°.

Clarke. Force et opulence de la Grande-Bretagne, 1802, in 8º.

Shefield. Richesse de l'Angleterre, 1774, in-4º.

Withworth. Tableau du commerce de la Grande-Bretagne.

Playfair. Tableaux statistiques de l'Angleterre.

Colquhoun. Traité de la richesse de l'Angleterre, 1815, in-4°.

Petty (William). Arithmétique politique, in-8°.

Bisset Hawkins. Statistique médicale, 1829, 1 vol. in-8°.

Sinclair. Histoire du revenu de l'Angleterre, 1813, 3 vol. in-8°.
Zimmermann. Économie politique de l'Europe, 1787, 2 vol. in-8°.
Everett. Idées nouvelles sur la population, in-8°.
Mason. Relation statistique de l'Irlande, 2 vol. in-8°.
Pebler (Pablo de). Histoire des finances de l'Angleterre, 2 vol. in-8°.
Sinclair. Statistique de l'Écosse, 1800, 21 vol. in-8°.
Godwin, Malthus, Loudon. Sur la population anglaise.

V. PAYS-BAS.

Documents statistiques parlementaires du royaume des Pays-Bas.
Estienne. Statistique de la Batavie, Paris, 1803, in-8°.
Le Franc Berkley. Histoire géographique, physique et naturelle de la Hollande, 1782, 4 vol. in-12, traduction française.
Meterlecamp. Relation statistique de la Hollande, 1804, 3 vol. in-8°.
Decloët. Tableau statistique de l'industrie des Pays-Bas, 1823, in-8°.
Bonaparte (Louis). Documents historiques sur le gouvernement de la Hollande, 3 vol. in-8°.
Janiçon. État présent de la république des Provinces-Unies, 1775, 2 vol.
La Hollande au xviiie siècle, 1779, in-12.
Temple (W.). Observations sur les Provinces-Unies, 1673, in-8° en anglais.
Bentivoglio. Relation des Provinces-Unies, 1646, in-8°.
Decloët. Géographie historique, physique et statistique du royaume des Pays-Bas, 1822.
Jacob (W.). Aperçu sur la Hollande, l'Allemagne, etc., 1820.
Galdy. Tableau politique et statistique des Provinces-Unies, in 8.
Neigebauer. Description des Pays-Bas et de la Belgique, in 8°.
Van-Kampten. Description des Pays-Bas.

VI. BELGIQUE.

Documents statistiques sur la population, le territoire, l'industrie de la Belgique. Publication officielle, plusieurs vol. in-4°.

Misson. Tableau officiel du commerce de la Belgique. Publication annuelle, grand in-f°.

Heusling. Statistique de la Belgique. 1 vol. grand in-8°.

Arrivabene (comte). Statistique de la Belgique, in-8°.

Quetelet. Mémoires de statistique sur le royaume des Pays-Bas, et sur la Belgique, parfaitement exécutés. Plusieurs séries.

Dewez. Histoire générale de la Belgique, 1807, 7 vol. in-8°.

Marchand. Description de la Flandre.

Courtois. Recherches statistiques sur la province de Liége.

Radcliff. Rapport sur l'agriculture de Flandre, en anglais.

Mitchel. Le Voyageur en Belgique.

Wandermalen. Statistique de la Belgique par provinces, 8 vol. in-8°, avec des cartes.

Vandebogaerde. Statistique de Flandre.

Guicciardini. Description de Flandre, 1625, in-f° en italien.

Raepsaet. Histoire des États, 1849. Gand.

Verhulst. Recherches sur la loi d'accroissement de la population en Belgique.

De Bast. Dissertation sur l'origine des communes en Belgique, 1819.

VII. ALLEMAGNE.

Diéterici. Statistique industrielle, commerciale et agricole des Etats du Zollverein, pendant les années 1831 à 1836.

— pour les années 1837 à 1839.

— pour les années 1840 à 1842, publié en 1844, 4 vol. in-8°. Berlin. En allemand.

Reden (baron de). Chemin de fer et navigation à la vapeur en Allemagne.

Hoffmann (K.-F.-V.). L'Allemagne et ses habitants, 1835.

— Documents publiés annuellement par la Société de statistique de la Saxe, 1835.

Hoffmann (D.-N.). Histoire du commerce et de la navigation des peuples depuis l'antiquité. 1844.

Annales Wurtembergeoises de statistique, par le bureau de topographie et de statistique, 1844.

Kohli. Description statistique du grand duché d'Olden-
bourg.

De Lengerke. Statistique agricole de la confédération germanique, 1840.

Siebert. La Bavière ; sa statistique, sa géographie, 1840.

Weber. Annuaire de statistique.

Fischer. Statistique du Wurtemberg, 1836.

Koch. Description géographique et statistique du Wurtemberg.

Wagner. Description topographique et statistique de la
Hesse.

Heunisch. Description statistique de Bade.

Hohn. Description statistique de la Bavière.

Memminger. Annales géographiques et statistiques du Wurtemberg.

Ritter. Dictionnaire géographique et statistique général.

Bosc. Description statistique de la Saxe, 1845.

Muller. Annales de statistiques, 1845.

Heynitz. Ancien essai d'économie politique sur la Saxe.

Cantzler. Tableau économique de la Saxe, 1786.

Hazzi. Statistique de la Bavière, 1848, 4 vol. in-8°.

Liechtenstern. Histoire et statistique de la Bavière, 1823,
in-f°.

Hock. Tableau statistique de la Bavière, 1822.

Hoëck. Statistique financière des États d'Allemagne, 1801,
in-f°.

Rudhart. Statistique de la Bavière, 1823.

Jacobi. Tableau statistique de l'Allemagne, 1794.

Normann. Statistique de l'Allemagne, 1787, 4 vol. in-8°.

Mosch (Blitz). Statistique de la Saxe.

Rœdel. Dictionnaire statistique de la Souabe.

Gaspari. Collection des éphémérides géographiques de Wey-
mar.

Hassel. Statistique de l'Europe, 1 vol. in-f°.

VIII. PRUSSE.

Dieterici. Tableau statistique de la Prusse, d'après le recensement de 1843, Berlin 1845, in-4°.

Berhauss. Statistique de laPrusse, 1845.

Schubert. Manuel géographique et statistique des États de
l'Europe, 1846.

Ferber. Statistique industrielle et commerciale de la Prusse,
1829 à 1832, 2 vol.

Bernouilli (Prof.). Études sur les populations, 1840.

Hoffmann (Z.-G.). Mouvements de la population de la Prusse, de 1820 à 1834, Berlin, 1844.

Muller. Dictionnaire statistique de la Prusse, 1835.

Voigtel. Statistique de la Prusse.

Gasper. Statistique médicale, 1835.

Sussmilch. Ordre divin du monde.

Hertzberg. Dissertation statistique sur la Prusse, 1786. in-8°.

Boek. Histoire économique de la Prusse, 1783, 5 vol. in-8°.

Pterzberg. Sur la population, spécialement celle de la Prusse.

Mirabeau. Monarchie prussienne. 1788, 8 vol.

Histoire administrative de la Prusse jusqu'en 1815, 3 vol. in-8°. Didot.

Stein. Sur la Prusse, 1818.

Demain. Statistique de la Prusse. 1818.

Lehmann. Tableaux statistiques de la Prusse, 1836.

Weigel. Description de la Silésie.

Adams. Lettres sur la Silésie.

Zedlitz, Statistique de la monarchie prussienne, 1828.

IX. EMPIRE D'AUTRICHE.

Franzl. Statistique de l'Autriche.

Springer. Statistique de l'Autriche, 2 vol., 1840.

Bajakg, Géographie commerciale et industrielle de la Hongrie, 1845.

Fenyes. Statistique du royaume de Hongrie, 3 vol., 1844.

Sommer. Géographie et statistique de la Bohême, 1844.

Thielen. Manuel topographique de l'Autriche, 1817.

Roth et Raymond. Tableau statistique de l'Autriche, 1809, 1 vol. in-8°.

Marcel de Serres. Voyage en Autriche, 4 vol. in-8°.

Grellmann. Monarchie autrichienne, 1804.

Schwartner. Statistique de la Hongrie, 1809.

Jacobi. Aperçu statistique et géographique de l'Autriche.

Korabinski. Dictionnaire géographique d'agriculture de la Hongrie.

De Lucca. Statistique spéciale de l'Autriche, 1792.

Damian. Tableau statistique de la monarchie autrichienne, 1796.

Hammerdœrser. Géographie et statistique de l'Autriche, 1793, 1 vol. in-8°.

Stein. Manuel de géographie et de statistique.

Anton. Histoire de l'économie rurale.

Kratter. Observations physiques et statistiques sur les États autrichiens, 1788.

Documents pour servir à la connaissance statistique de l'Autriche, par la Société de statistique, 1834.

— pour le Tyrol, par la même société.

X.   FRANCE.

Statistique générale de la France, publiée par le Ministre de l'agriculture et du commerce, 1834 à 1847, 10 vol. grand in-4°. Imp. royale.

Compte général de l'administration de la justice, publié par le garde-des-sceaux, 1825 à 1847, 1 vol. annuel, in-4°.

Compte général de l'administration de la justice civile et commerciale, même format.

Compte-rendu des ingénieurs des mines, publié par le ministre des travaux publics, 1 vol. annuel, in-4°, 1834 à 1846.

Notices sur les colonies françaises, publiée par le ministre de la marine et des colonies, 1 vol. annuel, in-8°.

Bulletin du ministère de l'agriculture et du commerce, et documents sur le commerce extérieur. Publication mensuelle, par livraisons in-8°.

Compte général de l'administration des finances, publié par le Ministre des finances, 1 vol. annuel in-4°.

Tableau général du commerce de la France, publié par l'administration des douanes, 1 vol. annuel, in-4°.

Annuaire du Bureau des longitudes, 1 vol. annuel, in-18.

Sully. Économie royale, in-4°.

Vauban. Projet d'une dîme royale. Édition Guillaumin.

Bois-Guillebert. Détails sur la France. Édition Guillaumin.

Piganiol de la Force. Description de la France, 1762, 10 vol. in-12.

Boulainvilliers. État de la France, 1727, 3 vol. in-f°.

Expilly (D'). Dictionnaire universel de la France, 3 vol. in-f°.

Messance. Recherches sur la population de la France, 1768, in-4°.

Necker. Traité de l'administration des finances, 1785, 3 vol. in-8°.

Moheau ou *Montyon*. Recherches et considérations sur la population, 1788, in-8°.

Pommelles. Recherches statistiques sur la population de la France, 1789, in-4°.

Millot. Description de la France, 1787.

Tolosan. Mémoire sur le commerce et les colonies, 1789, in-4°.

Lavoisier. Aperçu de la richesse territoriale de la France, 1790.

Clavières. Finances de la France.

Turgot. Ses œuvres. Édition Guillaumin.

Peuchet et *Chantaire.* Description topographique et statistique de la France, 1809, in-4°.

Herbin. Statistique générale de la France, 7 vol. in-8°.

Peuchet. Statistique élémentaire de la France, in-8°.

Fourrier. Statistique du département de la Seine, 1825 à 1844, 5 vol. in-4°.

Dumoulin. Description de la France, 1764, in-8°.

Mallet. Compte-rendu de l'administration des finances de France, de Henri IV à Louis XIV, 1789, in-4°.

Collection de pièces relatives à l'administration des finances, 2 vol. in-4°.

Gondar. Les intérêts de la France mal entendus, 1756, 2 vol. in-8°.

Dupain Triel. Dictionnaire de la France, 1786, in 8°.

Pasquier. Recherches sur la France.

Robert de Hesseln. Nouvelle topographie de la France, 1784, avec cartes et tableaux.

Dutens. Navigation intérieure de la France, 1829, 2 vol. in-4°.

Forbonnais. Recherches sur les finances de la France, 1758, 6 vol. in-12.

Hauterive (comte d'). Faits et observations sur la dépense des grandes administrations.

En France, les premiers statisticiens étant des hommes d'État, investis des plus hautes fonctions publiques, leurs œuvres sont moins souvent des ouvrages que des investigations parlementaires ou académiques sur les questions d'économie politique, qui sont à l'ordre du jour. C'est donc dans les papiers d'État ou dans les transactions académiques qu'il faut rechercher leurs travaux statistiques, principalement ceux de MM. Hippolyte Passy, baron Charles Dupin, comte Duchâtel, comte Rossi, Mathieu, de Saône-et-Loire, et plusieurs autres savants du rang le plus élevé.

XI. SUISSE.

Wyssembach. Description historique et physique de la Suisse, 3 vol. in-8°.

Tscharner. Dictionnaire historique et géographique de la Suisse, 1788, 3 vol. in-8°.

Franscini. Statistica de la Suissera, Lugano, 1827, in-8°.

Picot. Statistique de la Suisse, 1824. 1 vol. in-8°.

Durand. Statistique élémentaire de la Suisse, 1796, 4 vol. in-8°.

Mémoires de la Société économique de Berne.

Mallet. Recherches sur la population de la Suisse, et spécialement sur celle de Genève.

Zschoke. Histoire de la nation suisse, traduction de Monard, 1824.

Morel. Histoire et statistique de Bâle, 1814.

Zurlauben. Tableau de la Suisse.

Ebel. Manuel du voyageur en Suisse, 1841.

Bridel. Conservateur suisse, 4 vol. in-8°, 1811.

Fellenberg. Agriculture suisse, in-8°.

XII. PORTUGAL.

Mémoires économiques et agricoles de l'Académie de Lisbonne.

Nipho. Description du royaume de Portugal, in-12.

Balbi. Essai statistique sur le Portugal, 2 vol. in-8°.

De Leao. Description du royaume de Portugal, 1785.

Duarte Nunes. Description du Portugal.

Severin. Notice sur le Portugal.

Faria. État du Portugal, 1766.

Bernardo di Brito. Monarchie lusitanienne.

Coutinho Azevedo. Commerce de Portugal, 1816, in-4°.

Carvalho da Costa. Corographie portugaise.

Link. Voyage en Portugal, 2 vol. in-8°.

Oliveira. Mémoires de Portugal, 1741.

Adrien da Costa. Recherches sur la population du Portugal, 1838.

État du Portugal. 1823, in-12. Londres.

Twis. Voyage en Portugal, 1776, in-8°.

Mangin. Description du Portugal.

Halliday. État présent du Portugal, 1813, 1 vol. in-8º.
Brome. Voyage en Portugal, 1712, in-8º. En anglais.
Campomanès (Pedro). Description géographique du Portugal, 1763, in-8º.

XIII. ESPAGNE.

Madoz. Dictionnaire géographique et statistique de l'Espagne, 1846, in-4º.
— Statistique de l'Espagne, traduite de celle de Moreau de Jonnès, in-8º.
Principes d'économie générale et de statistique d'Espagne, 1821, in-8º.
Rehfues. L'Espagne en 1808.
Laborde. Itinéraire d'Espagne, 1806, 3 vol. in-8º.
Bourgoing. Voyages en Espagne.
Jaubert de Passa. Voyages agricoles en Espagne.
Leucadio doblado. Lettres d'Espagne.
Bowles. Introduction à l'histoire naturelle et à la géographie physique d'Espagne.
Minano. Dictionnaire géographique de l'Espagne, 2 vol. in-4º.
Ustariz. Rétablissement des manufactures de l'Espagne.
Canga Arguelles. Dictionnaire des finances, 1825.
Capmani. Mémoires sur le commerce de Barcelone, 2 vol. in-4º.
Cens de la population de l'Espagne, 1787 à 1797, 2 vol. in-4º 1802.
Estrada. Population générale de l'Espagne, 1747, 3 vol. in-4º.
Condé. Histoire de la domination des Arabes en Espagne, 3 vol. in-4º.
Niso. Mémoires sur l'agriculture et le commerce, 1765.
Belando. Histoire civile de l'Espagne.
Conca. Description de l'Espagne, 1737. 4 vol. in-8º.
Hubert. Esquisses sur l'Espagne, 1830, in-8º. Strasbourg.
Murillo. Géographie historique d'Espagne.
Ancillon. Éléments de la géographie d'Espagne, in-8º.

XIV. ITALIE.

Galitani. Description historique et géographique de l'Italie, in-8º.

20.

Barbiellini. Nouvelle description de l'Italie, 1806, 2 vol. in-8

Desbrosses. Lettres sur l'Italie, 1799, 3 vol. in-8°.

Sismondi. Histoire des républiques italiennes, 1807, 8 vol. in-8°.

Orlandi. Description des villes d'Italie.

Lullin de Châteauvieux. Lettres sur l'Italie, 1812, 2 vol. in-8°.

L'Italie au xixe siècle, Paris, 1821, in-8°.

Williams. Voyages en Italie. En anglais, 1820, 2 vol. in 8°.

Eustace. Voyages en Italie. En anglais, 1813, 2 vol. in-4°.

Quadri. Statistique des provinces vénitiennes, 1827, in-4°.

Orlof. Mémoires sur le royaume de Naples, 1821, 5 vol. in-8°. En français.

Justiniani Dictionnaire du royaume de Naples, 8 vol. in-8°.

Galanti. Géographie et statistique du royaume de Naples, 1793.

Petroni. Cens de la population napolitaine, 1826, in-4°.

Scina. Topographie de Palerme. 1818, in-8°.

Ortolani. Nouveau dictionnaire géographique de la Sicile, in-8°.

Smyth. Mémoire descriptif de la Sicile, 1824.

Sismondi. Tableau de l'agriculture toscane, 1813.

Carli. Essai politique et économique sur la Toscane.

Paoletti. Agriculture de la Toscane.

Tournon (comte de). Statistique du département de Rome.

Young (Arthur). Voyage en Italie, 1777, in-8°.

Denon. Voyage en Sicile, 1788, in 8°.

Richard. Description historique de l'Italie, 6 vol. in-12.

Signorelli. Culture des Deux-Siciles, 1786, 5 vol. in 8°.

Calindri. Statistique des États-Romains.

Gioja. Philosophie statistique.

Alfano. Description historique du royaume de Naples, 1823.

Romanelli. Description de Naples, 3 vol. in 12.

Statistique des domaines napolitains, en-deçà du Phare, 1822.

XVI. GRÈCE.

Beaujour (Félix de). Tableau du commerce de la Grèce, 2 vol. in-8°.

Holland. Voyages aux îles Ioniennes. 1815, in-4°.

Pouqueville. Voyages en Grèce.

Gell. Itinéraire de la Morée, 1820, in-8°.

Wilkins. Topographie d'Athènes, 1816, in-4°.

Hobhouse. Voyages en Albanie, in-4°, 1813.
Leake (W.). Recherches sur la Grèce, in-4°.
Grasset-Saint-Sauveur. Voyages aux îles Ioniennes.
Coray. Civilisation actuelle de la Grèce, 1803.
Documents statistiques parlementaires.
Vaudoncourt. Mémoires sur les îles Ioniennes.
Didot (Firmin). Notes sur la Grèce, in-8°.
Cammerer. Description géographique et statistique de la
    Grèce, 1834. En allemand.
Hughes. Voyage à Janina, 1821, 2 vol. in-8°.
Waddington. Visite en Grèce, 1823, in-8°.

XVI. TURQUIE.

Éton. Exploration de l'empire ottoman, 1799, 2 vol. in-8°.
Ohsson. Tableau de l'empire ottoman, 1788, 2 vol. in-8°.
Ricault. État actuel de l'empire ottoman, 1677, 2 vol. in-12.
Elias Abesci. État actuel de l'empire ottoman, 1784.
Marsigli. État militaire de l'empire ottoman, 1722, in fol.
Porter (sir James). Observations sur les Turcs, 2 vol. in-8°.
Jucheraud de Saint-Denis. Révolutions de Constantinople,
    1819, 2 vol. in-8°.
Chénier. De l'empire ottoman.
Tott. (baron de) Mémoires sur les Turcs.
Flachat. Observations sur le commerce et les arts de l'O-
    rient.
Wilkinson. Tableau de la Valachie.
Carlyle. Mémoire sur la Turquie.
Hammer. État présent de l'empire turc.
Witmann. Voyage en Turquie.
Chaumette Desfossés. Recherches sur la Bosnie.
Salaberry. Histoire de l'empire ottoman, 4 vol. in-8°.
Castellon. Mœurs et usages de la Turquie, 1842.
Dallaway. Constantinople ancien et moderne, 1776, in-4°.
Sandys Georges. Voyage en Turquie.
Félix Beaujour. Voyage dans l'empire ottoman, 2 vol. in 8°,
    Moniteur ottoman.

FIN DE LA BIBLIOGRAPHIE.

TABLE ALPHABÉTIQUE

DES MATIÈRES.

FIN DE LA TABLE ALPHABÉTIQUE DES MATIÈRES.

TABLE

PAR ORDRE DE MATIÈRES.

FIN DE LA TABLE DES MATIÈRES.

EXTRAIT du CATALOGUE de la LIBRAIRIE de GUILLAUMIN et Cie.

Collection des principaux Économistes.

* T. Ier. *Economistes financiers du dix-huitième siècle : Vauban, Boisguillebert, Law, Melon* et *Dutot*, avec notices et commentaires, par M. Eug. Daire. 1 très-fort vol. grand in-8 de 1,016 p., avec portrait de Vauban, gravé sur acier. . 13 fr. 50

* T. II. *Physiocrates : Quesnay, Dupont de Nemours, Mercier de la Rivière, Letrosne,* l'abbé *Baudeau,* etc., etc. — Avec introduction, commentaires et notices biographiques, par M. Eug. Daire. 1 vol. grand in-8 en deux parties. . . . . 16 fr.

* T. III et IV. *OEuvres de Turgot,* augmentées de Lettres inédites, des Questions sur le commerce, d'Observations, de Notes nouvelles, et d'une Notice biographique, par M. Eug. Daire. 2 très-forts v. gr. in-8, orné d'un beau port. sur acier. 20 fr.

* T. V et VI. *Recherches sur la nature et les causes de la richesse des Nations,* par Adam Smith. Trad. de G. Garnier, revue et enrichie des notes de tous les commentateurs, et précédée d'une notice biographique, par M. Blanqui, de l'Institut, 2 vol. grand in-8, ornés d'un beau portrait. . . . . 20 fr.

* T. VII. *Essai sur le principe de la population,* par Malthus, avec une Introduction par M. Rossi, de l'Institut, une Notice biogr. par Ch. Comte, et des notes par M. J. Garnier. 1 vol. grand in-8, orné d'un portrait. . . . . 10 fr.

* T. VIII. *Principes d'Economie politique,* considérés sous le rapport de leur application pratique, suivis *des Définitions en Economie politique,* par Malthus, avec des remarques inédites de J.-B. Say, une Introduction et des notes explicatives et critiques, par M. M. Monjean. 1 vol. gr. in-8. . . . . 10 fr.

* T. IX. *Traité d'Economie politique,* par J.-B. Say, 6e édition, revue et annotée par M. Hor. Say. 1 vol. gr. in-8. . . 10 fr.

* T. X et XI. *Cours complet d'Economie politique pratique,* par J.-B. Say, 2e édition. 2 vol. gr. in-8. . . . . . 20 fr.

T. XII. J.-B. Say. *Mélanges et correspondances.* — Catéchisme d'Économie politique. — Petit volume. — Opuscules inédits. 1 seul vol. grand in-8, précédé d'une *Notice biographique* sur J.-B. Say, et orné d'un beau portrait. . . . . . 10 fr.

T. XIII. OEuvres de Ricardo : *Principes de l'économie politique et de l'Impôt,* et tous ses autres écrits. 1 vol. . 10 fr.

T. XIV et XV. Mélanges d'économie politique : *Hume, Forbonnais, Condillac, Condorcet, Lavoisier, Franklin, Montyon,* etc., etc.

Sont seulement en vente les ouvrages marqués d'un astérisque.

Annuaire de l'Économie politique pour 1844. — 1re année. 1 v. in-18. (Il ne reste qu'un très-petit nombre d'exemplaires de ce premier volume) . . . . 5 fr.
— *Le même* pour 1845.— 2e année.—1 vol. in-18. . . 1 f. 50
— *Le même* pour 1846.—3e année.—1 vol. in-18 de 360 pag. 2 f. 50
— *Le même* pour 1847.—4e année.—1 vol. in-18 de 360 pag. 2 f. 50

Augier. *Du crédit public et de son histoire depuis les temps anciens jusqu'à nos jours.* 1 vol. in-8. Prix. . . . . . 5 fr.

Fréd. Bastiat, membre corresp. de l'Institut. *Cobden et la Ligue ou l'Agitation anglaise pour la liberté du commerce*. 1 vol. in-8. Prix. . . . . 7 fr. 50

— *Sophismes économiques*. 1 vol. in-16, 2ᵉ edit. . . . 1 fr.

Blanqui (de l'Institut, député). *Histoire de l'Economie politique* suivie d'une *Bibliographie raisonnée*, 3ᵉ éd. 2 vol. in-8. 10 fr.

— La même, en 2 vol. gr. in-18, format anglais. . . . 7 fr.

— *Voyage en Bulgarie*, 1 v. gr. in-18. . . . . . . 3 fr. 50

Mᵐᵉ Boyeldieu-d'Auvigny. *Les Droits du travailleur; Essai sur les devoirs des maîtres envers leurs ouvriers*. 1 vol. in-12. 3 fr.

Bresson. *Histoire financière de la France*, depuis l'origine de la monarchie jusqu'à l'année 1828. Paris, 1843. 2 vol. in-8. 15 fr.

Cerfberr. *Des condamnés libérés*. 1 beau vol. grand in-18, format anglais. Paris, Royer, 1844. . . . . . . 3 fr. 50

De Chamborant. *Du Paupérisme*, ce qu'il était dans l'antiquité, ce qu'il est de nos jours, etc. 1 v. in-8. . . . . . 7 fr. 50

A. de Cieszkowski. *Du crédit et de la circulation*. 1 vol. in-8. Paris, 1839. . . . . , ... 6 fr.

A. Clément. *Recherches sur les causes de l'indigence*. 1 volume in-8. Prix. . . . . 6 fr. 50

P. Clément. *Histoire de la vie et de l'administration de Colbert*. 1 fort vol. in-8. . . . . 8 fr.

Debouteville. *Des sociétés de prévoyance et de secours mutuels;* Recherches sur l'organisation de ces institutions. Broch. in-8. Rouen, 1845. . . . . 1 fr. 50

L. de Lamothe. *Etudes sur la législation charitable*. Br. gr. in-8. Bordeaux, 1845. . . . . 2 fr. 50

Destutt de Tracy. *Traité d'économie politique,* Paris, 1823. 1 vol. in-18. . . . . 3 fr. 50

Droz (de l'Institut). *Economie politique*, ou Principes de la science des richesses. 2ᵉ édition. 1 joli vol. in-18, format anglais. . . . . 3 fr. 50

Dufau. *Lettres à une dame sur la charité*. Broch. gr. in-8. 3 f. 50

Ch. Dunoyer (de l'Institut). *De la Liberté du travail*. 3 forts vol. in-8. . . . . 22 fr. 50

Dupont-White. *Essai sur les relations du travail avec le capital*. 1 vol. in-8. . . . . 7 fr. 50

Dutens (de l'Institut). *Essai comparatif* sur la formation et la distribution des revenus de la France en 1815 et 1835. Broch. in-8. . . . . 3 fr.

— *Des prétendues erreurs* dans lesquelles, au jugement des modernes économistes, seraient tombés les anciens économistes, relativement au principe de la richesse nationale. Broch. in-8. . . . . 75 c.

Dutouquet. *De la condition des classes pauvres à la campagne;* des moyens les plus efficaces de l'améliorer. Brochure in-8. . , ... , ... 2 fr. 75

D'Esterno. *De la Misère; de ses causes, de ses effets*. 1 vol. in-8. . . . . 5 fr.

Léon Faucher (député). *Etudes sur l'Angleterre.* 2 volumes in-8. prix. . . . . 15 fr.

Léon Faucher. *Recherches sur l'or et sur l'argent*, considérées comme étalons de valeur. Broch. in-8 de 108 pages. . . . 3 fr.

— *Union du midi.* Association de Douanes entre la France, la Belgique, la Suisse et l'Espagne, avec une introduction sur l'union commerciale de la France et de la Belgique. 1 vol. in-8. 5 fr.

Théodore Fix. *Observations sur l'état des classes ouvrières.* 1 vol. in-8. Prix. . . . . 7 fr. 50

Henri Fonfrède. *Du système prohibitif.* Broch. in-8. . 1 fr.

Gandillot. *Essai sur la science des finances.* 1 vol. in-8. 7 fr. 50

Jos. Garnier. *Eléments de l'Economie politique.* 1 vol. grand in-18, format anglais. . . . . 3 fr. 50

J. Garnier. *Richard Cobden, les Ligueurs et la Ligue*, précis historique de la dernière révolution économique et financière accomplie en Angleterre. 1 vol. in-16. . . . . 75 c.

De Gérando. *Des Progrès de l'industrie, etc.* 1 v. in-18. 50 c.

De la Farelle (député, membre corresp. de l'Institut). *Plan d'une réorganisation disciplinaire des* classes industrielles en France, précédé et suivi d'études historiques sur les formes du travail humain. 1 vol. in-12. . . . . 3 fr.

Marchand. *Du Paupérisme.* 1 fort vol. in-8. . . . . 7 fr. 50

M. Moreau de Jonnès (membre corresp. de l'Institut). *Eléments de statistique.* 1 vol. grand in-18, format anglais. . 3 fr. 50

Th. de Morvilll. *Tableau synoptique* pour servir à l'étude de l'économie politique. Une feuille in-plano, pap. jésus. 1 fr. 50

Mounier et Rubichon. *De l'agriculture en France d'après les documents officiels.* 2 vol. in-8. . . . . 15 fr.

H. Passy (pair de France, membre de l'Institut). *Des systèmes de culture, et de leur influence sur l'Economie sociale.* 1 vol. in-8. . . . . 3 fr. 50

Pecchio. *Histoire de l'économie politique en Italie*, ou Abrégé critique des économistes italiens. Trad. par Léonard Gallois. Paris, 1830. 1 vol. in-8. . . . . 6 fr.

L. Reybaud (député). *Etudes sur les réformateurs contemporains.* 4e édit. 2 vol. in-8. . . . . 15 fr.

— *La Polynésie et les îles Marquises, etc.* 1 vol. in-8. 7 fr. 50

P.-L. Rœderer. *Mémoires sur quelques points d'économie publique,* lus au Lycée en 1800 et 1801. Paris, 1840. in-8. 2 fr. 50

Rossi, membre de l'Institut. *Cours d'économie politique,* fait au Collége de France. 2e édit. Paris, 1843. 2 vol. in-8. . 15 fr.

Saint-Germain-Leduc. *Sir Richard Arkwright,* ou Naissance de l'industrie cotonnière en Anglererre (1760 à 1792). 1 volume in-18. . . . . 1 fr. 25

J.-B. Say. *Catéchisme d'économie politique.* 4e édition. 1 vol. in-12. prix. . . . . 2 fr.

— *Petit volume contenant quelques aperçus des hommes et de la société.* 1 joli vol. in-32. . . . . 1 fr. 25

Horace Say. *Histoire des relations commerciales entre la France et le Brésil.* 1 vol. in-8, avec cartes. . . . . 7 fr. 50

— *Etudes sur l'administration de la ville de Paris et du département de la Seine.* 1 fort vol. in-8, avec figures.   8 fr.

Scialoja. *Les Principes de l'Economie sociale.* 1 vol. in-8. 7 f. 50

F. de Tapiès. *La France et l'Angleterre*, ou Statistique morale et physique de la France, comparée à celle de l'Angleterre sur tous les points analogues. 1 vol. grand in-8. . . . . 8 fr.

Villeneuve-Bargemont (député, membre de l'Institut). *Histoire de l'Economie politique.* 2 vol. in-8. . . . . 15 fr.

Villermé, membre de l'Institut. *Tableau de l'état physique et moral des ouvriers* employés dans les manufactures de coton, de laine et de soie, Paris, 1840. 2 vol. in-8. . . . . . 15 fr.

Vivien (député, membre de l'Institut). *Etudes administratives.* 1 beau vol. in-8. . . . . 7 fr. 50

Deuxième Partie.

ADMINISTRATION, COMMERCE, DROIT COMMERCIAL, ETC.

Dictionnaire du commerce et des marchandises, contenant tout ce qui concerne le Commerce, la Navigation, les Douanes, l'Économie politique, commerciale et industrielle; la Comptabilité, les Finances, la Jurisprudence commerciale, la Connaissance des produits naturels et fabriqués, leurs caractères spécifiques, leurs variétés, leur histoire; le Mouvement des exportations et des importations, les Changes et les Usances, les Monnaies, les Poids et les Mesures de tous les pays, etc., etc. Par MM. Blanqui aîné (de l'Institut), Ad. Blaise, Blav, Bontemps, J. et A. Burat, Chevalier, Ed. Corbière (du Havre), E. Cortambert, Alex. de Clerq, Délémer (de Bruxelles), Denière, Dubrunfaut, Dujardin-Sailly, H. Dussard, Th. Fix, Steph. Flachat-Mony, Eug. Flachat, Francœur, J. Garnier aîné, Kauffmann (de Lyon), Ch. Legentil, député, Mac Culloch, de Mornay, Th. de Morville, A. Mignot, B. Pange, J.-T. Parisot, Payen, Pelouze, Pommier, Ramon de la Sagra, Rey, L. Reybaud, Rodet, Horace Say, Wantzel, etc., etc. 2 forts vol. petit in-4° de 2,252 pages à deux colonnes, contenant la matière de plus de 40 vol. in-8 ordinaire, avec atlas colorié de 8 planches. Le prix des précédents tirages qui était de 42 francs vient d'être réduit, pour le troisième tirage, à. . . . 30 fr.

— *Le même*, relié en basane marbrée, ou demi-reliure en veau, ou cartonné. . . . . 37 fr.

Le *Dictionnaire du Commerce* ou Encyclopédie du Commérçant, est le plus vaste répertoire des connaissances commerciales qui ait jamais été publié, et, nous ne craignons pas de le dire, le livre le plus utile qui ait jamais été fait pour le Commerce. Il n'est pas d'objet sur lequel il ne renferme des renseignements qu'on chercherait vainement ailleurs. Chaque article forme un petit traité complet sur la matière. La connaissance des marchandises, la Géographie commerçante, la Comptabilité, la Navigation, la jurisprudence commerciale, en un mot, tout ce qui entre dans le domaine du Commerce, du Négoce, de la Banque, tout ce qui intéresse l'Armateur, le Comptable, le Juge consulaire et l'Agréé, l'Economiste et le Savant, tout s'y trouve, tout y a place.

Annuaire des voyages et de la géographie, sous la direction de M. F. LACROIX. Première année (1844). 1 fort vol, in-18. 1 fr. 50

— *Le même* pour 1845. — 2ᵉ année. — 1 fort vol. in-18, avec cartes et vue des dernières découvertes de l'amiral Dumont-d'Urville. . . . . 4 fr. 50

— *Le même* pour 1846. — 3ᵉ année. — 1 fort vol. in-18. 1 fr. 50

— *Le même* pour 1847. — 4ᵉ année. — 1 fort vol. in-18. 2 »

ANDRAUD. *De l'air comprimé et dilaté comme force motrice*, ou des forces naturelles recueillies gratuitement et mises en réserve. Troisième édition. Br. in-8 de 144 pag. avec une pl. 3 fr.

S. BERTEAUT. *Marseille et les intérêts nationaux* qui se rattachent à son port. Ouvrage couronné en 1845 au concours fondé par M. Félix de Beaujour. 2 vol. in-8. Marseille, 1845. . 12 fr.

L. CURMER. *De l'Etablissement des Bibliothèques communales en France*. Brochure in-8. . . . . 2 fr.

BUCHEZ. *Introduction à la science de l'histoire*. 2ᵉ édition. 2 vol. in-8. . . . . 15 fr.

DESJOBERT, député. *L'Algérie en* 1844. Br. in-8. de 172 pag. 3 fr.

— *L'Algérie en* 1846. Brochure in-8 de 82 pages. . 1 fr. 50

DUC D'HARCOURT, pair de France. *Trois discours en faveur de la liberté du commerce*. Brochure in-8. . . . . 60 c.

JULES JULLIANY. *Essai sur le commerce de Marseille*. Deuxième édition. 3 forts vol. in-8. Marseille, 1844. . . . . 22 fr. 50

A. MARRAST ET DUPONT. *Fastes de la Révolution française.* Revue chronologique de l'histoire de France depuis 1787 jusjusqu'à 1830. — 1ʳᵉ partie : 1787-1792, 1 vol. grand in-8 à deux colonnes. . . . . 9 fr. 50

G. MASSÉ. *Le Droit commercial dans ses rapports avec le Droit des gens et le Droit civil.* 6 vol. in-8. . . . . . . 45 fr. Il y a cinq volumes en vente,

BARTH. MAURICE. *Histoire politique et anecdotique des prisons de la Seine*, contenant des renseignements entièrement inédits sur la période révolutionnaire. 1 vol. in-8. . . . 5 fr. 50

FRÉDÉRIC PASSY, avocat. *De l'Instruction secondaire en France*, de ses défauts, de leurs causes et des moyens d'y remédier. Brochure in-8. . . . . 1 fr. 25

PROUDHON. *Système des Contradictions économiques*, ou *Philosophie de la Misère*, 2 vol. in-8. . . . . . . 15 fr.

CH. RENOUARD. (cons. à la cour de cass., pair de France). *Traité des Faillites et Banqueroutes.* 2ᵉ édit. 2 vol. in-8. . 15 fr.

— *Traité des brevets d'invention.* N. éd. 1 fort v. in-8. 7 fr. 50

TREILLE (le docteur Maurice). *Nouveaux documents sur les prisons* pénitentiaires, et la déportation. Broch. in-8. . 1 fr. 25

Pour paraître en juin 1847 :

WOLOWSKI, prof. de législ. industrielle au Conserv. des Arts et Métiers. *Code industriel-annoté*, contenant la législation des Patentes, des Conseils des Prud'hommes, des Ateliers insalubres et incommodes, des Brevets d'invention, des marques et dessins des fabriques, les Lois relatives à la propriété artistique, etc., avec une introduction particulière pour chacune de ces matières. 1 vol. in-18, format anglais. . . . . . 4 fr.

WOLOWSKI. *Des sociétés par actions.* 1 vol. in-8. . . 2 fr. 50

— *Réforme hypothécaire.* Organisation du crédit foncier. Brochure in-8. . . . . 2 fr.

— *Cours de législation industrielle,* professé au Conservatoire des Arts et Métiers. — Introduction. Brochure in-8. . 1 fr.

— *Des fraudes commerciales* et des marques de fabrique. Brochure in-8. . . . . 1 fr.

— *Organisation du travail.* Brochure in-8. . . . . . 1 fr,

Revue de Westminster (Westminster Revieux). Revue trimestrielle anglaise, publiée par M. G. Luxford, sous la direction de M. HICKSON. Prix de l'abonnement : 30 fr. par an.

JOURNAL DES ÉCONOMISTES,

REVUE MENSUELLE D'ÉCONOMIE POLITIQUE ET DES QUESTIONS AGRICOLES, MANUFACTURIÈRES ET COMMERCIALES.

Rédacteurs : MM. Fréd. BASTIAT, membre correspondant de l'Institut. — Ad. BLAISE. — BLANQUI, membre de l'Institut et de la Chambre des Députés. — Jules BURAT, ingénieur civil. — Michel CHEVALIER, ancien député, conseiller d'état, professeur d'économie politique au Collége royal de France. — Pierre CLÉMENT. — E. DAIRE. — Ch. DUNOYER, membre de l'Institut, conseiller d'État. — Hippolyte DUSSARD. — Léon FAUCHER, membre de la Chambre des Députés. — Théodore FIX. — Alcide FONTEYRAUD. — Joseph GARNIER. — DE LA FARELLE, député, membre correspondant de l'Institut. — CH. LEGENTIL, pair de France, président de la Chambre de commerce de Paris. — Maurice MONJEAN. — MOREAU DE JONNÈS, membre correspondant de l'Institut. — Hippolyte PASSY, pair de France, membre de l'Institut, ancien ministre des Finances. — RAMON DE LA SAGRA, membre correspondant de l'Institut. — RENOUARD, pair de France, conseiller à la Cour de cassation. — Louis REYBAUD, membre de la Chambre des Députés. — Henri RICHELOT. — RODET. — ROSSI, pair de France, membre de l'Institut. — Horace SAY, membre du Conseil général de la Seine et de la Chambre de commerce. — ALBAN DE VILLENEUVE-BARGEMONT, membre de l'Institut, député. — VILLERMÉ, membre de l'Institut. E. VINCENS, conseiller d'état. — VIVIEN, membre de l'Institut, député, ancien ministre. — WOLOWSKI, professeur de législation industrielle au Conservatoire des Arts et Métiers, etc., etc.,

LE JOURNAL DES ÉCONOMISTES paraît le 15 de chaque mois, par cahiers de 6 à 7 feuilles, format très grand in-8, imprimé avec le plus grand soin.

PRIX D'ABONNEMENT : 30 FR. PAR AN POUR TOUTE LA FRANCE.

La cinquième année a commencé le 15 décembre 1846.